烹饪的认知

周晓燕 著

COGNITION
OF
COOKING

中国轻工业出版社

图书在版编目（CIP）数据

烹饪的认知 / 周晓燕著. —北京：中国轻工业出

版社，2024.1

ISBN 978-7-5184-4513-4

Ⅰ. ①烹⋯　Ⅱ. ①周⋯　Ⅲ. ①烹饪艺术　Ⅳ.

①TS972.11

中国国家版本馆CIP数据核字（2023）第150745号

责任编辑：方　晓　贺晓琴　　责任终审：白　洁　　整体设计：锋尚设计
策划编辑：史祖福　　　　　　责任校对：朱燕春　　责任监印：张京华

出版发行：中国轻工业出版社（北京鲁谷东街5号，邮编：100040）
印　　刷：艺堂印刷（天津）有限公司
经　　销：各地新华书店
版　　次：2024年1月第1版第1次印刷
开　　本：787×1092　1/16　印张：17　插页：1
字　　数：348千字
书　　号：ISBN 978-7-5184-4513-4　定价：98.00元
邮购电话：010-85119873
发行电话：010-85119832　010-85119912
网　　址：http://www.chlip.com.cn
Email：club@chlip.com.cn
如发现图书残缺请与我社邮购联系调换
221209K1X101ZBW

周晓燕

■ 扬州大学旅游烹饪学院教授

■ 享受国务院政府特殊津贴的专家

■ 淮扬菜省级非物质文化遗产传承人

■ 中国烹饪协会副会长

■ 中国烹饪协会总厨委员会主席

■ 国家烹饪大赛一级评委

■ 获得过亚洲烹饪大赛金奖、世界中餐烹饪大赛特别金奖

■ 担任过全国烹饪大赛、世界中餐烹饪大赛的评委

■ 担任过央视《满汉全席》《中国味道》《厨王争霸赛》评委

■ 在《舌尖上的中国》《风味人间》等美食节目和电影《决战食神》中出镜

烹饪是一门交叉学科，涉及营养学、生物学、美学、化学、原料学、工艺学、饮食文化等多种学科，但要研究烹饪学科的规律，必须厘清烹饪与各学科的关系，梳理出主线和分支，建立学科的研究层次和科学架构。所以什么是烹饪的本质，本质的核心又是什么，它表现出来的属性有哪些特征等，都是研究和学习烹饪的重要课题。同时，烹饪和中华文化也紧密结合在一起，如何做好传承和创新也特别重要，烹饪和饮食的自信也是文化自信特别重要的组成部分。

　　周晓燕教授，从事烹饪教育工作40年，对烹饪理论的研究比较深入，先后主编了《烹饪工艺学》《烹调工艺学》《品味淮扬》等书，还担任全国职业本科院校系列教材的主编，发表过专业论文30多篇，主持过国家自然科学基金项目一项，担任过两项国家863重点项目的副组长。在认识周晓燕教授之前，很多餐饮界的朋友都向我推荐周晓燕教授，我也通过电视节目多次看到他精湛的刀工技艺，听到他对美食的理解。从2017年黑珍珠餐厅指南评选开始后，周晓燕教授一直担任黑珍珠的理事，我和周晓燕教授因此开始了密集的交流，听过他讲"传承与创新"课程，听取他对餐饮行业的发展建议、对黑珍珠榜单的建议和对黑珍珠人才培养的一些看法，感觉周教授不仅是理论功底深厚，对餐饮发展的动态也理解深刻，愿意培养美食人才。同时他的烹饪实操技艺高超，正如人们对他的评价是"文武双全的大师"。

　　近期拜读了周教授的新作品，收获颇丰，他从一个新的视角，把烹饪的本质分析得很透彻，为研究烹饪明确了一个主线。同时他系统地分析了烹饪技术与科学、艺术、文化的关系，运用烹饪中的寻常案例，对烹饪中科学的演变、基本原理、未来烹饪科学的发展作了阐述；运用美学基本原理，把中餐的菜品呈现、环境布置、餐具选择等与中国传统审美作了很好的融合。该书还从烹饪诞生的三大要素对人类文明发展作了分析，对影响中国饮食文化的名人名著进行了归纳，并对中国特色的茶与餐搭配，酒与餐搭配发表了个人的见解。该书不仅是对历史文化的探索，还关注现在和未来烹饪发展的趋势，为如何开展创新传承提供了很好的思路。在书中，他对国际上十分关注的烹饪的可持续发展首次发表见解，这是在他已经发表的文章和专著中未曾体现过的，很多国家都有烹饪可持续发展的课程，我国烹饪教育也开始关注和重视这个话题，并逐步列入教学课程当中。

《烹饪的认知》这本书，是烹饪爱好者、行业从业者系统了解和学习烹饪的一本参考资料，深入浅出，理论联系实际，打破了传统烹饪书籍单纯实践或单纯理论的架构，对中华美食文化的发展有很好的指导作用。

美团高级副总裁　黑珍珠理事　张川

往事多历历。每个人的经历不会完全一致，如果有选择性地如实写一些出来，总是能吸引到别人的。回溯过去的几十年，我主要做了三件事情：一是淮扬菜非遗技艺的传承与创新；二是从事了四十年的烹饪教育工作；三是空余时间学习书法与国画。本书选取的一些内容，也反映了我上述三方面工作与生活的一鳞半爪。

1983年毕业后，我就被分配到江苏商业专科学校中国烹饪系工作，正式拉开了"烹饪人生"的序幕，那一年也是中国烹饪高等教育的开端。历经四十年的发展，我国烹饪高等教育不仅培养了大量的高级烹饪人才，更是促进了烹饪业与餐饮业的繁荣发展。

我也亲历了中国烹饪教育的发展与变化。最初创办烹饪高等教育时很多人都在质疑这样的举措是否有意义，认为学习做菜居然还要上大学实在是故弄玄虚。现在想来也完全可以理解，这样的想法与当时的生活水平和餐饮发展状态是密切相关的。20世纪80年代中国的餐饮业才刚刚起步，餐厅环境与工作条件都十分艰苦，人们的消费水平也比较低，因此请客吃饭大多在家中进行，只有招待重要的客人或在特殊的节日才会来到餐厅用餐，当然这也仅限于高收入人群。加之社会上对烹饪的偏见一直存在，古时有孟子的"君子远庖厨"，认为厨师干的是三教九流的脏活、累活，这样的观念和现实也造成烹饪教育的恶性循环。

随着生活水平的提高与数字经济的发展，人们对饮食的认知也在慢慢改变，不仅关注烹饪活动与吃什么、怎么吃、吃的效果等方面的关联，还关注到吃的观念、吃的礼仪等社会、文化应用方面的内容，因此烹饪的研究工作也更加深入。1997年扬州大学商学院烹饪系正式设立烹饪教育本科专业，烹饪科学、烹饪文化、烹饪艺术等学科交叉融合，在更大的饮食坐标之上建立起了更加完善的烹饪学科体系和厨师培养体系。

我最初的目的是撰写一本《烹饪学导论》，以此来作为烹饪本科学生的主干课程。但在收集素材、查阅文献以及编写的过程中，我对烹饪学科的理解也产生了一些变化，有很多观点与以往的教材有些许差异，因此也很想借此来表达自己的一些见解，尤其在对于烹饪属性的认识上。遗憾的是，这些观点没有较为系统的资料作为理论支撑，若作为教材感觉不够严谨，因此我决定写一本专著，这样既能够充分表达个人的见解和观点，同时也能避免我个人想法先入为主地误导学生。

　　人生各有志，终不为此移。这本书中的内容不少是近几年写的，有些是以前写的，经过淘洗和筛定，最终呈现在读者们面前。这些内容是我的一些认知，也期待与读者产生共鸣。从业四十年，我拜读过一些古今中外行业大家的作品，烹饪虽然不能说是难于上青天，但也绝非轻而易举之事，需经历一些磨炼、下过一番苦功，方能有所成。我至今仍觉得学无止境，且时常在琢磨烹饪高等教育的发展与方向，愿此书能为今后烹饪教育的不断优化做一些参考或启发，也让未来对烹饪有兴趣的孩子们从此书中了解我毕生所热爱的事业。

　　写序至此，愿与大家共勉。

周晓燕

二〇二三年七月于扬州

01

烹饪的本质

02

烹饪的艺术属性

03

烹饪的文化属性

04

烹饪的科学属性

05

烹饪的传承与创新

06
未来烹饪

01

烹饪的本质

第一节
烹饪的内涵

一、烹饪的概念

"烹饪"一词最早出自《易经·鼎》："鼎，象也。以木巽火，烹饪也。"《现代汉语词典》（第7版）解释：烹饪pēng rèn亦作"烹餁"，做饭做菜的意思。在古汉语中，"烹"就是煮的意思，"饪"是指熟的意思。在日本，称烹饪为调理，日本《食物学用语词典》解释：对食物进行卫生处理、形状处理和风味处理，使得经过处理后的食物易于消化、安全卫生、更加好吃。欧美等国直接解释为蒸煮、烘烤、熬炖等方法制熟食物。这个就是烹饪的原始含义。但是随着人类饮食的发展，烹饪的含义也逐渐扩展和深化，从物质满足到精神满足的功能也在发生变化。

行业中还有"烹调"一说，烹调，是指通过加热和调制，将原料熟制成菜肴的操作过程，一个是烹；另一个是调。烹就是加热，通过加热的方法将烹饪原料制成菜肴；调就是调味，通过调制，使菜肴滋味可口、色泽诱人、形态美观。《新唐书·后妃传上·韦皇后》："光禄少卿杨均善烹调。"宋代陆游《种菜》诗："菜把青青间药苗，豉香盐白自烹调。"

二、烹饪的含义

理解烹饪含义的关键点是"由一种思维方式和一种意愿，进行食物加工，才属于人类的烹饪行为"。其中有两个关键要素，一是有意识的；二是对食物进行了加工。因此为了便于理解烹饪的本质，我们需要先了解一下"食物"的概念，食物（英文：Food）是指能够满足机体正常生理和生化能量需求，并能延续正常寿命的物质。对人体而言，能够满足人的正常生活活动需求并利于寿命延长的物质称之为食物。

自然界的食物和烹饪产品不是一回事，新鲜的水果是食物，但不是烹饪产品。食物和烹饪产品是不同的概念，烹饪的产品是食物的一部分，但不是食物的全部，因为自然界中有的食物是不需要烹饪的。

　　法国让·安泰尔姆·布里亚–萨瓦兰的《厨房里的哲学家》中食物的两种表达："大概地回答，食物是一切能够给我们提供营养的东西。准确地回答，食物是指那些被吃到胃里能够被消化吸收，从而弥补身体在生存过程中损耗的物质。"我觉得，从这两种解释中都不能肯定是烹饪产品，因为自然界没有经过任何加工的食物都具备这样的功能，所以食物和烹饪产品不能画等号。

　　费朗·亚德里亚在《烹饪是什么》一书中说："人和动物之间的区别，这涉及一种思维方式和一种意愿，一种对人类拥有而动物缺失的烹饪行为的认识。因此，正如我们所看到的，人类通过制作食物和饮料等制成品，有意识地转化产品用来消费。"

　　自然界的森林大火烧焦了食物，虽为熟食，但不是有意识的食物加工行为，也不属于烹饪的范围。钻木取火（制取熟食）、煮海为盐、制作（烹制食物的）陶器，这些都是有意识的烹饪行为。没有思维和意识，就不会有烹饪的起点。

　　季鸿崑教授认为：当人类饮食这种具体的物质活动，具有人类所特有的思维和行为模式的时候，从而使得人类的饮食方式与动物完全不同，人类能有意识地在当时的自然条件允许的情况下，进行自己特有的饮食活动。

　　因此从上面的烹饪内涵来看，自然界的食物只要经过加工，都是烹饪的过程。我们不能简单从烹饪和烹调的文字定义中回答问题，因为从文字上看，无论烹饪还是烹调，都有加热成熟食物的意思，我们必须从烹饪的实践中寻找答案。所以烹饪产品不是从生熟来判断的，是否属于烹饪产品关键要看是否被加工过。

　　《烹饪是什么》中提到："经过制作的所有东西都是烹饪过的。"此时，我们的主要目标是搞清楚"生的"（raw）和"经过烹饪的"（cooked）这两个词的含义，以消除"烹饪就是对某种产品应用热量导致食物被煮熟"的观念。我们的指导思想基于这样的论点，即只要使用特定的工具将技术应用于一种或多种产品，烹饪就发生了。当你学习人类历史时，你常常会相信烹饪使我们学习如何控制火力，这里值得注意的是，对于使用非加热技术（例如腌泡或干制）的烹饪类型的命名，存在着术语上的空白。

　　不同技术的过程产生不同的结果，即生的或者不生的产品。在这里，最重要的是要掌握这样一个概念：无论使用的是哪种技术，我们都对产品进行了更改。基于这种认识，烹饪结果可以分为生的或者不生的两类，但无论如何，结果都是经过制作的。

　　当然对生的理解还需要客观地分析，自然界中的"生"和烹饪产品的"生"是有界限的。前面说的食物经过加工的都是烹饪产品，这句话笔者认为还不完整，应该是经过加工后可以直接食用的才是烹饪产品。自然界的苹果不属于烹饪产品，但只要经过去皮、切片这样简单的加工就可以食用，这时就已经属于烹饪产品了。猪肉、鸡肉虽然经过宰杀、拔毛、洗涤等加工，但还不能算烹饪产品，因为这种加工以后还不能直接食用，我们认为它还是属于自然界的"生"的，而不是烹饪产品中的"生"的。

　　完整的解释是：经过加工，可以直接食用的"生"或"熟"的，都是烹饪产品。其实除物理变化可以产生生的烹饪产品，如苹果去皮、三文鱼切片等，化学和生物变化过程，也可以是生的，如泡菜、火腿、醉蟹等。因为这些食物在加工过程中既发生了化学变化，也发生了生物变化，所以生的食物不仅仅是物理性变化的产物。

第二节

烹饪的本质

近年来，很多烹饪杂志、书籍、文章都说烹饪是文化、是艺术、是科学。笔者作为烹饪工作者，当然希望烹饪成为艺术、科学和文化，自己也有艺术家和科学家的荣誉感，厨师的社会地位也会随之提升。但作为一个烹饪教育工作者，必须认真研究烹饪的内涵和规律，弄清烹饪的本质到底是什么，为学习烹饪和研究烹饪的人提供一些可靠的基础。

弄清楚烹饪本质确实是一件非常难的事情，因为烹饪是一门多元的交叉学科，和很多学科都有关联。卡罗·佩屈尼在《慢食新世界》中写道："美食学有以下的领域，植物学、物理与化学、农业、畜牧学、生态学、人类学、社会学、地缘政治学、政治经济学、贸易、科技、工学、烹饪、生理学、医学、哲学……这么多整合的知识等待着新一代对美食学有兴趣的人投入研究。"在这么多交叉复杂的领域里，能梳理出美食学的核心要素吗？卡罗·佩屈尼认为："烹饪是美食学的心脏，厨房是美食学的身体，它会不断地演化，唯一能威胁它的便是我们的放弃，而那对于人类文明将是极为残酷的行为，我们绝对无法承受。我们必须找回烹饪原有的尊严，使其成为科学研究的主题。美食家以及其他人都必须回到烹饪这个原点上。"

从卡罗·佩屈尼的观点来看，美食学的原点找到了，那就是烹饪，生产烹饪产品的厨房是美食学的身体。烹饪的原点在哪里呢？或者说烹饪的本质是什么呢？其实"美食学"在中国也就是"烹饪学"，西方的美食学涉及范围更广，我们探讨的烹饪学一般包括烹饪工艺、饮食文化、烹饪美学、烹饪化学、烹饪营养学、烹饪学原理等方面。笔者认为烹饪学的原点就是烹饪工艺，因为没有烹饪工艺，就没有烹饪文化、烹饪艺术和烹饪科学，烹饪工艺是烹饪学科的基础，烹饪的本质就是烹饪技术。为什么会得出这个结论？我们从以下两个方面加以分析。

一、烹饪的内容属于技术范畴

从对烹饪的定义、内涵等解读，可以看出烹饪是对原材料进行加工到产品的生产过程。主厨阿兰·杜卡斯（Alain Ducasse）对烹饪的定义是："烹饪是使用正确的方法处理加工，用正确的时间烹调，使用正确的配料。如果没有烹饪技术，更不可能谈美食了。"西班牙牛头犬餐厅的主厨认为：烹饪首先是一种行为，涉及将某种产品（原材料）转化为食物，对一种或者多种工具的使用，以及对特定知识的应用，包括使用一种独特技术得到的结果。其次，烹饪是一种过程，它始于一种或多种产品和制成品，我们使用一种或多种工具，并对它们应用至少一种技术。在此过程中，我们获得一种可以品尝的制成品。

可见，无论烹饪是加工过程，还是一种实践行为，烹饪的本质内容都是技术范畴。

二、烹饪的核心是系统化技术

从烹饪与文化、艺术、科学内涵的角度分析，烹饪并不属于科学、艺术和文化范畴。从烹饪技术、烹饪科学、烹饪艺术诞生的先后次序来分析，烹饪技术是烹饪科学、烹饪文化、烹饪艺术的基础，它们都是在烹饪技术的基础上归纳、总结、升华而形成的。烹饪技术的诞生甚至比所有真正意义上的艺术、科学都要早，因为烹饪技术的诞生是人类进化和文明的起点，人类在没有完全进化之前是没有真正意义上的科学和艺术的。再从现代科学、艺术、文化的内涵来看，技术和它们都是相对独立的研究领域，况且科学、文化与艺术之间本身的含义也不完全相同，都是相对独立的范畴。如科学和技术的历史及内容本来就是不同的。据《广辞苑》记载，科学是"系统性的、可以通过经验进行实证的知识"，与之相对应，技术是"巧妙地解决问题的技巧，是通过科学知识的实际运用，对自然事物进行改变、加工，使其对人类生活有用的技能"。技术是整个社会生产生活中实际的、看得见的要素，而科学更多的是思想性的，是一种理解和认识的方法。技术比科学要早出现几十个世纪，在远古时代就有了不少技术发明，而且技术在很长一段时间当中是自己独立生长的。

艺术一般是指用形象来反映现实，艺术还包括一些富有创造性的方式、方法。我们常说的绘画艺术、语言艺术、表演艺术等，概莫能外。相对而言，技术比较注重经验和技巧；艺术则更偏重于典型和创造。技术就是规律、经验的基础和积累；而艺术则是个性、创造、拔高的表现。技术需要更多的手工的训练，而艺术则要求更多心灵的陶冶。

可见，技术与科学、文化、艺术都是相对独立的研究领域。让烹饪和这三个范畴都画等号，感觉不很严谨。如果一定要画等号，也只能选择一个范畴作为对应点。烹饪研究的起步是从饮食文化开始的，并取得了丰硕的成果，最初有一些专家认为烹饪是文化范畴。20世纪80年代中期，烹饪高等教育开始起步，烹饪科学研究工作迅速开展，也取得了可喜的进展，所以有人也提出烹饪是科学的范畴。随着国际交流的频率增高，烹饪属于艺术的呼声也越来越高。但从烹饪本质的内容看，烹饪行为的目的是将食材转化为菜品，使之变成可供消费者品尝的制成品。烹饪属于实实在在的技术范畴。

　　虽然烹饪不是科学、文化、艺术，但烹饪与艺术、科学、文化的关系是密不可分的。烹饪可以系统归纳加工技术过程中的规律和原理，形成独立的烹饪科学或烹饪应用科学。同样烹饪可以针对加工过程甚至是饮食场景、饮食风俗等进行探索，归纳总结出烹饪艺术和饮食文化。季鸿崑先生认为，烹饪的核心是技术，但具有艺术、文化、科学的属性。也许这种说法更准确一点。技术和科学、艺术、文化虽然属于不同的范畴，但它们之间的关系是交错的，甚至是有重叠的。英国学者贝尔纳认为："科学的一个形象是合理化的神话，另一个形象是系统化了的技术。"烹饪本身通过归纳整理，可以形成系统化的烹饪学科。

第三节

烹饪技术与艺术、文化和科学的关系

一、烹饪技术与艺术的关系

艺术的观念在历史中发生了多次转变。总体来看，西方艺术一词的内涵，大致经历了从蕴含知识，规则的技术、技巧、手艺，到纯粹精神性审美活动的变化。

艺术的重点不在艺术的产品，而是产生它们的活动，特别是产生它们的才能，这种才能包含任何人类生产事物的能力。任何艺术要想成为一门独立学科，必须具有系统理论和创造性的思维，所以艺术家与理论家也在努力完善艺术的创造性，并对艺术门类在实践中所累积的经验加以理论化，逐步形成现代艺术的概念。突出了艺术的审美性，就是艺术品具有的能引发人的美感、可以被欣赏的属性。所以现代的艺术应该包括几个关键元素，理论、创造性、审美（美感）。这几个元素不是独立的，手工艺不一定都是艺术，那要看是不是具有创造性和审美。也就是说烹饪是否具有艺术性，要从创造性和审美的角度来审视。烹饪是否具有审美，还需要系统的理论做支撑，目前烹饪系统性的艺术理论尚未完全建立，但创造性和审美功能在部分菜品中已经有所展现。

我国早期的艺术也与实用技能有密切关系，如卜筮、医巫、相术、射御等。中古时期以后，尤其是到明清时期，艺术范围逐渐形成了以纯欣赏和游戏活动为主的体系，如书画、篆刻、音乐等。

虽然技术和艺术是两个完全不同的概念，但是技术与艺术是密不可分的，技术运用到一定程度也可以成为一种艺术；艺术有时候也会被看作一门技术。很多时候二者的分界不甚分明，总会存在一个亦技术亦艺术的阶段。

在中国古代，"艺"与"术"均有技术、技巧之义。但精致娴熟的技术也可以表现出艺术性，正所谓技升艺，艺升道。如庖丁解牛的技术，因技术娴熟、动作优美，感觉像舞蹈一样，这时烹饪过程便具有了一种艺术性。

技术与艺术完美结合，才能创作出令人惊叹的作品。没有技术含量作为支撑，艺术的创造性和典型性都无从谈起，很多表现形式都无所依附，这样的艺术作品经常显得华而不实，缺少灵魂。离开了艺术的个性化和创作意识，再娴熟的技术也不过是一种普遍意义上的经验或操作，如写字，不是所有写字都是书法艺术，只有创造性和个性表达出来时，写字才能算书法艺术，否则不可能真正触动人的心灵，并产生共鸣。

技术与艺术本来就是可以完美结合的，"艺者，道之形也。"艺术是要以具体的形象展示出来的，这些具体形象的展示就是靠技术实现的。很多烹饪意境菜的代表作品，就是将技术和艺术融合的结果。如一道菜品，选料讲究、刀工精致、动作娴熟等这就属于技术。在菜品装盘后，就是一个作品。如果味道独创、餐具搭配和谐、色彩构图完美，有创造性和美感，这便是艺术。技术与艺术完美结合，才能创作出令人惊叹的意境菜作品。

费朗·亚德里亚在《烹饪是什么》中的一段论述，对烹饪技术和艺术的关系作了很好的分析，笔者归纳整理了一下，大概的意思是烹饪与艺术有差异，也有共同点。首先看它们的差异，费朗·亚德里亚认为，将烹饪视为艺术这样一种理解，源于烹饪已经远不止是人类为了果腹而开展的活动。随着我们在烹饪和艺术之间进行对比，我们认为很多现象给出了烹饪和艺术对比的结果，那就是供品尝的烹饪产品和艺术品之间存在明显的差异。

烹饪与艺术之间的一大区别在于，烹饪通常是寻求在用餐者或顾客中产生满意感和舒适感，但是真正的烹饪艺术性，它始终考虑食物产生的愉悦感，以提升食物的美感，创造惊喜或怡人的感觉。意思是烹饪菜品关注的是客人的满意感，纯粹的艺术只关注作品本身的美感，不一定要考虑客人的满意感。其实食物的目的始终是食用，属于瞬间欣赏范畴，餐厅的所有菜品也不可能只追求食物本身的美感，更不可能和客人的满意感割裂开来。

烹饪和艺术之间另一个巨大区别在于，系统的艺术理论是艺术学科的基础，但烹饪的系统理论仍在建设中。因此有必要对所有烹饪结果进行分类，以便用这种方式研究它们，而且和艺术一样，应该按照历史时期对它们排序。如果我们以艺术理论为模型，我们甚至可能会识别出不同时期艺术家和厨师的作品中的共同特征。这和国内很多专家的观点是一致的，烹饪需要建立系统的基础理论，然后构建烹饪艺术的理论。

再看它们的共同点，作为一种表达形式，烹饪与艺术是有共同之处的，因为它们都是手艺人的作品。烹饪是由厨师在烹饪过程中应用烹饪技术制作完成的，他们运用烹饪技术转化食材，并得到烹饪产品。其次烹饪艺术和其他艺术一样，都必须由创造性和艺术意图所驱动，这样的菜品才可以被称为烹饪艺术产品。如果它没有以创造性或艺术欣赏为意图，那仍属于手工艺作品。如果厨师的技术水平高超，同时具有艺术意图，他们可以将这种艺术思维转化到精湛的菜品当中，或者厨师的才能在探索烹饪的过程中具有了创造性，那么烹饪作品就有可能成为艺术。

费朗·亚德里亚认为，艺术和烹饪还拥有共同的起点。作为与社会紧密相连的领域，它们都根据自己的特点积极地创造和完善作品。纵观历史，画家、音乐家、舞蹈家、雕塑家、演员和厨师在他们的作品中反映并表达了超越世俗的观念，而且敢于继续创造成果，一种牢不可破的纽带已在艺术学科和烹饪之间建立了。

二、烹饪技术与文化的关系

文化是人类生活的反映，是人类活动的记录与沉淀，是人类的高级精神生活。文化包含了人们在认识世界和改造世界过程中形成的一些思想和理论，是人们生活的方式方法和准则。

从广义上看，技术本身就是文化的重要组成部分。创造和使用技术是人类的一个本质特征，是人类走出动物界的首要标志。人类最早使用的工具直接取自自然界，例如一块石头或一根树枝。当人类把自然界中的物体有意识地用作一个特定的目的时，实际上便开始了对物体的设计，所以这种原始的工具已经具有了技术产品的性质。人类后来的技术产品都在不同程度上经过人的改造。石块不是捡起来就用，而是经过打磨加工。人类通过发明和使用技术，实际上改造了自然，并和自然合在一起构成人类生存的物质世界。人类的文化正是在这个物质平台上萌发和展开。在鲍辛格的论文《技术世界中的民间文化》中证明了技术正在潜移默化地改变着我们的行动，技术世界正在成为民众的文化世界。传统民间文化非但没有被现代技术的发展所摧毁，反而以技术的形式成为文化世界的一部分。鲍辛格发现了技术在民间文化中体现出来的历史性统一。

烹饪技术推动了人类文化的发展，人类的第一个重大技术可算是对火的控制和使用。使用火的技术在食物和安全方面都有革命性的影响。随着人类物质技术水平的不断提高，尤其是农业技术的广泛应用，人类在物质生活得到基本满足以后，开始有大量的精力投入基本的物质生活之外，那就是精神文明。主要包括在科学、哲学和宗教之中人们对世界和自身的探究和思索，和在各种形式的艺术中人们对自己的想象和情感的创造性表达。技术慢慢变成文化中背景性的一部分。

技术的应用形成了不同的饮食文化和饮食风格，中国自新石器时代陶烹出现即已发明蒸法，是世界上最早使用蒸汽烹饪的国家，并贯穿了整个中国农耕文明。刀叉与筷子的使用，是适应不同国家民族地区文化的分化而形成的，是各自合宜的选择，高下与优劣，不可遽下定论。刀叉和筷子，不仅带来了进餐习惯的差异，进而也影响了东西方人生活观念。刀叉必然带来分食制，由此衍生出西方人讲究独立；而筷子衍生出后来的合食共餐，从而让东方人拥有了比较牢固的家庭观念。

引用一下费朗·亚德里亚对烹饪与文化的观点："烹饪是文化的发生器，是反映身份的镜子。通过使用《韦氏词典》对'文化'一词的定义，我们可以断言烹饪无疑是一种永久且有生命的文化，并且随着时间的推移在世界上的每个角落都没有停止发展。"

联合国教科文组织（United Nations Educational，Scientific and Cultural Organization，简称UNESCO）将世界上的某些料理、许多烹饪仪式和习俗识别为文化遗产的非物质部分。它们不是纪念碑或图书，它们并不总是可被造访或咨询，但是它们代表最明显的文化形式，因为它们是曾经的社会和人民的遗产。它们增强了对过去、现在和未来身份的感受，并且像其他文化表现形式一样，它们巩固了群体的凝聚力，无论其目的是营养还是享乐主义。在保护这些料理方面，烹饪的短暂性是一个问题，因为一旦代表它们的制成品被吃掉或喝掉，一旦它们已经"消失"，记录它们就会变得很困难。因此，被联合国教科文组织认可的料理被归为"非物质文化遗产"，因为其结果的持续时间必然是短暂的。

烹饪被理解为一套生活方式和习俗，因为我们作为一个物种所烹饪的所有东西都是我们所吃的东西，所以尽管食物是一种短暂的现实，烹饪却能解释一个人的生活方式、与环境的关系、烹饪传统、信仰和社会结构。

而在更高的层次上，当文化拥有改造社会的能力时，烹饪也具备了这样的能力。例如，日本料理影响了西方社会的消费习惯。没有一个社会不以某种方式进行烹饪，这种烹饪既是为了营养也是为了享乐主义。

三、烹饪技术与科学的关系

科学是创造知识的研究活动，它所解决的主要是认识世界的问题，即科学的任务是通过回答"是什么"和"为什么"的问题来揭示自然的本质和内在规律，其目的在于认识自然。而技术则是发明和创造操作的办法、技巧以及相应的物质手段，技术的任务是通过回答"做什么"和"怎么做"的问题来满足社会生产和生活的实际需要，其目的在于改造自然。科学是进行发现和探索未知的活动，带有自由研究的性质；技术则是从事发明，是综合利用各种知识进行创造和实践的活动。

认识科学和技术的方向性不同虽然是首要的，但同时我们也要明白，进行任何技术革新，都需要科学和技术的共同力量。实际上，科学活动对运用新技术的实验或观测方法的依赖度也在提高。

科学和技术总是有着不可分割的紧密联系。它们相互依存、相互渗透、相互转化。技术发明需要科学理论支撑，科学发现是技术发明的理论基础；科学提出发展的可能，技术变"可能"为"现实"；技术发明推动科学进步，科学的成就推动技术进步。

施一公在论科学要素时说："科学的第一个要素是技术。比如进一个实验室，无论是工程技术还是自然科学，你要学很多基础的理论和实验操作，所以技术非常重要，没有技术寸步难行，课题难以开展。对于刚入门的科学家而言，技术无比重要，但是越往前走，相对而言技术的重要性就会越来越低。"

新技术带来了科学性的新发现，科学性的新发现又创造了新的技术。科学和技术是相辅相成的关系，可以说是车子的两个车轮。食物领域和科学领域、厨师和科学家的关系、科学和技术的这种关系是一样的。《烹饪是什么》指出，烹饪不是科学，但有科学属性。二者既有区别也有很强的共同点。我们分享一下他的观点：

费朗·亚德里亚认为，我们必须指出科学可以作为附加方面应用于烹饪过程，这个方面与科技的使用充分相关。鉴于高档餐饮不是一门科学，并且不会产生科学知识，因此我们强调这样一种思想，即只有在外部科学知识应用于指导烹饪时，我们才能在烹饪中谈论科学。这种情况系统性地发生在食品工业的烹饪中，在某些高档餐厅中以极低的频率发生。于是，我们发现自己面对两种截然相反的情况：没有科学知识就无法理解工业烹饪，而高档餐饮部门的烹饪几乎不熟悉科学知识的应用，凭借经验的知识就足以应付了。

关于费朗·亚德里亚的这个观点，笔者认为也不十分准确，虽然在手工烹饪的高级餐厅，主要靠厨师的经验和厨师的个性特点，但也有很多厨师关注科学的应用，如日本的天妇罗大师早乙女哲哉在选择面粉时考虑面粉的蛋白质、精度、产地、水分等。有的餐厅在烹饪用水方面很注意水的软硬度，水龙头上根据烹饪的需要安装了不同的净化器。当然这也很好地说明了科学和烹饪科学属性的差异。

费朗·亚德里亚还认为，虽然某些以手工方式制作或者高级餐厅的厨师在学习和研究科学知识，但是他们不是科学家，也不具备科学思维。职业厨师可以求助于必要的科学或其他知识的该领域专业人士提供特定指导。这些厨师不能被视为科学家，因为他们是从专业科学家那里学到或者获得这些知识，所以他们应该被视为专家厨师。

费朗·亚德里亚的这个观点笔者也比较认同。确实，目前烹饪中的现象和科学规律都不是厨师自己通过实验得出的结果，而是应用其他科学已经有的成果来进行解释或分析的。如泡菜的发酵原理，是运用化学和生物学知识来解释的，厨师在最初应用发酵技术时不是从科学原理出发的，而是从前辈的经验中出发的。厨师们擅长的烧烤技法使食物产生香味和诱人的色泽，又是什么道理呢？这也是应用美拉德反应来解释的。分子料理技术看上去像是从科学原理进行的科学烹饪，其实这些东西都是食品工业中早已经成熟的技术了。

烹饪也可以从科学的角度出发，使用一种技术代替另一种技术的决策，导致产品以不同的科学方式发生改变。我们继续对食物进行实验并质疑烹饪中是否存在科学的方法和思维模式，别忘了，运用科学知识并不等于就是科学，我们一开始的前提就是烹饪本身不能被视为一门科学。

烹饪技术的构成

我们已经明确了烹饪的本质是技术，那么烹饪技术到底包含哪些要素呢？我们先了解一下和技术相关的两个常用名词：烹饪技术和烹饪方法。这两个概念经常在行业中通用，其实它们既有区别，也有联系。

一、烹饪技术与烹饪方法

世界知识产权组织在1977年版的《供发展中国家使用的许可证贸易手册》中，给技术下的定义："技术是制造一种产品的系统知识，所采用的一种工艺或提供的一项服务。"

《现代汉语词典》（第7版）的解释：技术是人类在认识自然和利用自然的过程中积累起来并在生产劳动中体现出来的经验和知识，也泛指其他操作方面的技巧。技术应具备明确的适用范围和被其他人认知的形式和载体，如原材料（输入）、产成品（输出）、工艺、工具、设备、设施、标准、规范、指标、计量方法等。

《烹饪是什么》一书将技术定义为："一种为达到目的所用的熟练或有效的手段。将技术定义为执行任务的某种特定方法开始，在烹饪方面，我们所说的技术是某种预加工或制作技术，它们以中间制成品或供品尝的制成品为结果。所有制成品都有其特定的制作技术，并结合所需的中间预加工和制作技术，才能得到最终结果。"

方法是指为达到某种目的而采取的途径、步骤、手段等。《烹饪是什么》认为：方法是对特定做事方式的概念化，该方式以特定模式重复而且其步骤遵循特定顺序。所谓烹饪方法，是指始终以相同的顺序、在相同的场所、使用相同的资源并以同样高的标准实施的烹饪技术。费朗·亚德里亚认为方法是非常具体的制作步骤，总是以相同的方式进行。即把烹饪方法理解成标准的工艺流程，同一种方法有比较固定的时间、温度、流程。

技术和方法经常同时出现，技术具有个性特征，方法具有共性特征。一个偏向手工操作，另一个偏向产业化生产。比如调和一款"鱼香味"的调味汁，运用到一个菜品制作时，是鱼香味的调配技术，当批量生产鱼香味汁的时候就属于鱼香味汁的调配方法，因为批量化生产鱼香味汁是有比较固定的时间、温度和流程。如果针对超市里一瓶的鱼香味汁成品来说，既有技术也有方法。这也是这两个概念混用的原因。

二、烹饪技术的构成要素

西汉晚期的大儒刘向，在其代表作之一的《新序》卷四"杂事"篇中，有一段借事喻史的谈话记录："晋平公问于叔尚曰：'昔者齐桓公九合诸侯，一匡天下，不识其君之力乎，其臣之力乎？'叔尚对曰：'管仲善制割，隰朋善削缝，宾胥无善纯缘，桓公知衣而已。亦其臣之力也。'师旷侍曰：'臣请譬之以五味，管仲善断割之，隰朋善煎熬之，宾胥无善齐和之。羹以熟矣，奉而进之，而君不食，谁能强之，亦君之力也。'"由此可见，在师旷的比喻中非常清楚地说明了调羹的技术要素，即断割、煎熬、齐和，也就是今天的刀工、火候、调味。

台湾著名哲学家张起均教授在《烹调原理》一书中认为，烹饪技术的构成是烹、调、配。概括了烹饪技术的核心部分，也许他把"配"的涵义包含了切、组、装等技术要素。西方国家对烹饪技术的理解稍有差异，西方的技术要素有煮、烤、发酵，并与自然元素相对应，那就是空气、水、火、土壤。这个观念值得我们认真分析一下。

美国迈克尔·波伦在《烹：烹饪如何连接自然与文明》中阐述："重要的烹饪方法——烧烤、煮、烘焙、发酵，也是我们称之为烹饪由自然向文化转变的重要形式。我满心惊喜地发现，这四种烹饪形式分别依赖于火、水、空气、泥土这四个经典元素，构成了一一对应的关系。"

迈克尔·波伦说："我不知道为什么会这样，但是几千年来，多种文化都把这四大元素奉为构成自然界四大不可或缺、永不泯灭的元素。当然在我们的想象中，它们也是至关重要的。事实上，现代科技把这些经典元素又分解成更基本的物质与作用力——水被分解为由氢和氧构成的分子，火被认为是迅速氧化的过程——这也并没有从实质上改变我们通过生活或想象对自然的体验。科学也许能用包含118种元素的周期表来取代这四大元素，然后把它们分成更小的微粒，但我们的感知和梦想对此却迟迟不能适应。

学习烹饪的过程就是与物理、化学中的定理以及生物学和微生物学中的事实进行亲密接触。但是，我发现，在人们领会包括烹饪在内的主要转换形式这个过程中，从火开始，这些始自科学之前的古老元素分别扮演着极为重要的角色。它们在这个改变自然的过程中有自己特有的方法，特有的态度，特有的分工，特有的情怀。

火在烹饪中是第一要素。我学习烹饪时就是从火开始的，首先探究这个最基本，也最古老的烹饪方法：烤肉。我对用火烹饪的艺术探究颇费了一番周折，从我后院的烤箱到北卡罗来纳州东部地区的烧烤坑和烧烤大师们。在北卡罗来纳州的东部地区，人们说到肉类烹饪，仍然是指用木炭的文火慢慢地烤熟一头整猪。也正是在这里，在那些技艺高超同时也是派头十足的烧烤大师们的指导下，我掌握了烹饪的基本要素——动物，木头，火，时间——找到了一条深入了解这种史前烹饪技术的通途：了解了是什么让我们的原人始祖聚在火堆边烤食，这种体验又是怎么改变他们的。捕杀并烹饪一个庞然大物从根本上讲需要全身心的投入。供奉仪式从一开始就是这其中一环，直到今天，21世纪的烧烤依然能寻到这古老的痕迹。无论当时今日，火的烹饪里都反射出充满阳刚之气的英雄剧的影子，带有夸张与反讽的情绪，还有一丝荒谬感。

我们的第二部分的主题是用水烹饪。用水烹饪的感觉与上述情绪正好相反。从历史上看，水在烹饪中的使用晚于火，因为直到距今一万年前，锅这种人造工具才在人类文明中出现，在此之前水无法在烹饪中派上用场。现在，烹饪走进户内，进入厨房。在这一章中，我将探讨日常家庭烹饪及其技巧和优缺点。为了呼应这一章的主题，这个部分的表现形式就是一个长长的食谱，以逐步展现这些古老的烹饪技术，看看祖母们是如何在家中利用这些最普通原料（一些芬芳的蔬菜，一点油，几小块肉，一个漫长的下午），摆弄出一顿美食的。在此期间，我也开始向一位派头十足的专业烹饪大师学习，但是我们没有去专业场所，而是在我家的厨房里完成了大部分的烹饪工作，我们常常像一家人一样——家和家人是这部分的主题。

第三部分就讲到了空气这个元素，正是因为它，面包才能发酵得非常松软，与一碗淡而无味的米粥大为不同。我们想方设法把空气导入食物，以自然通过大量种子赐予我们的各种植物为基础，不断超越，大幅改进，从而完善了食物，也善待了我们自己。西方文明与面包的故事是密不可分的，面包可能是人类第一项重要"食品加工"技术的产物。（啤酒酿造工艺可能出现得更早，因此啤酒酿造师并不认同这个观点。）在这一章，我们将走访美国各地的面包房（包括一家"沃登面包"工厂），去探究困扰我个人的两个问题：如何烤出最蓬松完美的面包，并准确查明烹饪发生重大错误转折的具体历史时刻——文明从何时起把烹饪变成了与营养渐行渐远的食品加工。

同前面这三种需要加热的烹饪过程相去甚远的是这第四种。就像泥土本身，各种发酵的手法都是依赖微生物，把有机物质从一种状态转换成更有趣更有营养的另一种状态。在这里，我遭遇了最不可思议的演变：真菌和细菌（很多生活于土壤之中）默默无闻地干着创造性的破坏工作，为我们奉献出富含回味的强烈味道与效果显著的酒精饮料。这部分我们又分为三章：包括蔬菜（制成德国泡菜、韩国泡菜及各种腌菜），牛奶（制成奶酪）和酒精（制成啤酒和蜂蜜酒）的发酵。整个过程中，我在众多"发酵发烧友"的指导下，领略了巧妙管控腐败过程的各种技术，现代人与细菌之战的荒唐，从丑恶之物中衍生出的欲望，还有一些反其道而行之的奇思妙想，比如我们发酵了酒精，酒精也发酵了我们。"

中餐加工过程没有对应自然的内容，中国的烹饪方法太多了，但也有专家把中国烹饪方法归纳为5种原始方法，烤、煮、蒸、炒、炸，众多的烹饪方法都是从这几种方法中延伸或组合形成的。也有人认为中餐的五味对应的自然元素是五行，如土生甘、水生咸、金生辛、木生酸、火生苦，当然是否科学在此就不展开讨论了。

烹饪技术的核心是味道

一、烹饪技术与味道的关系

烹饪的本质是技术，那技术的核心又是什么呢？

从图1-1中可以看出，无论是中餐还是西餐，从技术的角度分析，味道就是技术核心。

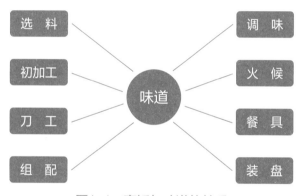

图1-1 烹饪与味道的关系

中餐的技术构成一般按照加工流程来分类，包括：初步加工技术、清理技术、切割技术、组配技术、调味技术、成熟技术、装盘技术等。每个技术环节都与味道密不可分。

（一）选料技术

选料一般从是否新鲜、是否自然、是否风味独特等方面入手，与味道鲜美有关，新鲜食材本身的鲜美味道保存得就非常完好。选料还要考虑食材的瞬间变化对风味的影响，即使是现摘的果实，其构成在几个小时后也会发生显著的改变，主要是因为植物细胞在无法从根部汲取水分的情况下仍然会继续运转。例如玉米和豌豆，如果采摘后保存在室温下，它们在六小时后会丧失百分之四十的糖分。芦笋和花椰菜的情况更加糟糕，一旦采摘下来，它们就会利用这些糖分来合成不易消化的木质纤维。而冬笋从挖出来到食用最鲜美的时间不超过5小时。所以，新鲜蔬菜与久置蔬菜的味道明显不同，是实实在在的事实，而不是人们的感觉而已。

食材的独特性，主要还是风味独特，如果只是外观独特、风味一般，很难成为再选择的对象。而人工种植或养殖的原料，在风味上远不及自然生长的原料，这是世界性难题，我们可以提高产量、打破季节、突破空间，生产出各种各样的食材，但风味问题一直没有解决，随着科技的进步，希望未来这一问题得以解决。

（二）初步加工技术

清洗的目的，一是卫生的需要，清洗掉附着在食材表面的杂物和药物残留。二是去除有异味的部分，如动物内脏清洗、无鳞鱼黏液的清洗。

修整的目的，一是去掉变色破损的部分，二是去掉口感老的部分，如笋的根部比较老，加工时必须去除。当然也可以巧妙利用，晒干后磨成粉，便是非常自然也很鲜美的调味料。腰花在加工前需要去掉腰子中间网络组织，因为臊味比较重（也有人对它有偏好）。

焯水的目的主要是去除异味。动物在红烧或炖汤时需要焯水处理，可以去除原料的异味。蔬菜中含有苦味、涩味的原料也需要通过焯水来去除。

所以，从以上几个流程来看，初步加工技术的主要目的就是去除异味或影响风味的杂物。

（三）刀工技术

刀工技术看上去和味道没有直接关系，是将原料加工成片、丝、条，还可以切成菊花、兰花等各种美观的造型。但这是刀工的两个目的，一方面为了造型，另一方面为了味道。刀工最初的目的其实就是为了味道，让原料更入味、让原料受热均匀、让菜品口感更统一。

（四）组配技术

组配的手法很多，包含制汤、制蓉胶、制糊浆、搭配等，是多种技法汇集的一个板块，但也无一例外地都与味道有关。

制汤的目的是让食材的味道更加充分地溶解到水中，形成的汤汁中包含了原料的精华风味，因此汤不仅是一道菜品，还是自然鲜美的调味品。传统有言：唱戏的腔，厨师的汤。在没有味精、没有鸡粉的岁月里，汤是厨师调味的重器。

制蓉胶是将动物原料粉碎后，加盐等辅料，搅打成的胶体状物料，能够做成各种造型，如鱼圆、鸡圆等，不仅可以变换多种口味，而且口感也变得更加丰富。

经过挂糊上浆再油炸的食物，可以通过糊保护里面的水分，让食物的鲜味不流失，同时也可以形成酥脆或外酥脆内软嫩的口感。

（五）成熟技术

火候有三个主要的目标：首先是杀死污染食物且对健康造成危害的微生物，其次是让食物变得容易咀嚼和消化，最后是赋予食物一定的风味。从目标来看，火候的主要功能还是味道。

食物通过加热，让食物的腥味、膻味发生逆转，产生复合的香味。《吕氏春秋》中提到："夫三群之虫，水居者腥，肉玃者臊，草食者膻。"这些味道怎么处理呢？"火之为纪，时疾时徐，灭腥去臊除膻，必以其胜，无失其理。"这就是利用火候精准对应了需要达到的效果。

唐人段成式在《西阳杂俎》中说"物无不堪食，唯在火候"。物没有不可以食用的，关键是火候，一个"唯"字，把烹饪中火候的重要性提到了独一无二的高度。宋代苏轼就有"慢着火、少着水，火候足时它自美"的名言。清代袁枚《随园食单》里专列了"火候须知"，讲述了他对火候在烹饪中的重要性的认识与调节用火候的经验："熟物之法，最重火候，有须武火者，煎炒是也，火弱则物疲矣。有须文火者，煨煮是也，火猛则物枯矣。有先用武火而后用文火者，收汤之物是也，性急则皮焦而里不熟矣。有愈煮愈嫩者，腰子、鸡蛋之类是也；有略煮即不嫩者，鲜鱼、蚶蛤之类是也。肉起迟，则红色变黑。鱼起迟，则活肉变死。屡开锅盖，则多沫而少香；火熄再烧，则走油而味失。道人以丹成九转为仙，儒家以无过不及为中。司厨者能知火候而谨伺之，则几于道矣。"非常精妙地阐述了通过调节火候实现不同口感的目的。

中餐最常用的炝锅技术，目的就是激发香味。葱姜蒜这些调味料均含有硫化丙烯一类挥发性物质，散发出强烈的辛辣味。在油脂中加热后，可转化成浓重的辛香气味，对菜肴具有解腥去异味、着香、矫香、赋予底味的作用。这种味道还有增进食欲的效果，是中餐独特的调味技巧。

1. 煎炸与味道的关系

煎炸作为一种基本的食品加工手段可追溯到公元前1600年，这种古老的烹饪方法是以油脂作为传热介质，使食物从表面到内部的热脱水和煮制相结合的过程。煎炸食品因其独特的口感和诱人的风味而备受广大消费者的喜欢，其品种及食用量近年来均有明显增加。煎炸制品加工时，油可以提供快速而均匀的传导热能，食品表面温度迅速升高，水分汽化，表面出现一层干燥层，形成硬壳。尤其对挂糊、上浆的菜肴，能很快因其表面形成一层保护膜而避免水分大量蒸发，使成品具有软嫩或外焦里嫩的口感层次。油炸菜品可以形成独特的香味，是因为炸制时食品表面发生焦糖化反应，部分物质分解，产生油炸食品特有的色泽和香味。

2．炖焖与味道的关系

菜肴制作过程中无论采用何种炖法，目的都是避免原料香味散发，促使原料在受热时将自身的鲜味溶入汤中。在以水为传热介质的烹饪技法中，炖焖之法可算是最富特色的一种，这种技法的风味特色都表现为菜肴质感软烂酥糯、原汁原味和香味浓郁。正是使用了这种小火长时间加热的方法，并在相对封闭的炊具中烹制，才使得原料组织变性分解、鲜味物质转化、鲜香味及原汁均不易向外散失，故能起到储存香味、保持原汁原味的作用。

3．烤与味道的关系

烤是最古老的烹饪方法，自从人类发明了火，最先使用的方法就是野火烤食。演变至今，烤的内涵已经发生了重大变化，除了作为一种烹饪技法，更重要的是使用了调料和调味方法，改善了口味。

原料肉经过高温烤制，表面变得酥脆，还会产生美观的色泽和诱人的香味。其原理是：肉中的蛋白质、糖类、脂肪等物质在加热过程中，经过降解、氧化、脱水、脱胺等一系列变化，生成醛类、酮类、醚类、内酯、硫化物、低级脂肪酸等化合物，尤其是糖类与氨基酸之间的美拉德反应，不仅会生成棕色物质，同时伴随着多种香味物质的生成。脂肪在高温下分解生成的二烯类化合物，能赋予肉制品特殊的香味。蛋白质分解产生的谷氨酸，能使肉制品带有鲜味。

糖类和氨基酸之间的美拉德反应、脂肪和磷脂的氧化与降解、核苷酸和氨基酸特别是含硫氨基酸的热降解，被认为是烤肉挥发性香气化合物最主要的三个反应来源。

此外，烤的菜品一般在烤制前有腌制的过程，腌制时加入的辅料也有增香作用。如五香粉含有醛、酮、醚、酚等成分，葱、蒜含有硫化物。在烤猪、烤鸭、烤鹅时，还应浇淋糖水（麦芽糖）。这些糖与蛋白质分解生成的氨基酸会发生美拉德反应，不仅起着美化外观的作用，而且也会产生丰富的香味物质。

4．爆炒与味道的关系

美食家梁实秋先生说："西人烹调方法，不外乎油炸、水煮、烧，就是缺了我们中国的炒。"英文中没有相当于炒的词，日本石毛直道先生也说："油脂的出色利用，是中国烹调特色，它体现了高热迅速的烹调炒法。"油炒食物是一个漫长的发展过程，复杂而难于考证。高成鸢先生说："炒法的独立与成熟，是以炒蔬菜为标志的，时间上也与梁代的素食流行相当。"这个观点基本上可以成立，因为炒法的形成必有两个前提条件，那就是铁锅和植物油。据考证，铁锅在汉代已普遍应用，植物油用于烹饪大约始于南北朝时期，加上与梁武帝萧衍崇奉佛教，素食终身、为天下倡，从而使不用动物膏脂的素菜得以迅速发展。故这一时期，完全有条件使炒法独立和形成。

那么，什么是炒？直观上似乎中国人都知道，但至今尚没有一个公认的定义，国内不少教科书和辞书的解释也不尽相同。炒是中餐非常独特的烹饪方法，在烹饪中，肉和菜的香味损失和加热时间长短有关系，所以快速爆炒的方法可以激发和保持原料特有的香味，食材的水分也因烹饪时间短得以保留，菜品脆嫩爽滑口感的形成都是快速爆炒实现的。锅气是爆炒的另一个特色，其实就是产生焦香的热气。锅气的产生除了用大火把食材香气激发出来之外，最重要的还需要依靠料头。最常用的就是姜、葱、蒜，通过炝锅等手法，让料头的香味与食材高温产生的香味融为一体，形成食材本身味道之外的一种特色焦香气。

5. 蒸与味道的关系

世界上最早使用蒸汽烹饪的国家就是中国，并贯穿了整个中国农耕文明。关于蒸最早起源可以追溯到约5000年前的炎黄时期，在谯周的《古史考》记载中得到进一步的证实："黄帝时有釜甑，饮食之首始备""黄帝始蒸谷为饭，蒸谷为粥"。可以说，蒸是人类自钻木取火之后烹饪史上的又一重大发明。日本学者石毛直道说："蒸的技术，可以说在世界上，中国是最发达的，它因此成为具有典型特征的中国饮食烹调法之一。气蒸法是继釜、鼎之后发明了'甑'而问世的烹调方法。从煮演变到蒸，其间历经约5000年。蒸的出现，大大加快了技术多样化的进程。蒸不仅是自取火之后人类烹饪史上的第三大发明，同时也是一个意义深远的重大转折点：它改写了以火或者水对食物做直接加工的原始方程式。"

根据食材的不同，蒸菜的火候也分为猛火蒸、中火蒸和慢火蒸三种。用旺火沸水速蒸，适用于质嫩的原料，如鱼类、蔬菜类等，时间为15分钟左右；对质地粗老，要求蒸得酥烂的原料，应采用旺火沸水长时间蒸，如香酥鸭、粉蒸肉等；原料鲜嫩的菜肴，如蛋类等应采用中火、小火慢慢蒸。当然还有原气蒸、高压气蒸、放气蒸等方法。不管采用哪种蒸法，其目的都是围绕菜品口感和鲜美味道进行的。食物在蒸制时处于封闭状态，因此水分不会丢失，能保持原汁原味。此时口感细嫩、软烂，更容易被消化吸收。

从烹饪的每个技术环节分析，所有技术都有改善和丰富菜品味道的功能，而且也有且仅有味道是所有环节都涉及的重要元素，由此可以看出味道是技术的核心。

二、味道的构成与概念

（一）味道的概念

目前行业中流行的关于味的描述很多，如风味、口味、滋味等，它们有什么区别吗？经研究发现风味、口味、滋味、味道的概念都比较模糊，有相似也有重叠或交叉。在介绍菜品味道之前有必要先梳理一下这些和"味"相关的概念。

1. 风味

风味是人对食物的一种自我感觉现象。广义的食品风味包括味感、触感、温度感及嗅感，还包括色泽、形状等。狭义的风味（flavor）就是当你吃或者喝东西时候，鼻子所闻到的、舌头和口腔所感受到的一个综合。包括食物入口后给予口腔的味感、触感、温度感及嗅感等各种综合感觉。我们通常所说的风味，主要指味感、嗅感和触感三者的综合感觉。

由于风味是一种感觉现象，所以对风味的爱好常带有强烈个人的、民族的、地区的特殊倾向，并且这种嗜好是与当地气候、物产、民俗、生理机能等因素密切相关。所以风味经常被用在区域特色或民族特色的表述上，如山东风味、北京风味等，也有的表述为傣族风味、苗族风味等。

2. 滋味

滋味出自《吕氏春秋·适音》："口之情欲滋味。"对滋味的解释比较多，多数是包括口味和口感两种，也就是味觉和触觉的综合。滋表示口感，如软、嫩、脆等，味表示口味，如鲜、咸、甜等。我们的口腔有两种受体，一种受体是关于味觉的，被称作为"味蕾"，味蕾存在于我们整个口腔中；另外一种受体叫作"口感"，口感是由我们的口腔和舌头内部大量的末梢神经来感知的。例如黏性、温度、灼热感、厚重感、刺感、触觉和痛苦感等。

3. 口味

口味是指味蕾可以感受的基本味觉，如甜、苦、咸、鲜等，当然真正味蕾感受到的应该是复合的味觉。基本味觉的交叉、层次、先后变化才是口味最诱人的地方。

4. 味道

味道是一个模糊又宽广的词，一种解释是所有食物和饮品带给我们口腔和舌头的一切感受都被称作为味道。还有一种是哲学的解释：体会味道的哲理，体察道理。如潘岳在《昭明文选·杨仲武诔》提到："钩深探赜，味道研机。"即味道是感悟风味的道理和哲理。

餐饮行业表述的味道主要包括味觉、触觉、嗅觉、刺激、温度等感觉，而且是综合的感觉。我们探讨的烹饪技术核心中的味道，就是指味觉、触觉、嗅觉、刺激等带来的复合感觉。

（二）味道的构成要素

1. 味觉之于味道

味觉是与生俱来的，不需要后天培养的。如甜味，婴儿喜欢；苦味，婴儿皱眉头。

在2000多年以前，希腊的一位哲学家说，食物的滋味取决于食物放出的原子。

这在当时的确令人惊奇，但放在今天，他的话完全是对的。除非一种物质被溶解后放出原子，否则我们不能品尝，如我们不能尝出一块玻璃的味道。传统的味觉有一个"感受器分布理论"，由化学家汉宁（M. Henning）在1916年提出：口腔只能通过分布在舌头特定区域的味蕾感受到咸、甜、酸、苦四种味道，其中舌尖的味蕾感受甜，舌根的味蕾感受苦，前端舌缘的味蕾感受咸，而感受酸味的味蕾位于后端舌缘（图1-2）。这个理论被后世很多人引用，笔者在《烹调工艺学》的教材中也引用了这个理论。但现在看来，这个观点是错误的。

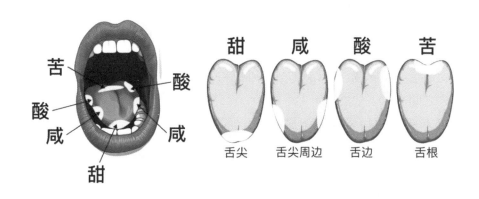

图1-2　人的味觉敏感区域分布图

《厨房里的哲学家》提到："味觉就是一种与有味道的物体发生关系的感觉，通过这些食物对味觉器官产生的感应形成。味觉受到食欲、饥饿和口渴的刺激，它是许多行为的基础，可以让人成长发育、自我保养，还可以让损伤自然修复。我们可以从以下三个方面来阐述味觉。

从人的身体来看，味觉是指人品尝有味道的食物时产生的食欲。从精神层面来看，味觉主要是通过美味可口的食物使感官系统兴奋的一种感觉。从物质层面来看，味觉是生物让器官能强烈感受从而形成感觉的固有特性。没有舌头或者被割掉舌头的人依旧拥有味觉。最早的案例书中早有记录，第二个例子则可以恰如其分地说明这个问题。那是发生在一个被割掉舌头的可怜人身上的故事，他和几个同伴计划逃跑，因此受到了如此严酷的惩罚。知道他被切除舌头后，我询问他在吃东西时是否还有味觉。在遭受这样一个残忍的惩罚后味觉能否幸存？他回答我，最烦扰他的是吞咽食物（他只是做起来有些困难），但他味觉仍完整无缺。他依旧可以像正常人一样有滋有味地品尝食物，只是太酸或太苦的食物会让他难以忍受。

早前我们就论述过，味觉主要存在舌头的神经凸点上。当今的解剖学成果显示，并非所有舌头都有相同的神经凸点，有的地方比其他地方多达三倍。这说明了为什么处于同一个宴会上的两个宾客，一个享受美味佳肴，另一个则感觉索然无味。因为后者的舌头神经凸点不敏感，味道使他的眼睛和耳朵不能做正确的判断。

现在一般认为，与味觉关联的分子首先通过味蕾接收信号，这才是感受味道的开始。目前公认的基本味觉只有5种，甜味、苦味、酸味、咸味、鲜味之所以确认是基本味，是因为这些味道能被大脑清晰认知，而且通过分子生物学的研究发现，这几种味道事实上都分别有各自的味觉感受器。日本人发现的鲜味被国际认可，主要也是因为已从科学角度证明了人类拥有感受这种鲜味的感受器。

具有甜味、苦味、鲜味的物质通过味细胞的细胞膜中的'G蛋白偶联受体（7次跨膜受体）'被感知，酸味和咸味物质则作用于在味细胞膜上进行着离子流动的离子通道。"

从上面的论述中可以看出，味觉感受器存在于整个口腔当中，不同的呈味物质有不同的感受通道，呈味物质的结构是影响味感的内因。据有关专家归纳，物质的味道和化学结构之间有以下的规律：

（1）具有咸味的物质都是金属盐类，而且起决定性因素的部分是这些盐的阴离子。

（2）具有甜味的物质都是氨基酸和多肽，多元羟基化合物（包括多元醇和多元羟基醛、酮）、酚和多酚。

（3）具有酸味的物质都是可以电离产生氢离子的化合物。

（4）具有苦味的物质多为生物碱、萜类、糖苷以及一部分氨基酸和肽。

（5）具有鲜味的物质的分子，从结构特征来看，是在水溶液中两端都能电离的双极性化合物，而且都含3～9个碳原子的脂链，这个脂链不限于直链，可以是环的一部分，而且其中的碳原子还可以被氧、氮、硫、磷等元素所代替。

2．触觉之于味道

触觉表现在菜品中就是质感，1962年在美国通用食品公司工作的西斯尼亚科（Szczesniak）提出，"质感包含两个部分：食品的构造性要素（分子层面、微观或宏观层面的构造）和生理感觉"。也就是说，质感是由吃东西时人的口腔感受到的物理性感觉。质感是由"口感"（mouthfeel）、食物本身所有的物理性质——"物性"（physical property）二者组合而成的。用公式来表示，即"质感＝口感+物性"。

对质感的感觉可以大致区别为皮肤表面感受到的触觉（或压觉）和深层感觉。味觉是只有身体中的一部分，如舌头等才能感知的感觉；而触觉是不仅口腔内，皮肤的表面等也可以感知的感觉。一般把味觉这种只有身体的特定部位才有感受的感觉称为"特殊感觉"，把像触觉那样身体表面任何部位都能感知到的感觉称为"躯体感觉"。

大卫·朱利安·麦克伦茨在《未来食品：现代科学如何改变我们的饮食方式》一书中提到：食物在我们嘴里的物理感觉在决定其是否可取方面起着至关重要的作用。苹果的清脆、饼干的松脆、慕斯的美味以及酱料中的浓郁奶油都是它们独特风味的基本要素。与味觉、嗅觉和三叉神经感觉不同，口感并不依赖于食物中特定种类分子的存在。相反，是它在口腔加工过程中产生机械和听觉效应的结果。我们舌头、脸颊和味觉上的压力传感器会对食物的质地做出反应，而我们耳朵里的茸毛会捕捉到食物的声音特征。食物在吃的过程中所产生的力和声音取决于它们的成分和结构。食物可以是液态的（牛奶）、半固态的（酸奶）或固态的（饼干）。它们可能是光滑的或块状的——在微观或宏观层面上（所有的食物在分子层面上都是块状的）。了解食物在我们口中的复杂行为，以及这种行为如何影响味觉，是许多食品科学家和厨师关注的焦点。食物是一种极其复杂的物质，它能在我们的嘴里引发多种感觉和生理感受。人们可能会把食物的口感描述为硬的、软的、嫩的、干的、多汁的、易碎的、脆的、弹性的、黏弹性的、黏的、丝滑的、奶油状的或黏滑的，这只是食品科学家们使用的描述词的一小部分。每种食物都有自己独特的口感。食物在我们口中的反应取决于它们所含的成分以及它们是如何组合在一起的。了解食物结构对消费者饮食行为的影响，可以用来将拥有消费者满意口感的食物研制得更健康。例如，了解咀嚼时肉分子的柔嫩性与结构性的关系，可以用来我们对不同口感食物的反应有着明显的文化差异，这使得食物质构的设计更加复杂。亚洲人比欧美人更喜欢不同寻常的食物质构。在亚洲，鸡爪的嚼劲、海参的弹性、海蜇的脆爽、纳豆（发酵的大豆）的黏软都是非常受欢迎的，但在西方传统文化环境中长大的许多成人可能会对此敬而远之。有趣的是，在我祖父母那一代，许多传统的英国北方美食的质地确实与现代亚洲美食相似，比如紧致弹牙的牛肚或凝胶状的猪蹄。许多固体食物，如水果和蔬菜，都有蜂窝状的结构，由微小的充满水或充满空气的细胞组成，周围有薄薄的固体壁。当我们咬这些食物时，坚硬的固体壁会断裂，于是在我们口中产生了清脆和酥脆质感和声音。声音的音高取决于细胞壁的机械强度和细胞的大小——细胞越小，音高就越高。每种食物都有自己独特的机械和声学特征。我们希望苹果是酥脆和清脆的，而不是软的、糊状的，但我们希望棉花糖是软的、蓬松的，而不是酥脆和清脆的。食品科学家已经付出了相当大的努力，以明确和准确地定义"酥脆"和"清脆"的真正含义。"酥脆度"被定义为"干燥、坚硬、易碎"，而"清脆度"则是"咀嚼时发出破碎的声音"。对消费者的采访显示，这两种特质都很吸引人、令人愉快，而且受到普遍喜爱。事实上，这些感觉是如此普遍和广泛，暗示了它们背后可能有一些进化压力。酥脆度和清脆度是新鲜度的指标，因此表明食物不太可能变质或被细菌污染。这些特性一部分来源于口腔感受到的机械力，另一部分是来源于食物断裂时发出的声音。这些声波通过空气、软组织和颌骨传到我们的耳朵。食品科学家测量了许多食物的酥脆度和清脆度。他们发现香蕉既不酥脆也不清脆，而梅尔巴吐司是酥脆和清脆食物中的极品。这些数据表明，脆度和松脆度之间有很强的相关性——那些酥脆的食物也往往清脆。如香蕉的酥脆感和清脆度都是0，黄瓜的酥脆度30，清脆度是40。烤花生的酥脆度是65，清脆度30。芹菜的酥脆度是65，清脆度是60。胡萝卜的酥脆度是50，清脆度是65。

3．嗅觉之于味道

我们在讨论味道的时候，通常把口味和口感放到重要的位置，认为气味都会自然地产生，不需要在烹饪时过多的关注。其实嗅觉才是食物风味的真正主角。

英国著名美食家、营养学家比·威尔森在《食物如何改变人》一书中阐述："在1991年，生物学家理查德·阿克塞尔（Richard Axel）及琳达·巴克（Linda Buck）发现'嗅觉感受器'（olfactory receptors）：由一组位在鼻子内的细胞，具有检测气味分子的功能，就此构成了人类基因组中最大的家族。阿克塞尔和巴克在一万九千个基因中发现其中5%，接近一千个是嗅觉感受器。他们的研究终于解开了一些人类如何能记得与分辨出许多种的味道和气味的原因，并在13年后，获得了诺贝尔奖的殊荣。

让我们的嗅觉系统如此复杂的不只是嗅觉感受器，还有感受器与我们大脑互动的方式。每一个感受器的细胞都是非常特殊的，它只能探测到少量的物质。但是，当我们闻到或品尝到东西时（例如刚出炉的面包，或者是撒在炖肉上的柠檬皮香气），嗅觉感受器会传送信息给大脑中的嗅球。这时，每个气味分子在嗅球聚合形成的簇群［肾小球（glomeruli）］，编码成特定的形式。肾小球一直被形容成'出类拔萃的探测点'。每一次你尝到或闻到什么东西时，相关的肾小球就会将该味道或气味撷取成快照。这些快照在脑中会形成气味模式（patterns），就像一张地图那样。

琳达·巴克估计人类可以识别约一万种不同的气味。例如，当我们走进房子，可以瞬间发现有人正在料理烤全鸡作为晚餐，并且早已知道他们在鸡的肚子里填入的是迷迭香，而不是百里香。我们的嗅觉系统有非常强大的力量，能够区分出不同的气味。化学专家在实验室里看起来结构相近的气味分子，一般人可以很容易地用闻的方式来区分出来。"

嗅觉和味觉相比，实在是太庞大了，味觉只有咸、鲜、甜、苦、酸等几种可数的感觉，而嗅觉有成千上万种气味，它虽然不能像味觉那样表述得很清晰，但嗅觉在菜品味道中的地位是最重要的，因为给人记忆最深刻、让人最怀念的味道就是食物的香味。

因此如果你嗅觉有缺失，味觉也变得无趣。

碧·威尔森说："挪威的特里格·恩根（Trygg Engen）是研究气味和记忆的'始祖'，他将我们的嗅觉描写成'一个天生设计成不过忘的系统'。有时人们在谈到嗅觉丧失症时，会把它当作'味觉丧失'，但是实际上损害到味蕾的情况是十分罕见的。超过九成味觉失调的人，都是因为出现嗅觉能力衰减或丧失的情形造成的。我们嘴巴里的味蕾，只提供我们享受'味道'所带来的一部分复杂的乐趣。其他的则是透过我们的鼻子、透过所谓的'鼻后嗅觉'。我们在吸气时，可以闻到咖啡的香味。但是我们品尝一杯咖啡之后，或者说在喝下咖啡后，咖啡分子从口里进入鼻腔后仍然散发出香气。数百种化学化合物混合在一起，形成了一种特定融合或烘焙的咖啡味，该味道在口中游走，偷偷地从鼻咽管溜进了鼻腔，带来美妙的香味，这就是鼻后嗅觉。嗅觉丧失症者，失去了体会这种鼻后嗅觉所带来的喜悦，所有他们可以察觉到的，只剩下舌头味蕾可以分辨出来的甜、酸、苦、咸等粗糙且基本的味道。就像阿比·米勒德享受着重咸口味的香烤牛排那样，嗅觉丧失症者往往只能寻求非常咸或非常甜的食物，以弥补无法嗅得的香味损失。

令人惊讶的是嗅觉丧失症是一个常见的问题，在全美有两百万人患有某种程度上的嗅觉或味觉障碍。这不是微不足道的残疾，丧失嗅觉的患者往往最终感到沮丧和患有营养不良，因为分辨不出味道，就失去了吃东西的动机了！当闻不出任何味道时，我们所向往熟悉的食物味道，是永远无法被满足的。患者常常描述，没有嗅觉产生了很大的失落感，'第五感官'的创始人邓肯·伯雅克（Duncan Boak）因头部受伤而丧失了嗅觉，他说失去嗅觉后，'好像隔着一块玻璃来看待人生'，便会开始自问'我是谁'？"

（1）尚未完全认识的嗅觉

伊尹说：鼎中之变，精妙微纤，口弗能言，志弗能喻。有人认为这句话过时了，现代科学已经能解释清楚各种烹饪变化了，但其实我们认识到的食物变化才是冰山一角，对嗅觉的认识就是很好的说明。

首先是关于气味的分类问题，中国烹饪学术界一直是含糊其词，没有口味那么明确清晰的诸如咸、甜、酸的感受，也没有口感那么明白的诸如脆、酥、软、烂的表述，但香味的确比较难说清楚到底是什么香，比如行业里经常出现清香、浓香，又或者香味浓郁、淡雅宜人之类的宽泛性描述。为什么呢？因为香味的种类太复杂了，一种食物在烹饪加工以后产生的气味高达数百种乃至数千种。

诸如从许多油炸食品的香气中鉴定出70多种成分，从清炖牛肉的香气中鉴定出300多种成分，从酱油中已经鉴定出200多种香气味物质，至于被测试出的酒类香气成分就更多了。然而这些被测出来的香味又很难用于菜品的表达，因为影响牛肉的主体香味是什么还没有完全弄清楚，总不能描述牛肉特色时把300多种成分都报出来吧。但用清香、浓香来表示又显得模糊不准确，真是难为厨师们了。

这些单一原料产生的嗅觉已经如此复杂，而一道菜一般会由多种原料和调味品混合而成，它们在加热过程中相互作用、协同反应，最终到底发生了多少变化、产出多少新气味，确实没有完全弄明白。

迈克尔·波伦说："从化学的角度来看，通过在火上慢慢烤制，一些简单的结构变得复杂了。我曾咨询过一位调香师，通过烟熏和加热肉中的蛋白质、糖和脂肪，从糖和氨基酸的简单结构中会产生3000～4000种新的更复杂的化合物，通常都是芳香族化合物分子。这些还只是我们能叫得上名字的化合物，可能还有成百上千种成分是我们未知的。"这样看来，烹饪先是破坏了原本的结构，然后又重新建构起更复杂的分子结构。

这种重新建构是在多个不同的化学反应作用下完成的，但是其中最重要的一个反应是在1912年被一位法国化学家路易斯·卡米尔·美拉德发现的。美拉德发现氨基酸与糖一起加热时会发生一系列复杂的反应，反应过程中产生的成百上千种新分子可以为食品提供独特的色泽与气味。正是有了美拉德反应，炒咖啡、面包皮、巧克力、啤酒、酱油和烤肉才有了如此迷人的香味，仅仅是少量的氨基酸和糖，就可以转化成种类如此繁多的化合物，更不用说给人类的感官带来愉悦了。第二种重要反应是焦糖的生成。将无味蔗糖持续加热直到变成深棕色，这个过程会生成上百种化合物，它的味道不仅能让我们联想到焦糖，还有坚果、水果、酒精、绿叶、雪莉酒和醋。

在这两种反应的作用下，食物产生了纷繁的香气和口味。为什么我们就是喜欢混合了各种香味的熟肉，而不喜欢味道单一的生肉呢？理查德·兰厄姆会说，这是进化让人类选择了混合了各种香味的熟食，让人们吃得更多、生育更多后代。食品科学作家哈罗德·麦吉在1990年出版的 *The Curious Cook：More Kitchen Science and Lore* 一书中提出了一个有趣的理论，他指出这两个反应中生成的多数芳香族化合物和在植物界发现的味道极为相似甚至相同，比如我们能想到的：坚果的、绿色蔬菜的、泥土的、鲜花的、水果的香味。焦糖生成过程中会产生和成熟水果相似的化合物，这毫不奇怪，因为水果也含有糖分。奇怪的是，在烤肉中居然也能找到如此多的植物化学成分。

人的鼻子能分辨出一万多种气味，至于我们对特定的气味会做出怎样的反应，很大程度上取决于后天学习的经验、文化环境和个人喜好。同一种食物的气味，可能你觉得很香，但是其他人就不这么认为，比如中国的臭豆腐。这完全是因为各地的饮食文化不同。味觉和嗅觉的区别也反映在我们日常的语言表达当中，我们一般在形容某种特定的气味时，喜欢拿一种气味相似的东西来打比方，说它闻起来和某个东西很像。而在形容特定的味道时，则会直接说它很甜、很苦之类的，不会想到去打比方。

综上所述，可见气味学说尚处于幼年时代，尽管日常生活中的气味是人类的原始感觉之一。至于讲究食品的香气，更是理所当然。但为什么理论研究却如此之少呢？根据统计，人类在生存过程中不断接受各种信息，其中有90%来自视觉，其次来自听觉，而嗅觉所占的比例极小，以致常被人忽视，结果放松了对嗅觉神经系统的研究。这种统计结果是正确的，但嗅觉神经系统研究水平低的原因，恐怕不尽如此。

（2）鼻后嗅觉的概念

一般人认为香味是闻出来的，在吸气时将食物的气味吸进鼻腔，产生香味或臭味。其实这是嗅觉感受的一个部分，称为鼻前嗅觉，咀嚼和呼气时也会产生不一样的气味，这就是鼻后嗅觉。

《烹：烹饪如何连接自然与文明》中解释道："'鼻后嗅觉'（retronasal olfaction）是一个技术术语，描述的是人体对已入口的食物气味所具备的分辨能力。'鼻前嗅觉'（orthonasal olfaction）分辨的是吸入鼻腔的气味，而鼻后嗅觉分辨的是呼出鼻腔的气味，气味的来源无非是食物散发出来的气体分子，它们会从口腔后部进入鼻腔。鼻前嗅觉能使我们分辨来自外部世界的气味，比方说，我们可以根据气味来决定食物能否食用。而鼻后嗅觉则承担着截然不同的任务，其感受器探测的化合物种类，乃至大脑接受刺激的区域也大相径庭。从鼻后嗅觉感受器传入的信号进入大脑皮层后，由最高级的认知功能区进行解读，同样参与信号解读的还有记忆区和情感区。有些科学家据此做出假设，认为鼻后嗅觉主要发挥的是分析的作用，它能帮助我们'备案'多种多样的食物口感，并将其记住，以备将来调取这些资料。

这或许能够解释为什么人们会如此偏爱各种各样的膨化食品和汽水，比如：起泡酒和苏打水，蛋奶酥和掼奶油，膨大的面包、疏松的牛角包和轻巧的舒芙蕾，夹着128层空气的千层酥等。烘焙师和厨师费尽心思，将最甘甜的空气揉进他们的美食中，让享受美食的人唇齿留香。人的味觉只能分辨出五六种最基本的味道，相比之下，嗅觉所能分辨并记录下来的气味差别和组合似乎是无穷无尽的，鼻后嗅觉甚至能够分辨鼻子闻不到的气味。"

鼻前气味的传递可以刺激对含有这种香气的食物的特定食欲，鼻后气味的传递能够增加饱食的感觉并减少摄入量。而摄食期间鼻后香味释放的程度和食物的物理结构密切相关，即固体食物比液态食物产生的鼻后香味释放时间更长、更明显。由此看来，香气不仅仅独立地影响食欲和食物摄入，而且还可以和味道组合协同作用。

（3）气味的种类与转化

风味科学中的香，是人们通过鼻腔感知食品气味的一种表达方式，是食物风味又一公认的重要因素。当然，食物的气味并不只是香一种，也就是说并非所有气味都是香的。有人把气味做了一个分类，就是气味包括臊、焦、腥、腐、香五种。气味在我国古代阴阳五行说的影响下，曾有臊（木行）、焦（火行）、腥（金行）、腐（水行）、香（土行）的五臭之说，与之顺序相应的五色是青、赤、白、黑、黄，对应的五味是酸、苦、辛、咸、甘，而对应于五方的顺序是东、南、西、北、中。五行说源于古代的朴素唯物主义，人们看到许多物质都是从土中产出的，所谓"万物生于土，万物归于土"，因此把土行视为完美的境界、物质的本原，所以五方以中为本原，五色以黄为本原（黄色在封建时代是贵色），五味以甘为本原（甜），甚至在五脏中以脾为本等。故而在五嗅中把最好闻的香放在这里，这大概便是事情的原委。

气味是可以慢慢适应的，气味之间也是可以转化的。在气味心理学方面的另一个课题是人类个体对某些气味的嗜好和行为。有些人本来并不喜爱某种气味，例如香烟的烟味，但连续多次熏陶，结果正反颠倒，由厌恶变成喜爱，形成嗜好。许多发酵性食品的霉香、臭豆腐等的特殊风味，都有这种现象。所有这些恐怕不仅是个心理学问题，看来也和文化有密切的关系。作为烹饪和食品风味要素之一的香，也和人们的生理、心理和文化素养有密切的关系。目前在嗅觉理论上研究得还不够透彻，主要还是由于它的难度大、影响的因素过多、生成的物质过于复杂。

碧·威尔森说："即使是相同的化学物质，我们的大脑也会依据其浓度用不同的方式解读。针对这一点，巴克和其同事用一个明显的例子来加以解释：有一种称为'葡萄柚硫醇'（thioterpineol）的物质，在低浓度时，它的气味被形容成像'热带水果'的香气；在稍微高浓度时，其气味则像'葡萄柚'；但是在更高浓度时，气味变得像'恶臭味'。"

为什么有些化合物如β-甲基吲哚在极浓时其臭难忍，而极淡时现优雅的素馨花香气？这就是气味的转化，和气味的浓度有关，如我们常用的香水。在香水生产工厂，因气味浓度比较高，我们闻到的并不是香气，而是臭气。但经过稀释、调配，变成诱人的香气。苋菜梗、臭冬瓜、臭豆腐刚从坛子里拿出来的时候闻起来很臭，因为气味浓度较高，但可能经过加热使臭味挥发，浓度变淡，吃起来变香了。

味觉和嗅觉虽然是可以改变的，受环境、家庭、区域的影响，会慢慢接受新的味觉感受，但不会淡化少年时代已经形成的味觉记忆。在适应和接受的过程中，对香味、甜味等容易接受的味觉，接受和改变起来相对容易一点。但对臭味的适应相对其他味觉要缓慢和谨慎得多，人们本来对臭味是反感的，在特定的环境下适应了某种臭味，如欧洲人适应蓝纹奶酪，江浙一带适应臭豆腐、霉豆腐，北京人适应豆汁等，但要适应新的臭味食物需要很长的时间，也许永远都适应不了。欧洲人吃臭豆腐不一定能接受，有的人喜欢榴莲的味道，但并不一定喜欢臭鳜鱼的味道。笔者自己能适应臭豆腐，但豆汁至今也接受不了，而且也不想再做适应它的尝试了。

其实，人们喜欢吃臭，是因为微生物在分解蛋白质的过程中，会产生谷氨酸之类的物质，这些物质就是味精的来源，味道呈"鲜味"，鲜味可以让我们感到愉悦。再加上人类的舌头上并没有臭味接收器，所以当人们吃臭味食物时，嘴巴并不会尝到臭味，而是感到鲜美。

（4）嗅觉的记忆

怀念儿时的味道、妈妈的味道，其实是对香味的记忆。记忆是唯一最强大、驱动我们怎么学会吃的力量，它塑造了人们所有对美食的渴望。对我们大多数人来说，食物记忆真的很重要，无论过了多少年，只要吃下对我们有特殊意义的食物，就能唤起过去的回忆。你可能记不住上周三的午餐吃了什么，但是笔者敢说你可以回想起儿时习惯吃的餐点。这些回忆仍然具有情感上的力量，即便已经过了几十年仍然如此。

像这样的回忆，不管是有意识或无意识的，都在驱使我们去寻找早已习以为常的食物，即使从客观上来判断，它们并不是真的好吃，或者对我们身体有任何好处。

普鲁斯特（Proust）的《追忆似水年华》中有一段非常有名的描述："把在红茶中浸过的马德琳蛋糕放入口中的瞬间，不由得回忆起往昔遥远的幼年时代。"这种体会大概任何人都曾有过吧。通过食物的香味、鲜花的芳香、香水的芬芳等，能清晰地回忆起以前开心或悲伤的往事，这被称为"普鲁斯特效应"。与食物的滋味相比，这种气味或香味更能唤醒旧日的记忆，使人被情感深深打动，其中一个重要原因就是大脑中感受气味的结构和感知滋味的结构不同。

嗅觉感受器的构造与味蕾中5种代表性基本味感受器的构造不同。人体中大约有390种不同的嗅觉感受器，以数百万个单位的形式存在。一般认为，数十个嗅觉细胞只要和250个气味分子结合，就能感觉到气味。此外，某种特定的物质并不是仅与特定的感受器结合，也可以是几个类似的分子进行结合，所以嗅觉感受器能够对大多数香味起反应，刺激嗅觉的食物容易留在记忆中。

4．不可忽视的"辣味"

辣味是调味料和蔬菜中存在的某些化合物所引起的辛辣刺激感觉，不属于味觉，是舌、口腔和鼻腔黏膜受到刺激产生的辛辣、刺痛、灼热的感觉。

辣椒素是通过刺激传入神经元末梢和胞膜上特殊的分子受体而产生作用的，这一受体称为辣椒素受体亚型Ⅰ（VRⅠ），它是一类表达在感觉神经末梢上的受体，在痛觉传递过程中发挥重要作用。有研究显示该受体参与机体对刺激的感知、疼痛和镇痛机制。将辣椒素外敷于周围神经或神经节，甚至皮肤上，会出现明显的兴奋作用。

不同植物体内辛辣味成分不同。辣椒的辣味主要是辣椒素和挥发油的作用，辣椒素有5种同系物，侧链为C_9～C_{10}时最辣。各种辣椒中辣椒素的含量差异很大，但前两种同系物占绝对多数。在甜椒中几乎不含辣椒素，一般的红辣椒中含量约为0.06%，牛角红椒中含量可达到0.2%。胡椒中最辣的化合物是胡椒碱和黑椒素，胡椒碱是主要辣味成分，它有三种异构体，差别在于2，4—双键的顺、反异构上。在它们的分子结构中，对产生辣味而言，甲二氧基不是必需的基团。新鲜生姜中以姜醇为主，不含姜酮，姜酮存在于陈姜中，是由姜烯酚转化而来的。姜烯酚的辣味最强，姜醇次之，而姜酮的辣味较缓和。芥末的辣味主要成分是芥子酶分解异硫氰酸烯丙酯糖苷所产生，白芥子中主要是异硫氰酸对羟基苄酯，而其他的一般均是异硫氰酸烯丙酯。在萝卜、山葵等食材中的辣味物质也是异硫氰酸酯类化合物。大蒜和洋葱，有相近的辛辣味是因为有大蒜素。以上各种辣味都有显著的增香解腻、压低异味、刺激食欲的作用。

天然食用辣味物质按其味感的不同，大致可以分为以下三大类。

①热辣物质：是指在口腔中能引起灼烧感觉的无芳香的辣味物质，如辣椒、胡椒、花椒等。

②辛辣（芳香辣）物质：其辣味伴有较强烈的挥发性芳香物质，如姜、丁香和肉

豆蔻等。

③刺激性辣味物质：除了能刺激舌和口腔黏膜外，还刺激鼻腔和眼睛，有催泪作用，如：芥末、萝卜、辣根及二硫化合物类等。

我们日常感受到的味道中的辣味，不是通过味蕾，而是通过位于味蕾附近的自由神经末梢来感知的。辣味与痛觉、温度感觉一样，是通过三叉神经而非味觉神经来传递的，与通过味觉神经传递的味道是不一样的，所以不纳入基本味的范畴。辣味虽然没有进入味觉的行列，但在烹饪中作用却一点也不能小看，辣味已经成为人们最喜欢的一种"味道"之一，已经是中餐菜品味道组合的一个重要组成部分。辣带来的灼热感已经让很多人迷恋，所谓"无辣不欢"。

辣味在烹饪中的作用主要有以下两点：

①增加食欲：辣椒中含有的辣椒素能够刺激胃部分泌消化液。辣椒素一旦和舌头及嘴里的神经末梢接触，神经就迅速把"烧灼"信息传给大脑，大脑便让身体处于戒备状态，使心跳和脉搏加快，皮肤血管扩张，从而使人感到"发热"。大脑还同时指挥胃液和唾液的分泌，使胃肠蠕动加快，这就有利于消化，增进食欲。

②去除异味：姜油已经分离出超过100多种化学物质，最引人关注的是一种被称为6-姜酚，也称姜辣素的成分。生姜脱水后制作而成的干姜中另一种生物活性成分姜烯酚含量增加，它比姜辣素的辣味更强烈。姜油中的姜酚、姜醇及姜酮等成分均是具有挥发性的有机物。生姜中的辛辣成分姜醇、姜二酮都具有辛辣的味道，它们在去腥味中也都起到了很大的作用。有资料显示：姜辣素和姜烯酚之所以能够去腥，是因为这种刺激性物质对于口腔黏膜和舌体表面产生的"烧灼样"刺激以及其他挥发性物质，降低了味蕾对味觉感受的灵敏性。

（三）味觉的相互影响

我们在品尝食物的时候，其实都不可能是单一感觉，是会受到听觉、视觉、触觉、嗅觉、刺激等综合的影响。当我们把食物放进嘴里，飘移到我们鼻子的气味分子，会被大脑转换成抽象的气味模式。当我们再次品尝时，这些气味模式帮助我们辨识出食物。我们的嗅觉感受器对甜的、咸的或腐败的、新鲜的食物，会产生不同的气味模式。透过这些气味模式，我们的大脑了解这扑朔迷离的味道世界。所以嗅觉与味觉是有关联性的，以上虽然独立介绍了各种味道感觉，但在真正品尝菜品时它们都不是独立的，它们之间是相互影响、相互关联的。基本味觉之间、味觉与嗅觉、嗅觉与触觉之间都在相互影响、相互作用。

1. 基本味觉之间的相互关系

（1）咸味

咸味的调味料有盐、酱油、鱼酱、黄酱等，其中盐最具有代表性。食盐的咸味成分是氯化钠，氯化钠的咸味是钠和氯两个离子产生的，如果只有其中一个离子就感觉不出咸味。食盐的阈值一般为0.2%，入口最舒服的食盐水溶液的浓度是0.8%～1.2%，在实际烹调中一般不可能只有单纯的咸味，往往需要与其他口味一起调和，所以在调和盐浓度时，还要考虑到咸味同其他口味的关系。

①咸味与甜味：在咸味中添加蔗糖，使咸味减少，在1%～2%食盐浓度中，添加7～10倍蔗糖，咸味大致被抵消。但在20%的浓食盐溶液中，即使添加多量蔗糖，咸味也不消失。在甜味溶液中添加少量的食盐，甜味会增加，但咸味的用量要掌握好，一般10%蔗糖溶液添加0.15%食盐、25%蔗糖溶液添加0.10%的食盐、50%蔗糖溶液添加0.05%食盐时，甜味感最强。从上面的比例中看出，甜浓度越高，添加食盐量反而要低，说明食盐对甜味的对比效果，甜味度越大越敏感。

②咸味和酸味：咸味因添加少量的醋酸而加强，在1%～2%的食盐溶液中添加0.01%醋酸，或在10%～20%的食盐溶液中添加0.1%的醋酸，咸味都有增加。但醋酸添加量必须控制好，否则咸味反而减弱，如果在1%～2%的食盐溶液和10%～12%的食盐溶液中分别添加0.05%和0.3%以上的醋酸则咸味减少。对酸味来说也一样，当添加少量食盐时酸味会增强，当添加多量食盐则酸味变弱。

③咸味和苦味：咸味因添加咖啡因（苦味）而减弱，苦味也因添加食盐而减弱，双方添加的比例不同，味感变化也有差异，在0.03%咖啡因溶液里添加0.8%食盐，苦味感觉稍强；添加1%的食盐，则咸味变强。

（2）酸味

酸味调味料在烹饪中使用非常多，其中醋的使用最为普遍，但醋一般不能单独对菜品进行调味，必须与其他调味品配合使用，如酸辣、酸甜等，在与其他调味品配合使用时也要考虑到味觉的变化因素。

①酸味与甜味：酸味和甜味的组合是烹饪中常用的调味类型，就是"糖醋味"。一般来说，甜味和酸味混合引起抵消效果，如果在甜味物质中加少量的酸则甜味减弱，在酸中加甜味物质则酸味减弱。实验得出在稀盐酸中加上3%的砂糖溶液，pH没有变化，而酸味减少了约15%。在糖醋味的调配时一般添加一点咸味，可以让味道更稳重。

②酸味与苦味：在酸中加少量的苦味物质或单宁等有收敛味的物质，则酸味增加。这种调味方法在烹饪中运用的不是很多，如果有也必须有其他味道一起配合。

（3）甜味

呈甜味的化合物种类很多，范围很广，除糖类以外，氨基酸、含氧酸的一部分也具有甜味，但在烹饪中很少作为甜味剂使用，在烹调中以蔗糖为代表。蔗糖的最强甜味温度是60℃左右，在这个温度下，它比果糖要甜，但在常温时它却没有果糖甜。蔗糖在烹调中与其他味也发生各种味觉变化，除前面提过的蔗糖和酸味有相杀现象外，与苦味和咸味也有相互影响。

①甜味和苦味：甜味因苦味的添加而减少，苦味也因蔗糖的添加而减少，但苦味达到一定浓度时，需要添加数十倍的甜味浓度才能使苦味有所改变。例如在0.03%的咖啡因中必须添加20%以上的蔗糖才能使其苦味减弱。

②甜味和咸味：添加少量的食盐可使甜味增加，如西瓜、菠萝等水果，泡一下盐水，味道感觉更甜。咸味则因蔗糖的添加而减少。

（4）鲜味

鲜味作为第五种味觉，至今还带有些许神秘的色彩。鲜味作为第五种基本的味道，直到1908年才得到人们的承认。西方科学家一直对鲜味是否能够算作基本的味道存在争议。2001年，美国科学家发现，人的舌头上存在专门负责感知鲜味的味觉感受器，至此，有关鲜味的争议才得以偃旗息鼓。

在烹饪中除各种原料制成的鲜汤可以做鲜味调味剂外，使用较多的就是谷氨酸钠。在烹调过程中谷氨酸钠可以与其他味觉形成良好的味觉效果，虽然人们对鲜味是否属于独立的味型存有争议，但对鲜味在烹调中的协调和改善作用是公认的。

首先是鲜味本身没有独特的风味，单独的鲜味本身并不会真的被我们感受到太多。它只是跟其他味道混合在一起，使食物更加美味。我们可以从神经影像学的研究中知道这一点。当我们尝到含有味精的凉拌蔬菜时，会比分别尝味精和蔬菜这两种东西，产生更多的脑部活动，而且整体感觉是大于这两个部分相加的总和，这是烹饪中普遍存在的现象。我们的大脑自然地就让人们知道，单独品尝酱油或蔬菜，并没有什么让人愉悦的味道，但把酱油和蔬菜混合后，立即就会出现新的、让人愉悦的味道形象。

鲜味与咸味配合是中国菜肴中最基本的一种味型，鲜味可使咸味柔和，并与咸味协调有改善菜品味道的作用。另外，可使酸味和苦味有所减弱。但鲜味与甜味一起会产生复杂的味感，甚至让人有不舒服的感觉。所以在用糖量较大的菜肴中，一般不宜添加味精。如甜羹、拔丝、挂霜、糖醋等一些菜肴。

其次是鲜味的相乘效应，当含谷氨酸钠与肌苷酸钠、鸟苷酸钠等鲜味物质配合使用时，在味觉上产生相乘作用，使鲜味明显增强。迈克尔·波伦亲自做了鲜味相乘的实验，他亲自制作了日本的经典高汤——狐鲣鱼汤。实验结果得出："如果你不了解鲜味背后的科学道理，你很可能会觉得狐鲣鱼汤这种高汤实在是匪夷所思。它的原料是干海带、腌鱼片，有时可能还加上一两块干蘑菇。不过这三种原料当中恰好各自包含了一种主要的鲜味化学物质。将三者混合在水里，就会发生协同作用，使做出来的高汤鲜味大幅提升。古人在长时间的摸索，在不经意间提炼出鲜味物质，而鲜味物质的作用原理近代才完全揭晓。如今，鲜味已被普遍视为一种独特的味道，除谷氨酸盐以外，至少还有两种分子能够使人感觉到鲜味，它们分别是肌苷酸（可在鱼肉中找到）和鸟嘌呤核苷酸（可在蘑菇中找到）。"这些化学物质配合使用时，似乎具有协同作用，能够显著增强食物的鲜味。这就是日本的经典狐鲣鱼汤鲜美无比的原因。

《烹：烹饪如何连接自然与文明》提到："所有食材的协同作用，达到显著的提鲜效果。也是所有焖菜、炖菜和汤羹的秘密武器和灵魂所在。我之所以用到了'秘密武器'这个词，是因为鲜味的作用机制带有些许神秘的色彩，至少与酸、甜、苦、咸这几种味觉相比，显得难以捉摸。鲜味本身其实并不是特别美味，纯粹的谷氨酸钠品尝起来其实没什么味道。要想发挥鲜味的魔力，就必须将不同的食材加以搭配。谷氨酸盐能够提味，这一点和盐有几分相似，但是和盐不同的是，它本身并没有什么明显的味道。

鲜味的另一大神秘之处在于，它能改变许多食物的质地和味道。或者说，其实把'味道'换成'口感'更加贴切。一旦汤里加入了鲜味食材，喝汤的人会觉得，汤的味道不仅更丰富了，而且更厚重了，鲜味似乎具有联觉的特性。它能使液体更浓稠，更像固体。或许，香味化学物质不仅刺激了人的味觉，还迷惑了人的触觉，制造了'充盈感'的错觉。"

为什么人们对鲜味、甜味天生就具有美化的影响，在迈克尔·波伦的研究中有了新的发现，他说："我在研究鲜味的过程中，发现了一个有意思的事实，人的乳汁富含鲜味，其中谷氨酸钠的含量较高，刚好接近鱼汤中的谷氨酸钠含量。乳汁中的化学物质都是在漫长的进化过程中自然选择的结果，由于每一种成分都是以母亲的代谢消耗为代价。因此，凡是不利于胎儿生存的物质都不会成为乳汁的成分。那么，谷氨酸盐究竟对胎儿有哪些益处呢？"

关于这个问题，有好几种可能的解释。加州大学戴维斯分校的食品化学家布鲁斯·格尔曼（Bruce German）曾对人的乳汁成分进行分析，以了解人类的营养需求。他认为，谷氨酸盐能为胎儿的成长提供重要的营养物质。这种氨基酸不仅能提味，还有助于胎儿胃、肠部位的细胞生长和分子构建。正如葡萄糖是大脑的理想食物，谷氨酸盐也是肠胃的理想食物，这或许能解释为什么人的胃部天生就有能够感知鲜味的味蕾。

乳汁中的谷氨酸盐可能还有一个作用：培养宝宝的口味，使宝宝喜欢上鲜味，毕竟，母乳中浓郁的鲜味（和甜味一样）是新生儿降生后接触到的第一种味道。这种口味偏好是人在进化过程中培养出来的一种生存机制，它有助于我们找到蛋白质丰富的食物。不过，有没有这样一种可能：鲜味浓的食物能够满足人们心中的普鲁斯特情结，使人依稀地回想起那令人怀念的、人生第一口乳汁的味道？许多"可口的食物"（无论是冰激凌还是鸡汤）都富含甜味或鲜味，也就是乳汁中的两种主要味道，这究竟是否纯属巧合？

（5）苦味

单纯的苦味虽不算是好的味道，但它与其他味配合使用，在用量恰当的情况下，也能收到较好的味道效果，如啤酒、咖啡等。苦味物质的阈值极低，极少量的苦味舌头都感觉得到，舌尖的苦味阈值是0.003%，舌根只有0.00005%，苦味的感觉温度也较低，受热后苦味有所减弱。苦味与其他味的关系在前面几种味中已经介绍过了，除了减弱或增强现象外，少量的苦味与甜味或酸味配合，使风味更加协调、突出。在甜味物质中有一种糖精的合成甜味剂，但糖精后味偏苦，当加入少量谷氨酸钠后可使其后味得以改善，添加量为糖精的1%～5%。

2. 味觉与嗅觉的关系

人们阻隔了嗅觉的运行，味觉也会瘫痪，以下两个经历都可以证实。第一个经历：当鼻膜因感冒或鼻炎发作而受到刺激时，味觉会完全被阻塞，虽然舌头依然保持原本的状态，但人们吃东西时还是会食之无味。第二个经历：如果人们在进食时捏紧鼻子，就会惊讶地发现感受到的不是味觉，而是一种难以理解的和不完整的感觉。通过这种方式，很难闻、很苦的药物也会明显减弱。小时候看到别人吃中药时捏紧鼻子觉得可笑，其实还是有道理的。

嗅觉细胞传送过来的气味信息进入大脑，被送到嗅球的线状体部分。从嗅球传来的信息通过内嗅皮质进入边缘系统，还会从边缘系统传送到位于颞叶深处的岛皮质、丘脑等部位。据目前的研究发现，气味信息被大量传送到大脑皮层的眼窝前额皮质。眼窝前额皮质位于前面提到的次级味觉皮层的位置，这里的神经元把食物的滋味信息、气味信息，以及温度和口感信息通过特别组合搭配后进行汇总。因此，味道、香味、口感的整合是在眼窝前额皮质进行的。

虽然基本口味只有5种，但通过与号称有几十万个种类的气味信息组合，可以帮助人类在食用前对食物进行更详细的判断，其结果可以提高在选择可摄入食物或应避免的食物时的可靠性。因此，在生存问题上，口味和气味的相互作用至关重要。

《厨室探险》一书中提到："在烹制美味食物时，口味通过味觉、气味通过嗅觉，两者分别给不同的感受器以刺激，所以如果能掌握不同感觉之间是如何相互作用的，也许可以找到制作美食的灵感。嗅到咖喱的辛辣香味时，大多数人都能想象出咖喱的味道吧。像这种通过特定的气味就能联想到其滋味的情形，说明嗅觉和味觉是同步的。例如，通过焦糖的甜味气息，焦糖口味的茶会让人有一种甜味更甜的感觉，这样可以减少糖分摄入却不影响甜味带来的满足感。还有，通过在减盐酱油中添加酱油气味，消除咸味不足的感觉，这可以理解为酱油的气味加强了咸味。

食品的风味与各种各样的感觉有关，仅从味觉和嗅觉来看，就与很多滋味分子和气味分子相关。这些分子的组合搭配，会在食物中产生巨大的相互作用。"

《厨室探险》一书里认为，布里亚·萨瓦兰在那个时代对味觉描述是最准确的人，不过也批评了他的一些说法，布里亚·萨瓦兰在书中也说过这样的话："所有有滋味的东西也一定具有气味。"《厨室探险》的作者对此不认可，说他忘了有些分子在室温下挥发性极低，因此没有气味，但它们却能够有效地与舌头和颚部的味觉"感受器"发生连接，因此有滋味。例如盐，它有味道，却闻不出气味。但我认为布里亚·萨瓦兰的说法也许是准确的，一定温度下没有气味，不代表它没有气味，盐加热到多少摄氏度以后也许会产生气味，当然还需要通过实验来证明。

3. 味觉与触觉的关系

影响食物美味的不仅是舌头或鼻子感受到的风味，入口时牙齿的咬嚼感、口味、舌头的感觉、吞咽食物时喉咙的感觉等物理性触感的影响也很大。食物进入口中以后，从咀嚼到吞咽的过程中，嘴唇、牙齿、舌头、上颌、喉咙等感觉到的各种各样的物理性感受，被称为"质感"（texture）。

质感对风味有影响是非常明显的，假设用舌头感受到的甜味、咸味、酸味、苦味、鲜味等味觉和用鼻子感受到的香味形成的是"化学性美味"，那么用嘴唇、口腔、咽喉、牙齿等感受的质感可以说是反映了食物的"物理性美味"。质感和风味被认为是共同影响食物美味的两大重要因素。

根据食物的种类不同，化学性美味和物理性美味的贡献度也各有不同。一般认为，对于用牙齿咬着吃的饼干等固体食物，质感的影响力很大；对于可以直接喝的果汁之类的液体食物，风味的影响力相对会弱一点，但还是比较明显的。

此外，作为风味成分的滋味或气味分子一般不改变食品的质感，但质感可以改变食品中的滋味或气味分子在口腔中的扩散速度，所以间接地导致了风味的强弱变化。例如，豆沙包用的豆沙馅心，相对比较干，豆沙一般呈固态，当糖分含量大约高达60%时甜度正好，但如果是做赤豆元宵汤，含糖60%就会让人感觉太甜，所以液体的赤豆元宵汤，糖分含量控制在35%～40%就足够了。

一般来说，食物的口感越硬，风味越会有变弱的倾向。产生滋味或香味的成分，就会难以到达与之相对应的感受器。在煮不容易入味的胡萝卜、山药等硬的根菜类食材时，调味汁相对浓度、稠度要高一点，更容易附着在原料表面，以补充味道。相反，煮容易入味的青菜、白菜这种叶状蔬菜时，调味汁的浓度要低一点。

固体食物比液体食物在口腔中停留的时间要长，这期间的质感时时刻刻都在变化。从大块到小块的变化，从外脆到内嫩的变化，还有韧性的食物越嚼越香的感觉等，说明风味和质感是一起在咀嚼过程中发生变化。把食物放入口中咬嚼、吞咽的"咀嚼—咽下"过程，是让嘴巴或喉咙周围的肌肉进行协调动作的复杂运动。目前已了解的是，这种"咀嚼—咽下"的运动会根据所吃食物的物性或大小自动变换，并随着咀嚼的进行动态地发生变化。因此，我们可以认为质感对食物的美味起的作用并不比口味小。

（四）影响味觉的其他因素

1. 年龄对味觉的影响

随着年龄的增长，味觉也随之逐渐衰退，婴儿的味蕾多达10000个，不仅舌头上有，脸颊内侧的黏膜和嘴唇黏膜上也有。随着婴儿的成长，味蕾会减少，成年人的舌头上味蕾大约有5000个，其他部位约有2500个。一般认为从75岁开始，味蕾数量会明显减少，日本的小川教授对各种年龄层进行了味觉的调查，挑选幼儿、小学生、初中生、高中生、大学生各20人。用砂糖作为甜味物质，食盐作为咸味物质，柠檬作为酸味物质，盐酸奎宁作为苦味物质，谷氨酸钠作为鲜味物质，研究了它们的阈值和满意浓度上，例如成人对甜的阈值为1.23%，孩子为0.68%，孩子对糖的敏感是成人的两倍。在满意浓度上，幼儿喜欢高甜味，初中生、高中生喜欢低甜味，在咸味方面不像甜味那样有明显的变化。苦味一般人都不太喜欢它，幼儿对苦味最敏感。在酸味和鲜味方面，调查的结果有所不同，有人则对两味都有减弱，有的则对酸味没有明显的影响。引起年龄对味觉的影响因素，主要是味蕾数量的变化，一般以60岁作为一个转折点，随着年龄的增长，味蕾数减少。一是表现在总数量，随年龄增加而减少；二是表现在味蕾存在的场所也随年龄增加而减少；三是唾液分泌量随年龄增长而减少。以上三点都对味觉的反应能力有直接的影响，味蕾总数的减少，分布范围的缩小，溶解呈味物质的唾液减少，味觉的反应能力也就随之减弱。所以有研究认为，可能年龄大了以后，即使味蕾的数量变化不大，但这种运转速度变缓了，结果就会导致味细胞的机能下降，也就是说味觉感知变迟钝了。因此，在为老年人制作菜肴时，可以适度加重菜肴的口味，以弥补老年人因味蕾数量减少而造成菜肴口味偏淡的不足。当然从营养的角度看这又是矛盾的，老年人要慢慢调节适应清淡口味的现实问题。

2. 温度对味觉的影响

温度对味觉会产生一定的影响，因为最能刺激味觉神经的温度在10～40℃，其中又以30℃时对味觉神经刺激最为敏感。例如，在28℃左右感觉到砂糖甜味的最低呈味浓度是0.1%，而在60℃时是0.2%，0℃时则为0.4%。有一些甜味的冷饮食品，在冷冻时的甜度适中，如冰镇的冰激凌很好吃，而融化的冰激凌会让人感到甜腻，其原因主要是，融化后甜味就增加，随温度的升高，各种呈味物质分子的运动速度也相应地加快，这样可使呈味分子和舌头表面的味蕾接触机会相应增高，能够进入味孔的呈味分子也就增多，从而对味觉神经的刺激作用也就加强，但这种正比关系是具有一定限度的，它们只是在一定范围内二者存在正比关系，对四种基本味而言，从0℃到接近体温的温度范围，味觉敏感性随温度升高而增强，但温度范围超出体温以上的温度时，则味觉敏感性又随温度升高而降低。不同基本味觉对温度的反应也不尽相同，就像冰激凌的例子，为什么温度不同甜味会发生变化？这是因为感受甜味的味觉细胞感受器发生的化学反应，随着温度不同发生了变化所导致的。在细胞膜上，甜味或鲜味对应的感受器，它的温度与体温相近，所以对温度的响应最灵敏；如蔗糖，其甜度基本上不会随着温度的变化而变化。而水果、糖浆和清凉饮料中含有的果糖，则随着温度的变化，甜度变化很大。在温度为5℃时，果糖的甜度是蔗糖的1.5倍；而在温度为60℃时，果糖甜度只有蔗糖的0.8倍。由此可见，果糖的甜度会随着温度上升而急剧下降。其原因是果糖中存在被称为α型和β型的两种立体异构体，它们的分子式相同但形状不同。而且α、β型两种果糖通过直链状构造，五角形的α-呋喃果糖和β-呋喃果糖，六角形的α-吡喃果糖和β-吡喃果糖共四种构造式的混合物状态而存在。

　　研究发现，实际上在溶液中，α-呋喃果糖、β-呋喃果糖、β-吡喃果糖占大部分，其中β-吡喃果糖比β-呋喃果糖的甜度强3倍。这三种物质的存在比例会根据温度不同而变化。温度为20℃时大致的存在比例为β-吡喃果糖占76%、β-呋喃果糖占20%、α-呋喃果糖占4%，而温度为80℃时就变成β-吡喃果糖为48%、β-呋喃果糖占35%、α-呋喃果糖占17%。也就是说，最甜的β-吡喃果糖在20℃时占果糖分子总量的近80%，但温度为80℃时会下降到接近1/2的程度。"为什么冰镇水果比常温状态更甜？""把喝冰咖啡时用的糖浆放入热咖啡，怎么会感觉到不太甜？""冰镇清凉饮料很甜，但放在常温下怎么感觉不甜了？"大家有没有过类似的感觉？这些绝对不是错觉，而是有科学原因的。

　　与之相比，咸味和酸味等的离子通道不太容易感知温度变化。我们炖鸡汤在温热状态下鲜味是正好的，随着温度下降鲜味会慢慢变弱，民间有"一热抵三鲜"的说法看来也是有一定道理的。与之相比，咸味不太会随着温度的不同而发生变化，所以冷的鸡汤与热鸡汤相比，咸味不会让人感觉有明显的差异。对温度变化产生明显反应的神经纤维有两种，即在40～45℃反应最明显的温纤维和在25～30℃反应最明显的冷纤维，它们各司其职。这些神经在与人体温度接近的30～40℃这个范围内基本没什么反应，所以我们通常在与体温接近的温度中是感觉不到热或冷的。

　　但对于具体的菜品或饮品来说，由于长期以来形成的习惯，加之无法使每个菜品都固定在某个温度范围内食用，同时还要考虑到温度对食品质感、香味等多方面的影响，所以实际的菜品温度，往往会超过这个对味觉比较理想的温度范围。不同的菜品或饮品都有各自的最佳食用温度，例如：咖啡的最佳饮用温度在70℃左右，啤酒的饮用温度8～10℃，炸菜的品尝温度以70℃左右为佳，温度过低，菜品的脆度、香味就明显不足。但我们在调味时必须考虑到温度与味觉的关系，例如在制作冷菜时，应该加重冷菜的口味，以弥补由于温度低而造成冷菜在品尝时显得口味不足的影响，使得品尝时舌头表面单位面积内的呈味分子数量增加，导致刺激味觉神经的作用有所加强。

　　温度不仅对味觉有影响，对嗅觉也有直接影响。温度上升时食物会散发出香味，嗅觉感受器就能感受到，如从热乎乎的汤汁中会散发出大量香气分子。低温料理菜品的口感很好，但香味明显不足，所以在低温料理后用高温煎一下，可以激发菜品的香味。中餐中的炝锅也是利用温度激发香味的具体操作。

在食物界还存在假热或假凉的现象，这种感觉其实与食物真实温度无关。味觉是通过味道分子作用于味细胞，把信号传送到大脑的，但感知温度时并不需要味细胞那样特别的细胞。而是通过对皮下神经末梢的直接作用来完成的。在东方医学中，古代人们就知道有让身体暖和的温性食材和让身体降温的凉性食材。如羊肉、辣椒、胡椒、生姜等食材，吃了以后感觉身体发热和暖和，而薄荷等食材可以让身体感觉温度降低和凉爽。它们的作用原理现在逐渐被阐明了。

辣椒的辣味成分辣椒素与舌头上或口腔中叫作"香草酸受体"（TRPV1）的感受器结合，就会传送辣味刺激。口中的辣椒素让人感到热辣，是因为被吸收到体内的辣椒素促进副肾皮质荷尔蒙（以肾上腺素为主的儿茶酚胺）的分泌，会促使身体发汗或发热。这个TRPV1不仅是辣椒素的感受器，同时还是接受热感刺激的感受器。也就是说，对于热和辣椒素这两种不同的刺激，身体会做出相同的反应。所以辣椒素的刺激应该说是实际上不热却能让人感到热的"疑似发热""假发热"。

另一方面，与辣椒素相反，薄荷草或加工过的薄荷制品含有能产生凉爽感的成分"薄荷脑"，与身体表面感受冷感的感受器"TRPV8"（瞬态电压感受器阳离子通道，子类V，成员8）结合，把冷感刺激传送到大脑，身体就会产生体温下降的回应。这也和辣椒素一样，薄荷脑的刺激实际上是"疑似发冷""假凉爽"。

换言之，辣椒素或薄荷脑通过作用于与热感或冷感相关联的感受器，使身体做出相应的回应。实际上既不热也不冷，但大脑却做出了错误判断。如果同时吃发热的辣椒素和降温的薄荷脑，究竟会发生什么呢？有专家买来辣椒和薄荷叶进行了同时食用的实验，结果相互抵消，是一种混乱的、说不出的滋味。

3. 食欲对味觉的影响

《厨房里的哲学家》提到："食欲是由胃的空闲状态以及身体的轻微疲倦感引起的。与此同时，大脑本能地会给予自身的需求相似的东西更多的关注，人们更容易想起好吃的东西，想象美味食品的样子，仿佛在梦中一样。这种状态令人心旷神怡，我曾见过成千上万的美食家发自内心地说：'食欲好是一大乐事，要知道有多少美味佳肴在等着我们呢！'这时，整个消化系统处于兴奋状态，胃变得敏感起来，消化液分泌增多，肚子里的气体移动发出咕噜声，口中津液充盈，所有消化器官全都临阵以待，就像士兵只等一声号令便会冲锋向前。再过一会儿，就会出现痉挛反应，人会不由自主地出现打哈欠、胃痛、饥饿等现象。在任何一群等待用餐的人中，我们都不难发现处于上述状态中的人。这些状态出自人的本能，绝非礼貌和克制所能掩盖，因此我总结出一条格言：'厨师不可或缺的素质中，麻利迅速最为重要。'"

（1）饥饿与食欲

饥饿由复杂并且相互交错的系统控制，包括我们的大脑、消化系统和储存的脂肪。因为饥饿分为两种：一种叫作稳定性饥饿，另一种叫作快感性饥饿。持续的饥饿是指当胃里没有东西时，胃部就会收缩，如果你此时不吃东西，它会引起轻微的头晕、颤抖和低血糖等症状，这种饥饿代表了身体对能量和食物的渴望。身体中还有另一种饥饿，那就是快感性饥饿，这种饥饿是在身体不需要能量的时候，而是由于本能对食物的渴望和味觉刺激而产生的，这种欲望是在不需要摄入食物的情况下产生的。这种情况不利于身体的健康，更不利于爱美者对身材的维持。

食欲是由外在刺激而产生，如美食光鲜的外表及香喷喷的味道、诱人的颜色等引发的，是通过看到或闻到食物来激发我们进食的欲望。记忆对食欲也很重要，短期记忆力减退的人进食后可能很快会进食。

饥饿感是动物及人类一种主观体验，反映个体对食物的生理需求；食欲是人类特有的一种复杂的心理活动，反映个体对食物生理需求和（或）心理需求。两者引起的身体反应非常相似，并且都能驱使个体产生摄食行为。

饥饿时食物会变得更加美味，经常听人说，饥饿是最好的调味品，肚子饿了什么东西都好吃。所以有经验的厨师在设计宴会时，会延迟一点开餐的时间，并放慢上菜的节奏，确实可以收到比较好的效果。饥饿让食物更加美味这种现象，传统的解释是因为当我们感到饥饿时，身体为了更快地补充糖、蛋白质和脂肪等营养素，会增加唾液和胃酸等消化液的分泌量，让人们感觉食物更好吃、更容易下咽。大脑中的AgRP神经元可以感知和整合代谢信号，以调节食物摄入、能量消耗以及全身葡萄糖和蛋白酶稳态。AgRP就像是一个霸道的小管家，只要一激活，就会按头让我们吃饭。日本专家最新的研究结果表明，当禁食期间表达AgRP的神经元被激活时，下丘脑外侧的谷氨酸神经元通过两种途径调节味觉信号。自主神经系统活动的变化使得空腹时更容易感受到甜味和对苦味的抵抗力降低。AgRP神经元能通过两条神经通路分别对甜味和酸苦味的感知进行调控，饥饿让下丘脑在对甜味的感知增加时，同时抑制酸味和苦味产生的厌恶感觉。这也解释了为什么饥饿让食物不那么难以下咽。

欧洲科学研究也认为空腹时吃东西的欲望会增加。当你通过进食来满足你的欲望时，你的中脑会释放更多的多巴胺，它给你比平时更大的满足感。一般人对甜味和咸味食物的味道变得更加敏感，但对苦味的反应没有显著变化。所以，你在空腹时可能会觉得比平时更美味。

近日，发表在*PLOS Biology*上的一项研究中，来自美国西北大学领导的研究团队发现，当一个人饥饿的时候，嗅觉能力最强，但随着饥饿程度降低，对同一种食物的嗅觉能力也随之减弱。也就是说，人对食物气味的敏感度会因为刚刚吃过的同一食物而降低。这件看起来稀松平常的事情，其实是告诉我们，正如气味调节我们进食行为一样，反过来，我们的进食行为也调节着我们的嗅觉。该研究结果表明，嗅觉感知决策以特定于气味的方式受到动机状态的影响。科研团队做了感官实验，参与实验的人员，被要求在两种不同的情况下闻这些混合物（食物与非食物混合物，即肉桂面包和雪松），并分辨出哪一种气味占主导。第一次是在他们饥饿（禁食6小时后）的时候，第二次是在吃了同样的食物吃到饱后。研究人员在每位参与者接受功能性磁共振成像（fMRI）扫描过程中改变了闻到匹配食物的气味浓度。

结果表明，饥饿的参与者只需50%的肉桂面包气味就可以认为它比雪松更占主导。然而，在吃完肉桂面包后，则需要80%的肉桂面包气味才能让大脑感知到它比雪松更多。参与者报告说，进食成功诱导了饱腹感，进食过程让饥饿感显著降低。此外，与餐前相比，参与者认为餐后对闻到同一种食物的气味感到不太愉快。笔者经常在就餐的时间，路过面包房或小区邻居家的厨房，感觉散发出来的香味特别诱人，其实也是饥饿的原因吧。

一般的人都会有这样的经历，特别渴的时候，喝凉开水都会觉得非常甘甜，特别饿的时候，吃什么都会觉得味美适口。这个时候，人对滋味的感知会发生明显的偏差。有好的一面，可以让消费者在适度饥饿时品尝到更加美味的菜品，也有不好的一面，饥饿能让人对食物风味评价不够准确，让那些技术差的厨师作品可以蒙混过关。所以建议还是在正常情况品尝食物，方能得其真味。正如孟子所说："饥者甘食，渴者甘饮，是未得饮食之正也，饥渴害之也。"

（2）气味对食欲的影响

很多厨师，包括笔者在内都有过这样的经历，就是在灶台上长时间炒菜后会没有食欲。

首先，香气感官特异性是饱腹感的影响因素。荷兰专家研究表明，香味对食欲有一定的影响，特别是长时间的嗅觉干扰，对食欲影响更加明显，也就是所说的"闻香止饿"概念。研究证实了，多种食物混合在一起的气味比单种食物产生的气味更令人有饱腹感。散发时间很长（18秒以上）的情况下，香气浓度就会影响食物的摄入量。

厨师炒菜一般都超过18秒，且菜品数量较多，香味复合，很容易让厨师产生饱腹感。同时灶台温度较高，厨师习惯炒完菜补充水分，进而再次增强饱腹感，这大概就是厨师炒菜后没有食欲的原因。

第六节
品味能力的养成

一、品味能力是厨师和美食家的基本能力

懂吃和会吃其实是一种修养，不仅和味觉、嗅觉的感受能力有关，还和文化修养、眼界见识、审美能力有关。虽然品味能力对厨师和美食家都很重要，但也不是每个人都真正懂得品味的。孟子说："人莫不饮食也，鲜能知味也"，意思是人都要饮食，但懂得品味的人却很少。王小余是袁枚的家厨，厨艺特别高超，很多有钱的富商花重金想聘请他做家厨，但王小余说："知己者难，知味者尤难。"意思是找到一个知己已经很难了，找到一个懂得味道的知己就更难了。

王仁湘所著的《饮食与中国文化》提到："如果只限于口舌的辨味，恐怕还不算是真正的知味者。真正的知味应当是超越动物本能的味觉审美，如果追求一般的味感乐趣，那与猫爱鱼腥和蜂喜花香，也就没有本质区别了。……我想，这是一种境界，可以看作是饮食的最高境界，一种味觉审美的高境界。古代的中国人把知味看作是一种境界。历代的厨师，高明者，身怀绝技者，大概都可以算是知味者，他们是美味的炮制者。但知味者绝不仅仅限于庖厨者这个狭小的人群，而存在于更多的大范围的食客之中，历代的美食家都是知味者。"

懂得品味与金钱多少无关。日本著名的全才艺术家北大路鲁山人，精通绘画、制陶、书法等，特别爱好美食，他在自己所著的《料理王国》一书中说："一般来说，常吃好吃的东西，并不等同于就了解味道。像是策划宴席的妈妈桑，或是三井、岩崎这些大财阀的人们，即使平常有许多享用美食的机会，也有人一辈子不懂味道，这便是很好的例子。这是因为这些人没有学会品味。要学会品味，并不是借由客人的招待或厨师的给予就能达到，而是要自己掏钱出来吃。只有认真地重复这样的行为，才算开始懂得品味，自然也就会了解味道，有了真正的认识。

味道很神奇，会随着当下的心情或个人主观的影响而改变。味道对当事人来说，原本应该是绝对的，若会被其他条件影响，就算不上是好的美食家。不过这并不容易，要能直接判断出味道，需要多年的经验。虽然说来实在俗气，但一般来说，味道都会被经济概念牵着走，无法否认受价格影响。说到底，味蕾养成这件事，就像培养

美术鉴赏力一样，必须穷究事物的深处，努力提升自我。"

对厨师来说，厨师要做出美食让消费者满意必须超越消费者的品尝水平，要比他们吃得更多、见识更广才行。曾经有过一段时间，厨师相对比较封闭，好多年都没有出去交流学习，沉浸在自己的厨艺之中，对自己的水平充分自信。然而客人的满意度却越来越差，因为消费者的品尝能力提高了，他们不断出席各种餐会，游走不同的区域和国家，品尝各种不同风格的美食，积累了丰富的美食记忆。他们的美食信息量已经超过厨师，可想而知，这样的厨师怎么能满足食客的需求呢。

北大路鲁山人认为：厨师，首先必须懂味道，并且懂得享受味道才行。面对美味的食物、难吃的食物，始终保持着极度敏锐，将日常的吃食当做踏板，专注于一辈子的修行。他说："品味的能力培养，是厨师和美食家的战斗，对于懂味的人，如何才能让他们吃得满意呢，最基本的，若没有与对方相等的实力，应该做不到吧。事实上，对自己的舌头若没有超越对方的自信，就无法让对方吃得美味。"

对美食家来说，懂得品味，才能正确地做出评判。《料理王国》一书中："大抵说来，品尝食物并了解味道，和鉴赏绘画并赞叹其中之美，根本上是相同的。……尺度完全在于自己，若自己有五分功力，就只能表现出五分的味道而已。若自己的实力高于对方，就会清楚看出对方的实力，自然能轻松应对。以绘画来比喻，若自己的鉴赏力高，面对任何名画，都能找出属于自己的价值。如果绘画的等级比自己的鉴赏力高出数倍，便无法体会全部的美。反过来说，如果自己的鉴赏力比较高，对方的绘画就会显得不足而缺点尽出。无论是鉴赏力或味觉，懂的人就是懂，不懂的人，怎么做也不会懂。但正如同前面所述，没有所谓完全不懂味道的人，无论是谁都懂味道，只不过是程度上有所差别。只要经过训练，就能将味觉提升到一定的程度。

富士山有山顶，但在味及美的道路上，没有所谓的巅峰。假设真的有，又是否会有穷究这条道路的人存在呢？想必是没有吧。只是，对这世上美食家来说，追求极致味蕾的道路在通过广阔的原野之后，就变得极为狭隘，以某种意义来说会变得很不自由。不过也因此能进而了解许多难以言喻之妙，发现非专精者无法品尝到的味觉感受。

然而，这世界上能够与之言谈的对象很少，所以这些人最后会走上只有自己与食材的世界。这就是所谓'三昧'之境界地吧。总之，如果没有走到这个境界，将无法指导他人。就如同我不断提到的，所谓'摆布'，自己必须位居上位，若只是与对方同等程度，就无法摆布对方。在味道的世界里，若想满足所有人，就必须了解每个人所处的境地才行。这条路无止境，只得不断前进，需要不间断的努力及精力。就算不刻意努力，也需要不间断关注，才能一路向前。"

这段话笔者觉得对美食家和厨师都很重要，要成为优秀的厨师和美食家是需要付出辛苦和忍受寂寞的。现代社会懂味的人越来越多，既让厨师的水平得以提高，也让餐饮的氛围活跃起来。但营养概念的普及，限制了一些美食家对美味的狂热，对一些感觉不够营养的食物不敢尝试了，导致美食品鉴能力下降，其实真正的美食家是需要为美食做出一点牺牲的。例如我见过一位美食家，特别喜欢猪油烹饪的食物，传统的美食中有很多是用猪油制作的，现代人考虑健康，将猪油改为植物油，他认为这已经不是他需要的美食了，断然不食。焦桐的《暴食江湖》说："欲培养饮食的审美能力，甚或心灵的自由，必须先释放味觉。美食，不可思议地影响着我们的心灵。我总觉得舌头的阶级性非常分明，等而下之的舌头通常用来打口水战、呼口号，最高级的舌头则用来接吻、品味美酒佳肴。"

北大路鲁山人是地道的美食家，他说："……七十多岁了，我几乎没有生过什么大病。……工作量也是一般人的几倍。……大家都说我很健康。所谓凭己之所欲的生活，应该就是这么一回事吧。"

张起钧教授是著名的哲学家，也是美食家，业余时间写了一本烹饪专著《烹调原理》，他也是一位美味坚持者，他在《烹调原理》一书中说："天下事往往是'胜之所在弊亦生焉'，玫瑰虽好，却是刺多，同样的烹调领域中，有许多好吃的东西，都附着有使人难以接受的因素，真是北京俗语所说'好吃难克化'了。"庄子说："民嗜刍豢"，一点不错，人虽也能"饭蔬食饮水"，可是本性上还是爱吃动物性食品，说穿了就是爱吃肉，尤其爱吃偏肥一点的肉，因为肉至少要带一点肥的才好吃，今人所以不吃肥肉，甚至怕吃肥的，乃是根据一些还未达成定论的医学警告，诸如血压高、脂肪多之类，但这并未否定肥肉的口感，胆小惜命的自是不敢沾碰，胆大好吃的还不是照吃不误，不能影响肥肉的价值。而其真正受阻的原因，则是肥鱼大肉，全会使人腻得吃不下去。根据我们的经验，只有身体强健的才能吃油腻的肥鱼大肉；身体文弱的，则只望而生叹，尽管也知道肥的好吃。因此其症结全在身体是否健壮了。以作者本身的经验来讲，我一向爱吃肥肉，家人听信一般医学的常识，拦阻不遗余力，某年我患严重的十二指肠溃疡，入院医治，出院后，身体虚弱，饮食口味一改常观，见了肉就腻，不仅肥的不想吃，连瘦的都不愿吃，顶多吃点炸鱼之类的，饭当然要吃烂的，见了硬的都有点怕，我就和内子说，这以后你们不用拦我了，想叫我吃肥的硬的我也不会吃了，哪知才两个多星期，健康恢复，马上又是"择肥而食"，非肉不饱了。

《厨房里的哲学家》里有一段讲了"贪食"（笔者理解为好吃加能吃）写得很精彩："贪食是上天赐予女性的福祉，因为它适合女性纤细敏感的器官。它在一定程度上弥补了女性一些先天缺失的乐趣，这些乐趣因为社会约束和生理天然让她们无福消受。没有什么比看到一个美女贪食者优雅准备就餐的样子更让人心旷神怡。她把餐巾放在最便利的地方，一只手放在桌上，另一只手将切割讲究的小块食物送到口中，或者拿起鹧鸪翅膀优雅地咬着。她双眼明媚，嘴唇满光滑，谈吐得体，举手投足都优雅动人，偶尔卖弄风情。凡此种种，哪有男人可以抵挡她的魅惑，连监察官本人心里也会小鹿乱撞。

美食能让眼睛更加明亮，肌肤更加娇嫩，肌肉更加结实。正如生理学原理揭示的，肌肉的松弛导致美貌的劲敌——皱纹的出现。所以我们有理由相信，同样的食物给不同的人食用效果也是大不相同的，懂得吃的人会比不懂得吃的人年轻十岁。

大部分贪食的女性容貌清秀，身材纤弱，可爱有加，最重要的是她们的舌头也与众不同。与此相反，那些拒绝大自然给予味觉享受功能的人，一般脸型瘦长，鼻子和眼睛都较大。无论这类人的身高如何，他们看上去身材都相对修长。他们的头发暗淡而无光泽，体态一点都不丰腴，正是这些人发明了长裤。对美食没有兴趣的女士长得比较瘦弱，吃饭的时候显得疲倦。对这些人士来说，生活的内容只有波士顿舞和八卦话题。

经过博览群书，我很欣慰能为读者们提供一个好消息，就是上好的菜肴对健康是毫无损害的，而且在相同条件下，贪食者会比其他人长寿，我讲的这些事实是从维勒梅医生在科学院宣读的论文中引用过来的，并被一系列数据证明了其真实性。

下面的例子是帕尔德旭教授向我们提供的。贝罗先生是巴黎的大主教，活了近100岁，有惊人的食欲，他喜味佳肴，有好几次，我观察到，在某些特别的菜上桌后，他立即精神焕发。拿破仑在任何场合都会对他表示出敬重和崇拜。"

笔者引用这些论述并不是说我们可以不按照科学饮食的要求来做，只是想通过这些案例给专业的美食家和厨师们一点宽慰，品尝美食未必都需要付出代价，也许能带来意想不到的享受和收获。美食和营养不是冤家。好吃的人，会吃的人，能吃的人，可以让健康、享受和谐共处。

二、先天的味觉能力差异

品味能力是可以通过努力提升的，但也要知道味觉敏感度存在先天的差异。我国古代就有很多超级味觉者，"先辨淄渑"的典故就是说易牙的味觉超能力。山东淄博临淄境内的两条河，淄水在临淄城东、城南，渑水在临淄城西、城北。指淄、渑二水的味道不同，分开来能够辨别，合起来无法分辨。但是有一个人却能够分辨出来，这个人就是易牙。易牙对味道特别敏感，不但能够辨别出混合在一起的淄水和渑水，还善于调和五味。

晋朝有个叫师旷的人，是晋平公的盲人乐师。这名盲人演奏艺术家不仅仅是听觉厉害，味觉功夫更是十分了得。只吃一口饭就知道是用什么柴火煮饭，这味觉是够灵敏了。南朝·宋·刘义庆《世说新语·术解》："荀勖尝在晋武帝坐上食笋进饭，谓在坐人曰：'此是劳薪所炊也。'坐者未之信，密遣问之，实用故车脚。"意思是有一次，大约是皇宫音乐会的休息时间，晋平公请音乐家们吃饭。师旷只吃了一口就说：此劳薪之煮矣。"劳薪"就是破旧的用具。晋平公不信，把厨师喊来问，果然当天山上砍的柴火用完了，厨师是用破旧车轴烧的饭。然而这还不是最神的。史上记载最杰出的知味者是晋代的苻郎。据《晋书·苻坚载记》说，有一次吃烧鹅，苻朗啃了半只鹅翅膀，就指着盘子里面的烧鹅说，这儿长的是黑毛，那儿长的是白毛。众人半信半疑，找厨师来问厨师也记不清楚了。于是重新杀了一只杂毛鹅，并将毛色的不同部位悄悄做了记号，然后同样做成烧鹅端上桌给苻朗吃。令人惊奇的一幕又发生了：苻朗同样准确地判断出不同毛色所在的部位，而且书上说是"无毫厘之差"！也许只是个传说，但味觉的个性差异是确实存在的。

英国的碧·威尔森《食物如何改变人：从第一口喂养，到商业化浪潮下的全球味觉革命》："有些人的确比其他人能更敏锐地尝到特定的味道。举一个一般人感到陌生的例子，有高达百分之三十的人一点也不了解雄烯酮是评断高档食材'松露'价值的一种关键气味。如果你招待门外汉一盘撒有松露屑的昂贵意大利宽面，他们会想不透为什么松露香气会令人感到如此快乐。不同的少数民族对香菜叶具有高度敏感，使用在料理上时，尝起来的味道带有皂味且会让他们感到恶心，反而没有香草气息和清爽的口感。

在一般大众里，大概有一半的人是'味觉普通者'（medium tasters），四分之一的人是'味觉迟钝'的人（non-tasters），另外四分之一的人则是'超级味觉者'；而女性比男性更可能成为超级味觉者。巴托舒克（Linda Bartoshuk）表示，具有PROP（6-n-丙基硫氧嘧啶，用于超级味觉的标准测试）尝味能力的超级味觉者比起味觉迟钝的人，其舌头有着更多的味蕾分布。有一个非常简单的方法能自我诊断出自己是不是超级味觉者。在你的舌头上涂上一点蓝色的食用色素，并把打孔机用的强化环放在舌头上。计算一下在这个强化环内可以看到多少粉红色的凸起小点，每一个凸起小点都是包含了三至五个味蕾的菌状乳头。如果少于十五个味蕾，代表你是味觉迟钝的人；介于十五至三十五个味蕾，表示你是味觉普通者；如果超过三十五个，你就是超级味觉者。"

三、懂吃和会吃

鱼子酱是现在流行的食材，但吃法好像有点混乱，冷的、热的、荤的、素的、香的、臭的随意搭配，实在是辜负了食材的价值。鱼子酱不适宜与气味浓重的食物搭配，如洋葱、香菜、柠檬等，以免破坏鱼子酱的鲜味。一般最常见的食法是在苏打饼干上涂上少许鱼子酱，细细地品味它的滋味。先准备带点咸味的小圆饼干，在饼干上抹少许酸奶油，酸奶油上再铺一点鱼子酱即可。鱼子酱本身已有咸味，所以饼干切记不要太咸，在法国餐厅中，鱼子酱也常被用来作为开胃前菜，同样是鱼子酱涂抹于苏打饼干上，又添上一片切片的白水煮蛋并撒上葱花，即可大快朵颐了。保存鱼子酱的温度控制在2～3℃最佳，品尝鱼子酱用的小勺子最理想的材料是贝壳、黄金、牛角。最重要的，用银质餐具品尝鱼子酱是万万不可的，因为银作为还原剂，容易破坏鱼子酱自身的鲜味。银有氧化的作用，会破坏鱼子酱自身耐人寻味的海洋的滋味和香味，一般食用时是以水晶盘配以贝壳匙。鱼子酱也可以和海鲜或河鲜一起吃，尤其是和黄鱼、石斑鱼等肉质细腻、无刺的鱼一起吃。

　　鱼子酱中含有丰富的胆固醇和脂肪，一般来说，适量的胆固醇可以维持人体大部分的生理活动，但是如果摄入大量的胆固醇和油脂，就会导致我们血液当中的胆固醇升高。

　　鱼子酱是一种腌制食品，其中含有较多的盐分，如果大量食用鱼子酱，身体中的钠离子就会大量增加，这样一来，高血压患者就要严格控制鱼子酱的摄入了。

　　西班牙火腿讲究现切现吃，如果有专业的火腿师现切更好，直接生吃或者搭配面包。火腿师算西班牙的民间艺人，著名火腿师和弗拉明戈舞大师享有同样地位。机器不能根据肉的部位和脂肪分布调节，切出的火腿每片大小，厚薄接近，而火腿师会即时调整，每一片火腿都能吃出不同的风味口感。西班牙当地人喜欢以伊比利亚火腿配偏果香味的红酒如Manzanilla，或者干菲诺雪莉酒（Fino Sherry），佐以芝士、油渍橄榄享用。雪花纹的火腿片味浓而不腻，开始体会到的是淡淡的盐味，甜香的橡果味接踵而至，如果搭配一口鲜美的菲诺雪莉酒，香味互相激发在口腔里交织回荡，令人拍案叫绝。如果气温低，要让火腿香味立刻出来，就把装火腿的盘子放进烤箱或微波炉加热到体温，火腿片放上去立刻软玉温香。不要让片好的火腿暴露在空气中超过十五分钟，不然干巴巴的一点也不迷人。西班牙人认为火腿一定要单吃，那种发酵层次被水果掩盖了觉得很可惜，但意大利火腿配蜜瓜或者其他水果感觉还不错。现在有很多厨师将西班牙火腿用于炖汤、煎烤等，用它们来代替中国的传统火腿，实在不是一个正确的选择。

　　关于吃面条，笔者个人的感觉是带点声音的吸食比较好，能感受到面条带来的快感，因为带汤的面条，不吸食会很别扭，它和意大利的拌面是不一样的。但笔者反对咀嚼食物时发出吧唧嘴的声音。在互联网上查了一些调查的数据，仅供参考。有网站以日本全国20～60岁共1400人作为对象进行了调查，回答"不喜欢吸面类食品"的仅仅为17.7%。其实无论中国人还是日本人，在吃饭时都是很忌讳发出声音，像喝汤的声音或者是吧唧嘴的声音，都会被认为不雅。而日本人在吃拉面时却相反，他们认为，吃面条时发出的声音越大，证明面条越好吃，这是对拉面馆厨师的一种肯定。英国一位美食家库什纳，在一次拉面研讨会中聚集了多位美食作家，大家狼吞虎咽吃下一碗热气腾腾的现煮拉面，咸味的酱油豚骨高汤，加上海鲜萃取的调味料，淋在堆成像座小山既弹牙又滑溜溜的面条上，再加上一片美味的叉烧肉、半熟的水煮蛋以及一些深绿色的葱花。库什纳吃得津津有味，并教我们怎么吃出声音、吸入空气来降低口中食物的温度。他说："发出声音的啜食吃法不是为了加快速度，而是一种乐趣。"

在日本，吃寿司时一口就要吃掉一整个。日本人认为，厨师经过精心的制作才有了色香味俱佳的寿司。咬一口又放下，破坏了寿司的美感，是一种很不礼貌的行为。

控制食物的量，尽量减少对品味能力的破坏，这也是懂吃、会吃的一个基本要求。《道德经》有："五色令人目盲，五音令人耳聋，五味令人口爽"的句子。"五色"指青黄赤白黑，"五音"为宫商角徵羽，"五味"则是酸甘苦辛咸，都是泛指多、丰富的意思，这段话前两句是说，缤纷的色彩会让人眼花缭乱；嘈杂纷乱的声音使人听觉不敏感。至于第三句，可不是说好吃的东西会让人大饱口福，不断称快。"爽"的意思是"败坏"，"口爽"就是"倒胃口"，这句的意思是"各种美味吃得多了，味觉会受到伤害"。

四、味道的共性与个性

首先看一下味道的个性。苏易简是宋太宗时的进士，一次，太宗问："食品称珍，何物为最？"苏答说："臣闻物无定味，适口者珍。"又说："臣心知齑汁为美。"太宗问他这是为什么？苏以其亲身感受回答说，有一天晚上特别寒冷，他乘兴痛饮之后，睡觉时盖了几斤重的厚被子，酒后受热，口中渴极，翻身起床至庭院，在月光下见残雪覆盖着泡腌菜汁的瓮子，便顾不得叫家童，连忙捧雪当水洗手，美美地喝了好几拯齑汁，只觉得"上界仙厨鸾脯凤腊，殆恐不及"。太宗也同意苏易简的这个观点。这是被引用最多的关于味道个性特征的案例。王了一先生也说过，他喜欢法国的谚语："惟味与色无可争"，即味道和衣服的颜色都是随人喜好，没有一定的美恶标准。

再看看味道的共性。什么味最美？上面提到的苏易简有"食无定味，适口者珍"的说法，是一种个性代表的味觉审美认知。这道理大体是不错的，但不一定可以放之四海而皆准。笔者认为好吃的东西也是具有普遍适应性，只是需要时间去理解和适应。《孟子·告子上》说："口之于味，有同嗜焉。"意思是人既然同样都是人，人性自然是一样的，而人的口味也应该是一样的。反对这个说法的人比较多，包括上面提到的王了一先生。笔者倒是觉得在一定的环境下，这句话也有道理。真正好吃的、流传很久的食物，人们都应该会喜欢的。如北京的烤鸭，无论北方、南方甚至在国外，都是很受欢迎的。日本的生鱼片，一开始进入中国，喜欢的人并不多，原因是不习惯，但日本人坚持这样的做法，从没有因此而改变，因为他们坚信生鱼片会成为世界都喜欢的美食。再如法国的煎牛排，三分熟的牛排刚进入中国，很多人都是排斥的，但他们从来没有改变过，现在全世界都能接受并喜欢这种美味了。美国的肯德基、麦当劳不是已经做成了世界性食物吗！其实中国炒饭、麻婆豆腐、红烧肉等，这些菜品都具有世界普适性的基础，如果能坚守传统的技术，他们也一定会成为世界人民喜欢的美食。清代钱泳《履园丛话》："饮食一道如方言，各处不同，只要对口味。"

五、食物的本味论

《吕氏春秋》中最早提出了"本味"一词，但提倡本味或淡味论的人在古代却很多。《茹淡论》中提到："人之所为者，皆烹饪调和偏厚之味，有致疾伤命之毒。"直指添加过多佐料、味道过重的食物对身体的危害极大，恐有残害身体之毒。此外，《吕氏春秋·尽数》中也曾提到："大甘、大酸、大苦、大辛、大咸，五者充形而生害矣"。早在先秦，老子就说过"味无味"，他将"无味"视作一种味，而且是最高级的味。最高尚的审美趣味就是能够品味无味。

知味者不仅善辨味，而且善取味，不以五味偏胜，而以淡中求至味。明代陈继儒的《养生肤语》说：有的人"日常所养，惟赖五味。若过多偏胜，则五脏偏重。不惟不得养，且以戕生矣。试以真味尝之，如五谷、如菽麦、如瓜果，味皆淡，此可见天地养人之本意。至味皆在淡中。今人务为浓厚者，殆失其味之正邪，古人称鲜能知味，不知其味之淡耳。"照他的说法，以淡味和本味为至味，便是知味了。又见明代陆树声《清暑笔谈》也说："都下庖制食物，凡鹅鸭鸡豕，类用料物炮炙，气味辛浓，已失本然之味。夫五味主淡，淡则味真。昔人偶断肴馐食淡饭者曰：今日方知真味，向来几为舌本所瞒。"

还有更重要的一点，至味求淡还有益于身体健康。《益龄单》中记载："宜淡食，食淡精神爽，五味多食则损五脏。"所以提倡"饮食宜清淡"。清代美食家李渔认为："馔之美，在于清淡，清则近醇，淡则存真。味浓则真味常为他物所夺，失其本性了。五味清淡，可使人神爽、气清、胃畅、少病。五味之于五脏各有所宜。"

张振楣先生《大味必淡论》中有一段话"在长期实践中，人类对美味的认识不断从感性走向理性，又从理性走向更高层次的感性。对营养和健身的需求与追求感官的享受相互交融，生理欲望与心理活动交相辉映，人们终于逐步领悟到，大味，即真正的美味。最高的美味，并不在品种繁多的调味品中，而在食物原料之中。这就是大味必淡这样一个富有哲理的烹饪原则。"

王子辉先生认为：就其滋味而言，食物原料的本味是主角，调味品毕竟处于从属的辅助地位。事实上也是这样，但凡一个高明的厨师，总是善于以最恰当、最少量的调味品达到菜肴的最佳滋味。相反，一味依赖调味品，只能是一个平庸甚至是拙劣的厨师。若是一席菜肴，鸡没鸡味，鱼没鱼味，肉没肉味，而只能吃出调味品的浓厚味道，必然给人产生单调而无味之感。食物本味所以称之为味的"核心"或"主角"，是因为原料的本味是开放的、动态的，能够给人多种多样的味感，是菜肴的真味。清人杨宫建在为顾仲《养小录》撰写的序言时说："烹饪燔炙，毕聚辛酸，已失去本然之味矣。本然者，淡也。淡则真，昔人偶断肴馔，食淡饭，曰：今日方知其味，问者几为舌本所瞒。"道家早就认为五味是截舌之斧，淡味乃百味之首。犹如淡然无味的水一样，无味但百味都离不开它。

北大路鲁山人的《料理王国》提到：数千数万的食物，每个都有不同的味道，给人无上的乐趣。享受这一个个食材的原味，便是饮食，这也就是料理的道理。不好的料理会抹杀食物的本质，浪费了食材的原味，这也可说是一种违背天意的行为。……就算是再厉害的料理名人，都不可能把难吃的东西变得美味。就算勉强下功夫，也是浪费金钱及劳力，只能以徒劳无功告终。料理原本的效果，大部分在于食材品质的价值，厨师的功劳大概只有一成、两成、三成左右。本质的原味是好或坏，并非人类力量所能改变。

现代社会消费者的口味需求已经发生了很多变化，各地饮食交流，特别是消费者的区域流动频繁，接受的美食已经十分丰富，口味也变得多元。加上食材的变化，现代人餐桌的食材绝大部分都是人工种植和养殖的，还有很多是反季节的食材。现在所谓的本味实际上已经发生变化了，仅仅靠本味已经无法满足消费者的需求了，这一点恐怕是古人没有预料到的。

六、什么菜品可以认定为"好吃"

通俗一点说：吃了还想吃的食物，肯定可以被认定为好吃的东西。用专业一点的词语表示：能留下味道的记忆，并有再次食用强烈欲望的食物就是好吃的。

英国的碧·威尔森在《食物如何改变人》一书中说："有关我们自身的味道形象，最值得注意的是它们造成科学家们称之为'欲望的形象'的方式。一旦我们在脑中对自己所喜爱的味道留有记忆，便会建立'欲望的形象'，表现出我们企图再品尝它一次。在2004年，研究人员把研究对象聚焦在饮食清淡者的身上，并要求他们想象自己所喜爱的食物。单单想着这些自己所喜爱的佳肴就会在脑海里建立了一个响应的讯号。加拿大的研究人员发现，把自己称作'巧克力渴望者'的人，在吃巧克力时，比自我诊断为没有特殊食物偏好的人，会出现不同的脑部活动。这些渴望者的大脑会持续正面地对巧克力图片做出回应，直到他们的身体已达到满足的状态。神经科学证实，某些人对巧克力看重的程度，的确比其他人来得高。

期待愉悦地享受下一餐，在一天中的大部分时间能持续保有这种雀跃的心情，以我的经验来看，总是会成为一种记忆的形式。而且，每一口回忆都在述说着自己过去几次曾尝过的美味时刻。因此，按理说，我们每个人脑中的'味道模式'高度依赖于我们自己过去曾尝过的食物。"

第七节

烹饪的目的

烹饪的诞生就伴随着两种目的——生存和享受或生理与精神。烹饪诞生前，人类都是茹毛饮血，生食各种自然的食材，当时饮食目的只有一个就是为了生存，人类对食物的本能需求是通过食物维持生命。火的发明，使初级烹饪诞生，陶、盐的发明和使用，让完整意义上的烹饪真正诞生。这时的饮食目的就不仅仅是满足生理的需求，精神的需求随之诞生。墨子云，"食必常饱，然后求美"。韩非子也说："富贵至则衣食美。"这些话从侧面说明，在生活水平达到一定的阶段后进入审美需求。

笔者没有深入地研究过，用火和盐的动机，但感觉人们运用火和盐去烹饪的最初动机，不会单纯考虑它们会带来进化和健康，而是觉得它们可以让食物更加美味。原始人从大约170万年前开始用火，不可否认火对人类进化起到了重要作用，甚至是人类文明的进步都与火有关，但当时的人们用火加热食物，觉得除满足生存需要外，烧烤过的肉比生的更加香浓美味，根本没有考虑用火会影响自己的进化。

烹饪出现以后，生理需求和精神需求，几乎是同时并存的，生理需求是基础需求，不管社会地位、富裕状况的差异，生理需求都是一样的。但不同时代、不同群体、不同的背景，这两个需求的占比是动态变化的。法国让·安泰尔姆·布里亚-萨瓦兰《厨房里的哲学家》说："进食的需求如何从本能变成一个有影响力的感觉，这种与社会息息相关的影响力从未停止上升。"在物质生活贫乏的古代，贫穷的群体，饮食的目的主要是维持生命，满足本性需求。但贵族、富豪们的饮食目的不仅是生理需求，更多的是精神需求。

《左传》记载，晏子回答齐侯的提问，以饮食之道解释了"和"的意义，其中一句"君子食之，以平其心"。意思是饮食的目的不是追求满足口腹之欲，追求感官刺激，而是平和内心，达到心智的平稳中正。《烹：烹饪如何连接自然与文明》："考古学界有人提出了一个新观点，认为人类开始农业耕作的原因，是为了使酒的供应得到可靠保证，而不是为了食用粮食。不管到底是哪个原因，掌握发酵技术与农业的出现（以及随后文明的产生）可能密切相关。"可见农业耕作是为了酒，而不是解决温饱的粮食。

费朗·亚德里亚《烹饪是什么：用现代科学揭示烹饪的真相》一书，从劳动阶级、中产阶级、上层阶级的生活分析了他们在生理需求和精神需求方面的差异，同时也把烹饪行为归纳了对应的三个层面，为了生理需求进行的烹饪、为了精神需求进行的烹饪、为了生理需求和精神需求兼有而进行的烹饪。书中阐述得比较详细，是做过认真思考的，可以分析给大家：

人类的吃和喝最初只是为了满足身体的需求。但是与动物不同，在人类的想象中，食物和饮品的用途可以超越摄取营养这一简单行为。正是出于这个原因，我们可以说存在一种用于营养的料理，以及另一种用于享乐的料理。虽然并非所有人类都可以从这两种料理中进行选择，因为有些人烹饪只是为了喂饱自己，但也存在另外一些人，他们无法出于享乐主义之外的任何目的来设想烹饪。这两种料理的选择之间存在一系列差异。让我们回顾一些历史，以便将这两种情况代入语境。

纵观历史，在较低的社会阶层中，烹饪可能同时出于营养和享乐主义的目的。这些群体的传统食物和饮料的质量决定了它们用于这两个目的中的某一个，因为两者都与可利用的经济资源相关。我们倾向认为，购买力较低的阶层进食只是为了喂饱自己。然而，虽然他们的资源显然更为有限，但是在当时的社会中，仍然存在很多劳动阶级的菜肴，这些菜肴的目的超越了简单的营养摄取。

这些劳动阶级总是怀着某种享乐主义的目的烹饪，在他们的能力范围内尽最大可能寻求愉悦感。如果不是这样的话，那么他们本应再生产数量有限的制成品，不必增加菜肴的种类，因为少数菜肴足以满足摄取营养的目的。纵观历史，将节假日与享乐性进食联系起来的观念已经在下层阶级中发展得根深蒂固，如今又扩展到了中产阶级。中产阶级将这种观念延伸到周末和各种各样的休闲场合，而不只是局限于特定的庆祝活动，我们将在后面看到这一点。

职业厨师来自上层阶级或者富人阶级。富人们在自家雇用职业厨师，这导致了第一项重大差异。自远古以来，这些阶层的成员就一直在饮食方式上表现出明显的享乐主义倾向。这并不是说他们从不选择有营养的选项，但是这些食物的品质和用于获取它们的资源让我们得以谈论一种强调享乐导致的料理，于是进食变得不仅仅与营养有关。高品质是理所当然的，因为正如我们已经提到的，有更多更好的资源可供使用。

这种饮食的阶级性，在国内也有不同的观点，有专家认为美食不是专供某些上层阶级享受的，而是大众普遍认为的美食才是真正的美食。我们可以不讨论阶级性问题，从饮食本身的功能出发，进行分类探讨。

一、以生理需求为目的的烹饪

费朗·亚德里亚提出在基本需求得到满足而且有可用资源的情况下，也有些人烹饪只是为了营养目的，而不在饮食中寻求任何特别的享受，且限制自己只摄入身体需要的分量。严格为了维持生存和获取营养而烹饪的人，他们这样做是为了满足喂养别人或者自己的需要。在这种情况下，烹饪是准备食物以滋养获得制成品的消费者的行为。料理被认为是一种能量来源，尽管可以从中找到一定程度的感官愉悦，但是在品尝中并没有卓越或享乐之感，也不追求这样的感觉。

二、以精神需求为目的的烹饪

为了满足饮食中的愉悦感而烹饪，当然这一过程更多地表现在消费者方面。消费者为了追寻某种美食或体验饮食的享受，而有目的地选择他们喜爱的餐厅。同时餐厅的厨师们为了让消费者实现这个目的，就开始进行有美食思维的烹饪创造。烹饪的目的是受品尝者对料理和食物的享乐主义驱动的。烹饪在这里更多的关注"美食"的结果和体验感。这时烹饪可能将重点放在品质和形式上。费朗·亚德里亚认为，烹饪者和品尝者都享有这样的特权：他们不但有足够的食物喂饱自己，而且能够决定如何、何时以及在哪里喂饱自己。生活水平越高，享乐主义的目的越强烈，就会有越多精力倾注到被品尝的制成品中，因为其烹饪过程会涉及更多与美学、创造性、艺术和品质相关的方面。享乐主义的终极表达是用餐者的思维方式，用餐者想要通过厨师的作品享受艺术的体验，而厨师正是怀着这种目的创造或再生产了制成品。

三、兼顾精神需求和生理需求为目的的烹饪

无论是贫困年代还是生活富裕的年代，都有一些人的美食思维不是为了寻求愉悦感，也有一些人追求品尝制成品时的享乐。这也是餐饮业态丰富多彩的一个原因。现实生活中，这些人群也无法分割地十分清楚，并没有纯粹的精神满足需求者或生理需求满足者。追求精神需求的人，很多一部分饮食的目的还是要考虑生理和营养的满足，同样，生理需求满足的人群，从来也没有放弃过对美食的追求。他们之间可能存在比例关系的差异。造成这种差异的可能是经济条件、个人爱好、工作环境等多种因素。

费朗·亚德里亚从专业餐厅的角度出发，认为高级餐厅或高级料理应该为品尝者提供更多愉悦感受。我们烹饪可以喂饱自己，但是在享乐主义的指引下，我们也为了享受而烹饪。

当然古代有些极其奢侈的饮食作风，过度追求刺激，甚至是惨无人道的行为，并不为我们所赞赏。盛唐在美食方面也是一大盛世，烧尾宴正是此中的最高代表。何

谓"烧尾宴",据《辨物小志》记:"唐自中宗朝,大臣初拜官,例献食于天子,名曰烧尾。"这就是说,大臣初上任时,为了感恩,向皇帝进献盛馔,叫作"烧尾"。这个始于唐中宗时期的"烧尾宴"曾举办过多次,其中最著名的一次是唐中宗景龙年间的韦巨源"官拜尚书左仆射"时为敬奉中宗而举办的,据说唐中宗吃了韦巨源的烧尾宴后,三日不思茶饭,可见烧尾宴之丰盛与奇异。但这次"烧尾宴"的食单已不全,只留下了五十八种菜点的名称及少量后人的注文,不过仍可从中一窥当时的奢华景象。或许是因为太过奢侈,仅在中国的历史上生存了20多年就销声匿迹了。

我们再看看清朝皇帝的宫廷宴,据说当年慈禧太后的一顿餐宴,光是饭菜的种类就达到了百样,各种各样的菜式应有尽有,每一样菜式都有着不同的形状和造型。其中有的菜品中的外表雕刻简直比工艺品都要美。身为一个朝代的一代领袖,慈禧有着极大的财富。这也给她带去了一种极度奢侈消费习惯。清代宫廷中有一本书是专门记录膳食的,书中记载了慈禧太后的一日三餐。慈禧太后的一顿午餐足足有一百零八道菜,道道菜都不相同,每道菜据说只吃一两口,这也许是为了凸显帝王的权贵。在吃饭时慈禧太后所用的餐具也是不一般。象牙镶嵌的筷子,玛瑙装饰的果盘,盛汤用的汤匙都是镶金镶玉的,每次吃饭前都要用银筷子来验毒。在乾隆执政期间,他在吃的方面也是做足了功夫。当然乾隆时期的宫廷御宴并不是每天都吃的,而是有着特定的日子,每当逢喜张节的时候就会在朝廷举办不小规模的宫廷宴,"千叟宴"就是由古代皇帝们所传留下来的一种筵席方式。乾隆时期举办过这样的一次千叟宴,简直就是一场美食的盛会,筵席场上的菜品足足有一千多种,令人眼花缭乱。

扬州盐商的生活也极其奢华,据说扬州盐商都喜爱美食,有一个盐商每天吃一个鸡蛋,这可不是普通的鸡蛋,是用人参粉、珍珠粉、红枣粉等多种原料混合后给鸡作为饲料,然后下的蛋。

更有一些残暴的饮食是需要我们去批判的,因为超出了饮食常态和人的承受能力。如活烤鹅掌,让鹅从烧红的铁板上走过,鹅掌留在铁板上并烤熟。还有活剐驴肉,就是在活驴身上剐一块肉食用。最残忍的是易牙,为讨好齐桓公做出惨无人道的举动,一次齐桓公对易牙说:"寡人尝遍天下美味,唯独未食人肉,倒为憾事。"齐桓公此言本是无心的戏言,而易牙却把这话牢记在心,一心想着博得齐桓公的欢心。他看见自己4岁的儿子,选用了自己儿子的肉。

在生活富裕的今天,不同饮食背景,个人对饮食的选择更加多元和自由,因工作的原因,可以吃个盒饭,叫个外卖,主要是满足生理需求。也可以专程去餐馆品尝创新菜品,打卡网红餐厅,满足一下精神需求。如黑珍珠三钻餐厅的标准是"值得专程前往品尝的餐厅",很多人不远千里专程赶过去,就是为了品尝一餐甚至一道美食,这类情况就是精神享受的成分多一点。今天的饮食功能很难明显区分是生理需求还是精神享受,一般都是共存的,只是占比不同而已。精神占比越大说明生活水平越高,餐饮行业越发达。马斯洛需求层次理论在一定的历史时期可能是正确的，但现代社会的生活结构和追求享受的内容发生了变化，特别是对饮食消费与生活质量的关系我感觉已经不完全正确了。

马斯洛需求层次理论是由美国心理学家马斯洛于1943年提出的一种人类需求层次理论。马斯洛将人类需求像阶梯一样从低到高按层次分为五种层次，分别是：生理需求、安全需求、社交需求（归属与爱的需要）、尊重需求和自我实现需求。

其中生理需求是人类维持自身生存的最基本要求，包括饥、渴、衣、住、性的方面的要求。也就是满足人衣食住行最基本的生理需求的需要。马斯洛的层次分类应该没有问题，但笔者对他的层次比例和生活水平的关系理论却不完全赞同。

马斯洛和其他的行为心理学家都认为，一个国家多数人的层次结构需要，是与这个国家的经济发展水平、科技发展水平、文化和人民受教育的程度直接相关的。在不发达国家，生理需要和安全需要占主导的人数比例较大，而高级需要占主导的人数比例较小；在发达国家，则刚好相反。马斯洛认为一个国家生活水平高低和生理需求成反比，生活水平越低，生理需求越高。我感觉这个理论存在着人本主义局限性，特别是时代感很强，与现代社会的生活水平评价不完全合拍。饮食在一定的历史时期，主要功能确实是生理需求，但现代社会饮食已经不单纯为了生理需求了。有专家认为：中华民族有史以来，饮食不单纯是生理需要，是民族文化中最富有特色的内容之一，饮食的发展是成长的需求，是社会的需求。

02

烹饪的
艺术属性

第一节
艺术与饮食的互动

一、艺术的诞生与饮食活动

　　艺术都源于劳动，饮食劳动也为艺术的诞生提供了源泉，舞蹈、音乐的诞生就起源于获得食物的劳动中，人们在生产或生活中遇到高兴喜悦的事，有时便会不自觉地"手之舞之，足之蹈之"。当这种特殊的情感表达方式以固定的形式流传开来，原始的舞蹈也就产生了。舞蹈起源于劳动，起初不过是生产劳动状况与节奏的简单再现。《尚书·虞书·舜典》记有"击石拊石，百兽率舞"的舞蹈场面，大约就是先民们在模仿狩猎时的情景：一部分人敲击石磬，再现狩猎时的场面；另有一些人装扮成"百兽"，学着动物的样子起舞。据《吕氏春秋·仲夏纪·古乐》所载"葛天氏之乐，三人操牛尾，投足以歌八阕"，描绘的也是接近原始形态的舞蹈。从舞蹈的诞生可以看出，狩猎活动是当时的主要劳动，人们因为获得食物而开心庆祝，跳起了舞蹈。

　　音乐的诞生有多种说法，其中就有在劳动中诞生之说。随着人类劳动的发展，逐渐产生了统一劳动节奏的号子和相互间传递信息的呼喊，这便是最原始的音乐雏形。当人们庆贺收获和分享劳动成果时，往往敲打石器、木器以表达喜悦、欢乐之情，这便是原始乐器的雏形。最初人们劳动的成果就是食物，人们最开心的事情也是获得食物。当然音乐的诞生还有模仿说等，笔者没有研究音乐起源的证据，但估计人类最初模仿动物的声音，其目的可能就是接近它们并诱捕它们，变成自己的食物。总之，音乐和饮食的密切关系是不可否认的。

二、饮食是艺术展现的舞台

　　古代没有专场的音乐会、舞蹈会，它们都是和某种场合联系在一起的，其中重要的宴会场合就是音乐和舞蹈展现的舞台。

　　周代贵族在宴饮之时使用的传世乐歌非常多，《诗经》中的《鹿鸣》《伐木》《南有嘉鱼》《噫嘻》《振鹭》《丝衣》都是当时宴饮之时所唱的歌曲。1978年，在湖北随县（今随州市）出土的曾侯乙墓中，发现了一套震惊世界的乐器——曾侯乙编钟。这套编钟共65件，编制齐全、制作精美、音城宽广，依大小顺序排列三层，悬挂在曲尺形的铜木钟架上。编钟低音浑厚，中、高音悠扬，12个半音齐全，能演奏各种乐曲。这套乐器完全按照墓主人生前宴饮作乐的场景安放的。通过这些乐器，我们能想象出当时的宴饮音乐已经发展到了很高的水平。

钟鸣鼎食，钟指古代乐器，鼎指古代炊器，形容生活极为奢华。古代富贵人家吃饭时，击钟为号，列鼎而食。唐·王勃《滕王阁序》："闾阎扑地，钟鸣鼎食之家。"《红楼梦·第二回》："谁知这样钟鸣鼎食之家、翰墨诗书之族，如今的儿孙，竟一代不如一代了！"都表示击钟鼎食的意思。

其实，用音乐歌舞佐餐，在我国商代早就开始了。《周礼·天官冢宰·宫正》也记述了天子王侯的"以乐侑食"。西周的大宴用大雅乐，一般宴会用小雅乐。《诗经·小雅·宾之初筵》载："宾之初筵，左右秩秩。笾豆有楚，殽核维旅。酒既和旨，饮酒孔偕。钟鼓既设，举酬逸逸。"这种以钟鼓奏乐相伴的"钟鸣鼎食"活动，在当时的上流社会已形成一种风气，并为历代统治者所继承。

王子辉先生的《周易与饮食文化》说："以乐侑食"发展到后来，形式已不限于音乐歌舞，还增加了杂耍、游艺、戏曲以及雅俗共赏的酒令。其当然也不只是上流社会的专利，中下层群众的宴饮也可偶尔享受，只不过"乐"的内容不尽相同罢了，但都是在渲染一种轻松愉快的气氛。正因为把宴饮与文艺活动恰当地结合在一起，既助宴会之乐，又增进食之欲，还利人体健康，所以饮食审美达到了一种新的境界。

《东京梦华录》记载一次皇家宴请的场面：一次行酒，奏乐唱歌，起舞致敬，二次行酒，礼仪如前，三次行酒，演京师百戏，上咸豉、爆肉等四道菜，四次行酒，演杂剧，上糖醋排骨、肉馅麻饼，五次行酒，琵琶独奏，两百儿童起舞，再演杂剧，上群仙炙、镂肉等六道菜，六次行酒，蹴球表演，上两道菜，七次行酒，四百女童跳采莲舞蹈，演杂剧，上排炊羊、胡饼和炙金汤，八次行酒，群舞，上假沙鱼、肚羹和馒头，九次行酒，摔跤表演，上菜饭。场面实在奢侈，不值得借鉴。

《韩熙载夜宴图》作者顾闳中用"众聆曼奏，击鼓助舞，宴中小憩，轻音徐来，宴终曲尽"来描述当时韩熙载家设夜宴以乐侑食的场面。

钱锺书说："这个世界给人弄得混乱颠倒，到处是摩擦冲突，只有两件最和谐的事物总算是人造的，音乐和烹调，一碗好菜仿佛一支乐曲，也是一种一贯的多元，调和滋味，使相反的分子相成相济，变作可分而不可离的综合。最粗浅的例子像白煮蟹和醋，烤鸭和甜酱，或如西餐里的烤猪肉和苹果泥，渗鳘鱼和柠檬片，原来是天涯海角、全不相干的东西，而偏偏有注定的缘分，像佳人和才子，母猪和癞象，结成了天造地设的配偶、相得益彰的眷属。到现在，他们亲热得拆也拆不开。在调味里，也有来伯尼支的哲学所谓'前定的调和'，同时也有前定的不可妥协，譬如胡椒和煮虾蟹、糖醋和炒牛羊肉，正如古音乐里，商角不相协，徵羽不相配。……统治尽善的国家，不仅要和谐得像音乐，也该把烹饪的调和悬为理想。"

三、烹饪艺术的内涵

谈到烹饪艺术，我们在这里介绍一下钱学森先生的见解，他认为饮食或烹饪学术界需要先建立较为完善的饮食或烹饪的艺术理论，然后再发展成饮食美学或烹饪美学。足见，钱先生是认为有烹饪美学这个概念存在的，只是目前理论体系尚未建立。但哲学界或美学界某些人士认为烹饪美学是不存在。如黑格尔（Georg Wilhelm Friedrich Hegel，1770—1831）是德国古典美学的集大成者。他的美感理论是建立在所谓绝对精神的世界里的。他认为：美感的实质是一种特别的审美的情感。而美感只涉及视听两个认识性的感觉，至于嗅觉、味觉和触觉则完全与美感无关。法国美学家库辛（Victor Cousin，1792—1867）批评了美感研究史上的愉快或快感理论，他认为：美的情感和欲望相去甚远，甚至于互相排斥。举例说，在一张充满着馔美酒的筵席面前，享受的欲望油然而生，但美感不会发生。库辛的观点和康德、黑格尔的理论几乎是一脉相承的。孟子也有一段言论："故曰，口之于味也，有同耆焉，耳之于声也，有同听焉，目之于色也，有同美焉。"在孟子看来，口味只关于嗜好，耳目才是审美器官。

随着饮食活动的发展，特别是科技进步，味觉与视觉、听觉的神经传输信号到大脑引起的反应有密切的关联性，味觉审美功能逐步得到证实。当然现在还没有确切的定论，我们可以先搁置一下这个话题。因为烹饪是否属于艺术审美的范畴，还有很多问题需要进一步研究，但对烹饪具有艺术属性这一点，大家还是肯定的。孙中山认为："夫悦目之画，悦耳之音，皆为美术，而悦口之味，何独不然？是烹调者，亦美术之一道也。烹调之术本于文明而生，非深孕乎文明之种族，则辨味不精；辨味不精，则烹调之术不妙。中国烹调之妙，亦足表文明进化之深也"。很多专家也认为烹饪的艺术审美体系还没有完全建立，需要进行系统的研究，但烹饪的艺术性早已经具备。吴志健在一篇文章中说："烹饪讲究艺术性，但不是艺术"。

烹饪艺术性的概念，季鸿崑教授认为，烹饪的艺术性是诱发烹饪过程和饮食活动中的生理快感和心理美感的基础，所以烹饪必须讲究艺术性。烹饪艺术研究的内容从狭义上理解就是菜品和点心等技术要素的美化，但这远远不能包容烹饪的艺术内涵。应该包括烹饪器具、餐具、菜点生产环境、进食环境、厨师和服务人员的艺术审美素养等。

由于本书主要聚焦对烹饪的认知，在艺术性方面，不能全面地从服务、环境、工具等进行论述，我们只想选择一些与烹饪技术直接相关的艺术属性展开探讨。

第二节
餐具的艺术特性

一、美食与美器

袁枚说："古人云，美食不如美器"，但查了很久也没找到是哪位古人说的。但描述美器的古人确实不少。杜甫云："紫驼之峰出翠釜，水精之盘行素鳞。犀箸厌饫久未下，鸾刀缕切空纷纶。"其描写的是杨国忠与虢国夫人享用的紫驼、素鳞等佳肴，用翠釜烹制而成，装在水晶盘中，用犀牛角做汤匙、箸来食用的情景。意思是说：红褐色的驼峰羹盛在葱翠的莲花碗中，乳白色的全鱼装在莹彻的水晶盘上。宋代苏轼《老饕赋》："倒一缸之雪乳，列百椀之琼艘。"盛乳酪的饮器似一艘玉做的船，雪花般的菜汤在兔盏中荡漾，可以想象一定很美。李白诗云："金樽清酒斗十千，玉盘珍羞直万钱。"他告诉我们美酒要配"金樽"，珍馐美味要用"玉盘"来装饰，才能价值万千。

关于美食与美器之间的关系，真正从理论上进行系统分析的并不多，因为，论述这个关系，需要既懂美食，又懂艺术、懂设计的人才能说到点子上。不过很多烹饪大师都从实践应用中加以了证实。日本著名的艺术家、美食家、收藏家北大路鲁山人，从一个新的角度阐述了美食和美器的关系："对料理来说，食器，正是料理所穿的和服。就算美人如何美，若穿着品位差，再美也无用。无须使用高贵物品，与物品协调，本是穿着和服的道理。若和服与腰带不协调，亦是不可。美人即使不回眸，仅用腰带点缀，亦能使人心生恋慕。这便是食器为料理之和服的原因，容器之选的重要处即在此。……若只是单纯要吃，可以像远古时代人们把食物盛在叶片上吃。但若想得到更高层次，就有必要选择容器。食器与料理，永远有着是无法分离的密切关系，两者的关系，可说如同夫妻一般。……因此我特别强调一点，从事料理的人，必须学习食器，更理想的是除食器之外，还有必要了解书画及建筑。"

北大路鲁山人强调美食和美器的合理搭配才是和谐的、艺术的。餐具的选择一定要和菜品相配，特别餐具的色彩尤为重要。餐具的色彩就像一个背景色，不同菜品需要不同的背景颜色才能体现得更加和谐。在食与器的结合上，同时也要讲究形和构图的和谐。在南唐《韩熙载夜宴图》上可以清楚地看到：画面上的两张食案上，每案都是四盘四碗，菜肴均按一红一白来摆放，红白相间，颇为悦目赏心，别有情趣。明代沈德符在《敝帚轩剩语》一书中载："本朝窑器多用白地青花，间装五色，为今古之冠。"

北大路鲁山人还从厨师和食器的角度阐述了美食和美器的关系。他说："除了美化料理之外，各位每日所关心的盛装料理的器物，需要付诸许多苦心。将料理视为学问的人，势必也会将食器同样视为学问。这是必然的结果。但在我所见，至今尚未有任何一个值得欣赏的食器。这是因为料理业者及厨师们对食器的重视不足，才无法有好的食器存在。料理业者或厨师才是真正从事料理、保管食器的人，如果这些人对食器的重视提升，自然就会有好的食器产生了吧。

'我的料理要用这样的食器盛装。这种食器会让我难得的料理少了生命力！'要有像以前茶料理般对器皿的讲究，好的食器才有办法开始受到重视，自然地因应而生。制作食器的人也必须相应地以高度美感意识来制作出好的食器。正因如此，若希望能有好的食器诞生，就必须由料理业者及厨师来带动制陶业者才行。换言之，使用食器的业者的漠不关心，正是使得现今料理食器不振、完全没有好食器可用的主因。

另一方面，虽然偶有所谓的名食器，但每件都是已故之人的作品。现今，都将这些作为美术品、古董品来看待。以现状来说，若想让料理从根本上有所进展，做出正统的膳食，使用这些古董品就成了必要。若不然，除了自己作陶之外，别无他法。

这便是我坚持要制陶的动机。当我好不容易动手做陶后，却发现怎么做都不成调，无法做出好的食器。我立刻发觉，必须学习已故之人的名作，才有办法做出好的作品。即使这些作品已有了伤痕，名作果真有许多值得学习之处。因此，我只好铆足劲……

像这种料理所尊崇的美感，与绘画、建筑、天然的美，完全相同。无论是美术之美或料理之美，都来自同一个根源，有着同样的内容。"

笔者也曾有过自己制作餐具的冲动，接触了很多餐具生产工厂，了解了制作瓷器设备，还准备让儿子未来把餐具设计作为自己的职业，也许他对餐具的理解还不足以引起他的兴趣，加上笔者自己的时间还不能完全投入餐具的设计领域，但笔者从来没有放弃过，在多次的讲课过程中都呼吁大家重视餐具的使用和设计，认为未来厨师的一个新职业就是餐具设计师。目前这方面的人才还比较少，做陶瓷的不懂菜品的需求，做厨师的不知道陶瓷生产的工艺，缺少中间的桥梁——职业餐具设计师。国内制作陶瓷的水平很高，但多关注陶瓷艺术品的加工，对餐具这种实用器皿关注不多，也产生不了太高的经济效益。正如日本大师说的，只能靠厨师自己来动手。

古代精美的餐具很多，更多是注重器型独特和材质贵重。对餐具和菜品的配合，特别是色彩、造型关注的不多，这是未来餐具设计的重点，餐具要让菜品更精美、更能调动食欲才是根本问题。台湾朋友张聪先生在餐具设计方面做了很好的尝试和探索，设计理念包含了色彩、菜品、器皿以及文化等元素，形成了自己独特的餐具艺术风格。

北大路鲁山人认为：食器是一个国家烹饪水平的标志。他说："虽然中华料理是世界第一，但中华料理发展得最为蓬勃是在明代，而不是现今。因为中国的食器，以明代的最为美丽、优秀。好的食器也就是料理先进的证据。然而到了清代，技术渐渐退化，品质变差，因此料理也退化了。

如同此例，以长远的眼光来看，食器质差，表示料理质差；食器质佳的时代，可视为是料理先进的证据。因此，我们从事料理的人，若真心想做出好料理，无论如何都需要食器艺术，所以必须督促并教育陶器作家，让他们不断创作出美丽的食器。

以现今一般厨师的风潮来看，只是稍微会处理鱼，便立刻认为自己是一流厨师，似乎也无暇顾及其他事了。我们这些认真思索料理之道的人，深切感到这是不应该的。我也衷心期望能够让这些人有所提升。"

中国古代食具种类繁多，主要包括陶器、瓷器、铜器、金银器、玉器、漆器、玻璃器等几个大的类别。彩陶的粗犷之美、瓷器的清雅之美、铜器的庄重之美、漆器的幽静之美、金银器的辉煌之美、玻璃器的透亮之美，都曾给使用它的人以美好的享受，而且是美食之外的又一种美的享受。美器之美还不仅限于器物本身的质、形、饰，而且表现在它的组合之美、它与菜肴的匹配之美。

孔府专为举行高级筵宴的宴会定制了整套的银质餐具，就是要体现一种组合美。一套餐具总数为404件，可上菜196道。这套餐具部分为仿古器皿，部分为仿食料形状的器皿。器皿的装饰也极考究，镶嵌有玉石（翡翠、玛瑙）、珊瑚等，刻有各种花卉图案，有的还镌有诗词和吉祥语，更显高雅不凡。孔府的满汉全席餐具，按照四四制格局设置，分小餐具、水餐具、火餐具、点心盒几个部分。不同食物选择相应的器皿，是美器与美食融合的典范。

现代中国的餐具没有被工艺师们重视，特别是陶瓷餐具，大师们认为，餐具作为一种实用器皿，很难做成艺术品，也没有太大的利润空间。笔者和一个陶瓷师傅聊天，他说，做茶具都比做餐具利润空间和市场要大，做香炉、做陶瓷艺术品利润空间更大，因此，一般的大师傅是不太重视餐具制作的。在此不得不提日本著名民艺理论家、美学家，被誉为"民艺之父"的柳宗悦，他说："食器，已经不仅仅是一种食物的载体，更上升到文化艺术的美学层面。"柳宗悦还说："我要对被忽视的日常器具进行辩护，与用结合最为紧密的器具所表现的工艺之美是最为健全的，是用具与美器的统一体。只有与用相结合才能成就工艺之美。"

在餐具领域，日本的餐具有鲜明的标志性，一看就知道是日式的餐具，中餐和西餐的餐具已经互融了，说不清哪个是中餐的哪个是西餐的餐具了。有人说，在目前全球化浪潮之下，文化容易失去民族、地域的特色。传统的生活文化与美学价值，也在全球化的浪潮下失去了独特性。希望饮食能成为中国文化传播的桥梁和载体，通过中餐特色菜品技艺和中国特色食器，让中国生活文化进入大众、进入世界。

二、日本的餐具设计理念

《料理王国》说："与其说美食不如美器，不如说美器是伴随着美食的精进演变而同步精进着，美器只是一种辅助进食的载体，却在历史的长河中不断被放大，成为中国饮食文化中浓墨重彩的一笔，为后人所乐道。尽管日本的饮食文化受到中国的影响，但日本的这种饮食风格更为精进，在饮食的形式上尤为突出。比如日本的拼摆艺术以及食器精巧别致，独树一帜。"日本人对食器的讲究，是日本饮食文化不可分割的一部分。日本人认为：美食强健体魄，美器美化心灵。美器不仅是对美食表面的烘托，更是对美食内涵的诠释。正是这样的饮食文化催生了日本人对食器美的追求和独特品位。日本在保留瓷器传统工艺标准的基础上不断推陈出新，备受日本家庭乃至世界市场的欢迎。所以，日本日用细瓷的生产技术水平很高，不仅体现在基本的使用功能上，比如强度、耐热性、稳定性较为优异，还体现在釉色、图案和样式上独具特色，以及在控制釉面铅、镉溶出率方面，各项技术指标均领先于国际水平。在国内，陶瓷厂家虽多，但是掌握特种陶瓷研发技术的极少。大多数情况下是日本掌握研发技术，中国提供生产能力。有田町是日本的陶瓷之乡，代表着日本瓷器的最高工艺。在有田的名窑中"香兰社"独树一帜。因优良的品质，细腻的做工，美誉不断，它们不仅象征着瓷器所拥有的高贵血统，也代表着日本传统手工艺无与伦比的精湛技艺。因此成为日本皇室的御用瓷器。

三、餐具与菜品的风格搭配

前面说过，餐具是实用的器物，不是挂在墙上、放在橱窗里的欣赏品。柳宗悦有着一段生动的描述："器物因被使用而美，美则惹人喜爱，人因喜爱而更频繁使用，彼此温暖、彼此相爱，一起共度每一天。"如何用才可以让餐具与菜品相得益彰呢？这是设计师和厨师们都必须考虑的问题。

首先设计师应该考虑怎么用才舒服、顺手，并有艺术感。有许多艺术家、美学家，对于工艺品的关注大多以创作者、美感价值为主要研究的方向。然而柳宗悦并非如此，林承纬在介绍柳宗悦时说："他反倒是会去思考这件器物被谁使用、使用者如何感受到物的实用性、功能性，这是一个相当重要且关键的课题。"柳宗悦曾这样指

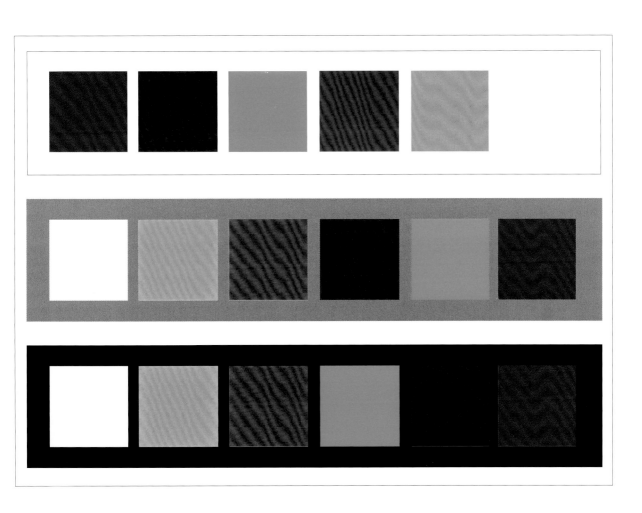

出："识器者，必定亲手触摸、双手捧起器物，越亲近越不舍器物离身。"他还以茶道家为例：古代茶道家以唇来感受茶器带来的温暖与亲切，而强调人与器物之间互动感的观念。林承纬说："柳宗理（柳宗悦之子）的器物制作不是以计算机仿真进行，而是拿模型、亲手实际制作，这样的坚持到了成名之后还是如此。当他在制作汤匙时，会先少量打造几个汤匙模型，自己亲手用过、觉得顺手，才会开始量产，这和当代很多设计师的做法非常不同。"食物与食器都是有情绪的，只有将它们妥帖地搭配，才能呈现最佳的味觉与视觉。

对于厨师来说，如何选择和使用餐具也是一门艺术，食器的使命是去升级食物的质感。让食物与器的融合呈现出一种视觉与味觉双重美感，是对厨师的一种审美考量。

清代诗人袁枚在《随园食单》也说过："古语云，美食不如美器。斯语是也。然宣、成、嘉、万窑器太贵，颇愁损伤，不如竟用御窑，已觉雅丽。惟是宜碗者碗，宜盘者盘，宜大者大，宜小者小，参错其间，方觉生色。若板板于十碗、八盘之说，便嫌笨俗。大抵物贵者器宜大，物贱者器宜小；煎炒宜盘，汤羹宜碗；煎炒宜铁铜，煨煮宜砂罐。"袁枚的表述虽然比较简单，也算是对食与器二者关系的一种认识。餐具与菜品的配合是一个很复杂的难题，因为餐具的质感、材质、颜色、造型、风格等变化非常多，中餐菜品同样也繁多，如何能完美地组合，可以写一本专门的著作。现在仅对餐具色彩和菜品色彩搭配的一般规律做一个简单介绍。目前行业中餐具色彩非常丰富，不同材质有不同的色彩变化，现在以陶瓷的材质为例，选常用的白色、黑色、灰色盘子进行色彩对比分析。

白色盘子与菜品色彩鲜明度对比：紫＞蓝＞绿＞红＞橙＞黄。在白色盘子上放紫色最明亮，放黄色就不太显眼。

黑色盘子与菜品色彩鲜明度对比：黄＞橙＞红＞绿＞蓝＞紫。在黑色盘子上黄色最明亮，紫色显得暗淡。

灰色盘子与菜品色彩鲜明度对比：黄＞橙＞红＞蓝＞绿＞紫。在灰色盘子上放黄色最明亮，紫色比较不显眼，与黑色相似，只是蓝和绿有一点不同。

我们在装盘时，并不能都选择明亮的原料来装盘，而是有一定的比例关系，以中等明亮的原料为主，占60%。如红色、绿色是中性的对比，放到什么盘子都是合适的。比较明亮的原料占30%，最明亮的原料占10%，起到画龙点睛的作用。同时还要考虑食欲与色彩的关系，蓝色虽然是中间的明亮度，但一般不能占60%，因为蓝色是影响食欲的主要颜色。

四、筷子的艺术特性

筷子是中餐特色的餐具之一，现在世界上人类进食的方法，主要分为三类：欧洲和北美国家用刀、叉、匙；中国、日本和越南、朝鲜等国家用筷子；非洲、中东、印度尼西亚及南亚次大陆国家以手指抓食为主。

筷子的诞生最初并不是为了吃饭，中国的筷子发明以后，很长一段时间我们还是用手吃饭的。大家也许感觉很奇怪，有了筷子，为什么不用来吃饭，还要用手吃饭呢。何以证明，我们可以从一些史料中找一点线索，《礼记·曲礼上》载："羹之有菜者用梜，其无菜者不用梜。"顾名思义，从这段话的意思看，筷子不就是用来搛菜吃饭的吗，但看完下一段话也许就清楚了，《礼记·曲礼上》载："饭黍毋以箸"，这话说得很明白，就是吃黄米饭不用筷子。《礼记》还有"共饭不泽手"的记载，所谓"共饭"，就是把饭盛在大器中，供席上抓食。所谓"泽手"，唐孔颖达疏："泽，谓光泽也。古礼，饭用手，泽手则汗史，与人共饭，不得临食捼莏手乃食，恐为人秽也。""捼莏"，即两手相摩擦，这种动作既不雅观，且脏而失礼，故而应当避免。由此我们可以知道先秦人们吃饭是不用筷而用手的。那么，"羹之有菜者用梜，其无菜者不用梜。"这句话的意思是什么呢？先秦时，蔬菜除生吃外，大多用沸水煮食。大块的肉类也是一样的，吃这种汤锅中的菜，必须将他们从汤锅中捞出来，既不能用手，用匕也不方便，只有用筷较合适，故而当年筷子的作用比较单纯，仅仅是取菜，筷子的功能就像现在的漏勺、手勺一样的工具，现在在炸油条和炸天妇罗的店里仍然可以见到用长筷子夹取食物的场景。

《史记》载："犀玉之器，象箸而羹"，也说商纣时筷子是用于搛菜的工具。先秦时代，筷子虽然出现，主要是将菜从锅中捞出，放在碗中或盘中，但将食物放到嘴里主要用手指来完成。《左传·宣公四年》还记载了这样一件事：楚人献鼋于郑灵公，郑大夫子公"食指"大动，他便对子家说："食指动"表示即将吃到美味。后来，此话传到郑灵公耳中，他为了教训嘴馋的子公，在召集贵族分享鼋羹时，故意不给子公尝鲜。子公大怒，遂"染指于鼎，尝之而出"。这一史实，可证明春秋时代在上层人物举行的宴会中，还是以手进食的。

我国何时正式开始用筷子来取菜来吃饭？这一问题现在还没有找到明确的文献资料，蓝翔的《筷子古今谈》中做了一些分析，试图找到答案，但感觉证据还不够充分。当然，我们讨论的并不是筷子的历史，而是作为餐具的筷子艺术。

筷子本来是搛菜用的餐具，但不同年代和背景下，筷子被赋予了不同的功能，其中就有显示使用者身份的功能。我国最早有关筷箸的文字记载，当数《礼记·曲礼》和《韩非子》。《韩非子》卷七"喻老"篇载："昔者纣为象箸而箕子怖，以为象箸必不加于土铏，必将犀玉之杯，象箸玉杯必不羹菽藿……"说的是商代纣王以象牙制筷就餐，大臣箕子感到恐慌，他预感到纣王今天用了象箸，明天就会用犀玉杯，进而就要吃"旄象豹胎"，然后要"锦衣九重，广室高台"。因为人的欲望是无止境的，何况帝王乃一国之尊。这虽是对纣王生活奢侈而引起朝臣恐惧的陈述，也体现了筷子的新功能。

筷子的艺术性

筷子从实用功能赋予了艺术的欣赏和收藏价值，筷子成为雕刻、绘画、书法、诗歌展示的舞台。筷箸最早出现的仅是一段树枝、一杆细竹而已，到了"纣始为象箸"的殷纣末期，这首先问世的君王特制餐具是以巨大的象牙，经过劈、锯、切、磨制成的纤细牙箸，这已是最初的工艺品了。书法、绘画在筷子上最为普遍，最简单的是在表面刻写一首诗，难度大一点的要配上一幅画，应该运用的是微雕技术。目前国内已经有了专门的筷子博物馆，其中比较有名的是杭州的筷子博物馆，馆长曾经为中国2010年上海世界博览会、G20杭州峰会等国宴设计过筷子，把中国传统文化与筷子作了很好的结合，融实用性和艺术性于一体。

1. 微雕工艺

微雕工艺是在各种材质得到的筷子上用微雕技术写诗、作画，可在筷子的一面进行雕刻，也可在四面都进行雕刻。《筷子古今谈》的作者蓝翔介绍了他的收藏：收藏的象牙筷、四楞筷上端刻有"春日江水好观潮，双双台畔共吟诗……"，下面并刻有远山、孤帆、茅舍、树丛，其间对坐两位古人，一老一少，神情闲适自若，衣衫飘逸细腻，两筷相拼，一幅山水吟诗图栩栩如生。在细细的牙箸上，走刀落笔绝非一日之功，匠师若没有精妙的刀法，惟妙惟肖的人物和野景是难以出现在筷上的。蓝翔收藏的竹筷，此筷除皮面刻联外，反面刻有"唐明皇游月宫图"，画面更为细腻，上端刻有嫦娥手抱玉兔，形神自若，童子持长柄羽扇待之一旁，筷子中部一道人手持拂尘引唐明皇足踏浮云登上月宫，唐明皇面部似笑非笑，双手恭拜之态，在竹刻名家刀笔下，恰如其分地显出他初登仙境既紧张又兴奋的神情。作品的雕刻人善于用刀，游月宫图在他走刀构思下，纤巧玲珑，细致入微，人与景物，神形毕具。优美的嘉定传统竹刻艺术，在这小小的竹筷上得以充分体现。四面刻，可算是物尽其用了。笔者收藏的一双明末镶银竹筷，在镶有银帽的下端刻有一首七绝诗："此君心是古人心，且邀明月伴孤斟，狂似次公应未怪，何可一日无此君。"这首赞筷诗，正好一面刻一行，楷书字体，端端正正。一般竹筷，难登大雅之堂，可是经名家以刀代笔挥洒一番，竹筷顿时身价百倍，成为一件镶银竹刻精品，显得古朴俊逸。即使山珍海味、鲜美佳肴，却不忍下箸，免得污染这双具有珍藏玩赏价值的竹刻箸。

据报道，四川省工艺美术大师、四川美术家协会会员王建安精心制作的竹筷微雕作品引起轰动。初看并不觉得稀奇，当拿起放大镜仔细一看，才发现里面大有乾坤。

王建安在这支29厘米×0.5厘米的筷子上雕出了全本《清明上河图》，另一支筷子上雕刻《北宋京都画里看》一文，详细记叙清明上河图的成图过程。《清明上河图》里每个人物活灵活现，景物栩栩如生，让人不敢相信这竟然是雕刻在筷子上的。

笔者也见过在竹筷子上用微雕作画的，如竹子、兰花、梅花、菊花，成为一套筷子，更厉害的是在筷子的四个面刻画出梅、兰、竹、菊。笔者有一个好朋友，特别擅长竹雕艺术，有好几次参加行业的收徒活动、大师从艺多少年的庆典活动等，都是带上他的作品作为礼物。笔者也建议他在竹筷上进行雕刻，形成自己的风格，将来作为参加烹饪行业的活动礼品更有意义。

2. 镶嵌工艺

慈禧喜欢镶嵌工艺的筷子，翡翠镶金筷、象牙镶金箸等。景泰蓝工艺也应用到筷子制作当中，首先在铜制的胎型上用细的丝制成各种美丽的花纹，然后把珐琅质的色釉充填在花纹内，再进行烧制。筷子极细，这就增加掐丝镶嵌难度，象筷上的牡丹、月季、梅花等，每朵都要有艳丽感，所以景泰蓝筷具有色彩浑厚、典雅华贵的风格，并有鲜明的中国文化艺术特点，因此国外宾客特别喜爱这种传统工艺筷。

《筷子古今谈》作者收藏的一盒清光绪年间的鸳鸯对筷，筷长22厘米，上端3厘米，下端9.5厘米为象牙，中端镶10厘米虬角。虬角俗称海龙角，质地近似象牙，但比重大，颜色翠绿，断面无牙纹，中心呈脑状。这种晶莹透亮，如同翡翠似的绿虬角和洁白闪光的象牙相组合，显得华丽高贵、秀雅光泽。所谓鸳鸯筷，即一盒两双，实为新婚伉俪夫唱随之佳品，一双筷顶镶象牙3厘米，一双镶象牙2厘米，仅此一点儿区别，其余粗细、长短、色彩，对筷皆相同，此种独具匠心的工艺，深受情深似海情侣的喜爱。

另外，镶嵌工艺的筷子还有景泰蓝镶玉筷、乌木镶银筷、象牙镶银筷、棕竹镶牙帽筷、红木嵌银丝筷、翡翠镶金筷等，至于紫檀银丝嵌玉金箸，那是宫廷御筷，工艺要求极高，匠师是提着自己的人头在操作，一刻一镂、一錾一焊无不紧系着自己的生命，所以说这种筷箸的艺术水平可称绝品。

《筷子古今谈》的作者在书中分享了一个"传奇的一双龙凤筷"的故事，筷子主人是20世纪30年代上海滩某大亨宠妾，她特聘名师重金精制。这位姨太太某日应邀赴宴，女主人自己用的是金筷，放在她面前的却是银筷，她认为女主人是有意羞辱她，所以特设宴回报。等宴会开始后，宠妾示意仆人熄灯，在微弱的烛光中，只见这位宠妾使用的筷子如龙似凤，上下翻飞若腾云驾雾，筷上细珠闪烁，晶莹耀眼，最为光亮夺目者，为龙凤筷顶端的龙目凤眼，这是以金刚钻镶嵌，故而暗中光芒四射。龙鳞乃片片金箔，凤羽为粒粒玲珑由金丝穿串而成。这双独一无二的名筷在这次宴会中轰动一时，不久抗日战争爆发，这双价值连城的豪华龙凤筷也不知下落，但姨太太之间的争强比富也算是给筷箸文化留下一段逸闻。最后顺便提一下，明代云间（上海松江）

的白铜箸极为出名。一位名为胡文明者，乃万历年间著名的铜制品工艺大师，他除了铸造鎏金的鼎、炉、瓶、壶外，精工铸制的雕花白铜箸曾获得当时的艺术鉴赏家屠龙的好评。不过那时的铜筷，非进膳餐具，大多为火锅、煎茶、烤火、夹烛花所用，称之为铜火箸，虽不登大雅之堂，同样也具有工艺价值。

3．烙画工艺

据文学家王士禛所著《池北偶谈》载：清代云南武定县武恬是一位筷箸烙画家“有巧思，能于竹箸上……画（烙）山水、人物、台阁、鸟兽、林木等，曲尽其妙”，他的技艺令人惊讶，可将唐代名画家阎立本的《凌烟阁二十四功臣图》《十八学士图》，以烧红的铁笔，仿照烙于筷上，其人物的“须、眉、意态、衣褶、剑、履、细若丝粟，而一一生动”。

4．筷子的造型

在造型上，传统的筷子也有一套门道：一头圆、一头方，对应天圆地方，是中国人对世界基本原则理解的体现。筷子两根为一双，又直又长，组合起来就像一个太极，主动的一根为“阳”，从动的另一根为“阴”，在上的那根为“阳”，在下的那根为“阴”，体现两极之象。古人讲究“阴阳两合、合二为一”，所以有了“一双筷子”的说法。而筷子的标准长度是七寸六分，也被视为象征人的七情六欲。

早期的筷箸为首粗足细的圆柱形进食器具，春秋时代的箸，多为上下一般粗细的圆柱体。唐代的筷箸较长，宋元时期的筷箸相对较短，出现了六棱、八棱形筷箸，装饰也日渐奢华。明代，箸在器形上有更加明显的发展——首方足圆，上部为方形，下半部为圆形。这样不仅筷箸放在桌上不易滚动，搛菜时也不易打滑，同时也方便了能工巧匠在筷箸上刻字雕花。方箸不但可以两筷相应拼组成画幅，也可十双筷箸排列组成更大的画面。清代的筷箸，其特点为制作工艺精巧美观、用尽匠心，工艺考究且有题诗作画的箸实际成了高雅的艺术品。

筷子毕竟还是餐具，金筷、银筷更多的是豪华、艺术的体现，好用还是传统的木筷和竹筷。梁实秋教授还写出了自己所喜爱的筷箸品种：“象牙筷并没有什么好，怕烫，容易变色。……倒是竹筷最好，湘妃竹固然好，普通竹也不错，髹油漆固然好，本色尤佳。”这句话很有道理，让笔者想到红楼梦里戏弄刘姥姥的一段故事，众人给一双圆的银筷子给刘姥姥，让她搛烩好的鸽子蛋吃，每次搛起来都滑到碗里，一次好不容易搛起来了，快到嘴边时，滑到了地上，众人大笑。所谓的金筷、象牙筷其实就是身份的象征，真正使用起来还是木头的、本色的筷子更方便。关键时刻搛得准、搛得牢。

菜品的呈现艺术

　　讲究菜品呈现的历史在中国已经很久了。古代花色拼盘的出现当不晚于南北朝时期，《梁书·贺琛传》说当时有"积果如山岳，列肴同绮绣"的拼摆艺术，这里就包括了花色拼盘。

　　到了唐代，出现了组合风景拼盘，更是壮观。《清异录》的记述说：比丘尼梵正，庖制精巧，用鲊、脍、脯、腌酱、瓜蔬，黄赤杂色，斗成景物。若坐及二十人，则人装一景，合成辋川图小样。《清异录》还记述了五代吴越地区比较流行的一种花色拼音，名叫"玲珑牡丹鲊"。它是用鱼片拼成，形如牡丹，经腌制发酵、熟后放在透明容器中，颜色微红，同初开的牡丹没有什么区别。这个菜让笔者想到了2022年3月在上海中心120楼表演时，大董先生制作的一道"牡丹黄鱼"，与此菜异曲同工。

　　清代盛行权贵阶层的"一品会"，也是一种精美的花色菜，清人宋小茗《耐冷谭》卷二说，康熙初，神京丰稔，笙歌清宴，达旦不息，真所谓车如流水马如龙也。达官贵人盛行一品会，席上无二物，而穷极巧丽。王相国胥（庭熙）当会，出一大冰盘，中有腐如圆月。公举手曰："家无长物，只一腐相款，幸勿莞尔。"及动箸，则珍错毕具，莫能名其何物也，一时称绝。至徐尚书健庵，隔年取江南燕来笋，负土捆载至邸第。春光乍丽，则之而挺瓜矣。直会期，乃为煨笋以饷客，去其壳则为玉管，中贯以珍羞。客欣然称饱，咸谓一笋一腐，可采入食经。

　　主人说这"一腐"是谦虚加炫耀，各种精美食物放到冰盘中，技术精巧。"一笋"工艺非常复杂，笋去壳，挖中空，填各种珍贵食材，高汤煨制，客人称奇，不仅是很精致的花色菜，呈现时居然用到了冰盘。

一、菜品的装盘艺术

（一）装盘的重要性

　　装盘是菜品呈现的主要手段，几十年前很多人认为，装盘不属于烹饪技术的范围，很多教材在介绍烹饪技术时，一般也忽视装盘这个环节。其实装盘不仅是菜品美化的一个环节，也是菜品风味定型的最后环节。

费朗·亚德里亚《烹饪是什么》说："将烹饪好的制成品装盘是制作过程的一部分，并让它们能够被转移到被品尝的地方。装盘行为是烹饪过程的结束并被赋予意义，这让品尝成为可能，因为所有中间制成品都在盘中融为一体。

研究装盘阶段的重要性，可以表明特定厨师的特定风格，厨师'个人招牌'的一部分与他们对制成品装盘的理解和实施相关。对于厨师而言，装盘或者装杯的工具就像是画家的画布，工具是这项工作的应用之处或施展场所，构成了呈现给用餐者或者顾客的'整体'菜肴的一部分。

装盘是烹饪过程中的一个阶段，而且是最后一个阶段，然后就是下一个过程，即品尝烹饪好的东西。此时，我们应该澄清这样一个事实，即装盘并非总是在厨房中进行。在这里，我们重新讨论在现代服务业供应料理时服务人员的重要性。

所谓装盘制成品，就是一系列中间制成品的集合，当它们被组合起来并容纳于同一装盘或装杯工具中时，就可以作为供用餐者或顾客品尝的单一实体进行转移。……装盘决定了某种最终制成品的成分和结构，这取决于每种中间制成品占据的空间。此外，厨师的装盘方式还可以表达其非常独特的风格特征。实际上，对于某些很有影响力的厨师，他们对装盘过程的特殊理解和诠释方式在很大程度上反映了他们的料理背后的哲学。……装盘技术因被装盘的制成品而异，还要考虑它们是创造性成果还是再生产的结果，因为这些技术可以在制作过程中发挥或多或少的作用，这取决于是要强调审美的、艺术性的表现力，还是要强调创造力。"

（二）装饰物的合理应用

装饰是菜品呈现的常用手法，在菜品以外，添加一些食材来弥补菜品的色彩和构图，让菜品更具美感。但这些添加物必须是可以食用的，最好是能和菜品风味相互补充的，同时也不能喧宾夺主，让装饰物超过菜品主体是很不明智的举动。这种现象确实出现过，市场的考验让这种现象慢慢回归正常。为了装盘艺术更加突出菜品的自身美感，逐渐减少添加装饰物的手法。

装饰是装盘美化的常用手段，但装饰物的使用是否得当、是否影响菜品的美味、是否安全卫生，都是厨师必须认真考虑的问题，因为这个问题已经出现在我们的装盘中。费朗·亚德里亚认为："与品尝平行进行或者作为品尝的补充，装饰是烹饪得到的制成品的可能用途之一。这意味着制成品在这个历史上进行过装饰，目的是修饰和品尝制成品。但是还有一些中间制成品被创造出来，在最终成分中用作装饰元素，它们不被品尝，尽管是可食用的。装饰存在于烹饪中，而且可以被视为一种专门领域，因为它通过食物和饮料或者通过烹饪结果追求美。"

烹饪中的装饰的结果是美还是丑陋，首先取决于观察它的人。其中一个是厨师本身，另一个就是消费者，他们对美的认知决定作品的归属。当然双方都需要学习和进步的过程，就拿厨师来说，一度把装饰夸张化、过度化，有时以奢侈为基础并接近铺张。

西餐的装饰起步比较早，装饰过程其实也经历了豪华、铺张的过程，后来慢慢改变，追求简洁、实用、安全。世界著名厨师奥古斯特·埃斯科菲耶先生就是改革的代表，他通过简化和设计装盘技术，为餐厅烹饪带来了重要改变，并使装饰的浮华大大减弱了。

费朗·亚德里亚认为："烹饪方面的下一个突破是在20世纪下半叶出现的'新菜烹饪法'，它消除了夸张装饰的概念，这种装饰风格在将近四个世纪以来一直是法国烹饪的特色。它'不打扮'制成品的决心让制成品的艺术性得以保留，但是厨师通过将装饰融入菜肴中来发展这一点，并以一种全新的方式尝试制作'美丽的料理'。"我们观察到的主要变化是，这种供品尝的美丽的制成品是单独装盘的，而且几乎总是被全部食用（没有不能吃的装饰元素）。在20世纪出现的第二场烹饪运动（科技情感烹饪法）通过从内部的本质上装饰制成品，继续着这条修饰制成品的路线。

中国从20世纪80年代开始，餐饮发展突飞猛进，厨师们对装饰的兴趣也越来越浓，瓜果雕刻、花色拼盘成为年轻厨师的最爱，当然随之而来的就是夸张、变味、走形，很多烹饪展台上出现泡沫板雕刻等怪现象，冰雕技术也纷纷出现在烹饪比赛的项目中。

这些餐桌上能看不能吃的食物、展台上浮夸的装饰物等现象的出现，让一些消费者对装饰产生了误解，甚至是反感。有一些专家认为菜品装饰没有太多的必要性，只有味道好、温度合适，才是好菜品。当然这种观点对装饰和菜品艺术来说是不公平的。笔者也多次听到一些餐厅的老客户，有的还是餐厅的老板，对厨师长说：今天做一点好吃的就行了，不要搞那些花哨的东西。出现这样的情况笔者觉得有两方面的问题：一是厨师没有把握好呈现的技巧，装饰过度、华而不实，甚至破坏了味道，给人留下了不好的印象；二是消费者没有感受到美感带来的愉悦，忽视了呈现对味觉和食欲的影响。有一次笔者到一个地方讲课，其中就有菜品艺术呈现的内容，课后遇到一个地方的老板，他开了好几家地方特色的菜馆，生意也很好，他说："装盘、构图、餐具有那么重要吗？讲究美、讲究意境对我们地方的特色餐馆重要吗？这些东西对菜品的味道有帮助吗？"笔者说："你为什么穿西装还打领带呢？你家房子装修了吗？"他说装修得很好，还请了专门的设计师设计。笔者说："你知道房子为什么要装修，穿西装为什么打领带，就应该明白菜品呈现为什么要讲究艺术性了。"穿衣服的目的就是保暖和遮羞，那衣服的颜色、花纹、收腰包括领带等都是无用的。房子就是住所，避风遮雨，所谓的吊顶、地板、墙纸等装修其实也都是无用的，但这些可以让我们居住得更舒适、更温馨。当然不同层次、不同地区，可以表现出不同的风格。

说实话，美确实是没有用处的。美的事物如诗文、图画、雕刻、音乐等，既不可以御寒，也不可以充饥。然而我们还必须讲美，因为，人所以异于其他动物，就是人在饮食男女之外还有更高尚的企求，美就是其中之一，美可以解决你精神上的饥渴和寒冷。

美学家蒋勋说："美学的基本规则——无用的，才是美。"庄子有云："有用者，其用有尽，无用之用，其用无穷，故能成为大用。"北大路鲁山人说："所谓食物，是滋养人们身体的饵食，也会影响心理状态，使人大方，使人贫乏。食物便是以此为原动力而存在的。……现今我能够断言不会出错的，是关于'美'这一点。法国卢浮宫美术馆的馆长乔治·萨赫（Georges Sarre）也对我说过同样的话，他表示，日本料理给视觉带来的美感是绝对的，真的非常美。食器的美、摆盘方式及设计、所处空间之美，可说是世上无与伦比。关于这一点，在欧美料理上怎么也见不到。可见日本的料理文化十分……备受认同。……不过在国外，无论是哪个国家的料理，在食器及摆盘这一点都有待提高。无论是如何一流的店家，使用的食器都很无趣，甚至完全不注意摆盘，只是将锅子或平底锅上的料理'啪！'地随意倒在盘子上，完全不在意。对于视觉上的美感完全没有感觉，这点让我惊讶不已。关于这点，日本料理对于摆盘等的水准……，在世界上获得了一定的认可。在日本人的食物美学当中认为食物不单只是舌尖上的味道而已，还必须取悦所有感官。这样的饮食美学，实属世界上的最高层次了。当然，店面的美观和整洁是首要条件，不过美国料理顶多只做到这样的程度，不得不让人感到深度不够。"

二、菜品的色彩呈现艺术

菜品的色彩呈现，就是菜品的主料、配料、点缀料之间色彩的和谐组合，以及食物与餐具的色彩搭配。清代画家方薰《山静居论画》：设色不以深浅为准，难于彩色相和。和则神气生动，否则形迹宛然，画无生气。

古代比较讲究菜品色彩和搭配，在菜品色彩上要求也很高。如北魏贾思勰的《齐民要术》，谈到若干菜品的制作要求时，就将色泽放在很重要的位置。在"脯腊"一节谈鳢鱼脯法，要求成品"白如珂雪，味又绝伦"，这是"过饭下酒，极是珍美"之物。同时在"炙法"一节谈到烤乳猪法，要求成品"色同琥珀，又类真金"，达到"入口则消，状若凌雪，含浆膏润，特异凡常"的效果。在色彩搭配上也有非常讲究的，杜甫的"无声细下飞碎雪""饔子左右挥双刀，脍飞金盘白雪高"，都是描写菜品色彩搭配的诗句。

（一）菜品色彩的应用原理

色彩学是一门科学，也具有强烈的艺术特性。色彩学的内容很多，各种色彩的调配、运用，色彩之间转化等。不同领域对色彩组合的需求也不尽相同，如服装的色彩设计、建筑的色调设计、汽车色彩设计等，烹饪菜品的色彩组合也有自己的应用方法和独特性，由于色彩学的内容太多，所以对一些与菜品呈现无关的内容就不做深入的分析了。如"三原色"：红、黄、蓝，这三个颜色是所有颜色的基础，"二次色"分别为紫、绿、橙，它是三原色之间调和而成（红+黄＝橙，红+蓝＝紫，黄+蓝＝绿）。"三次色"分别为红紫、紫蓝、蓝绿、黄绿、橙黄、红橙，是三原色与二次色所融合出的颜色（主色～红+副色～紫＝红紫，主色～蓝+副色～紫＝紫蓝，主色～蓝+副色～绿＝蓝绿，主色～黄+副色～绿＝黄绿，主色～黄+副色～橙＝橙黄，主色～红+副色～橙＝红橙）。

因为菜品色彩的搭配主要依靠食物自然色彩的组合以及和餐具的搭配，把三原色调配成二次色或三次色，在烹饪中一般很少用到。其实，最讲究色调变化的专业是染料染色专业，他们对各种色彩的变化有严格的规定，不仅有相应的文字表征标准，而且还限定了光波的波长或频率范围，据此制订出由一系列规定色调所制成的色板，由这种色板表征的颜色系列叫作色谱。多数国家都把这种色谱当作技术标准来实施。至于烹饪领域根本没有必要这样严格，这是因为食物的色多为其自然色。所以笔者只选择了一些对菜品色彩组合有帮助的知识点分享给大家。

（二）色彩的形成机理

视觉的物理基础主要可分两个方面：一是光的本性；二是物体的颜色与光线的关系。

1. 光的本性

光色并存，有光才有色，色彩感觉是离不开光的。光在物理学上是一种电磁波，400～760太赫频率之间的电磁波，才能引起人们的色彩视觉感受，此范围称为可见光谱。频率小于400太赫称红外线，频率大于760太赫称紫外线。由于波长不同，其所相当的能量子大小也不同，故而我们肉眼所感知的颜色也不同，通常粗略地分为红橙黄绿青蓝紫七色，其实只有红、绿、蓝三者是最基础的。因此红、绿、蓝三者被称为原色，这是从色盲患者对光线反应障碍的研究结果。若此三色光线对人眼的刺激强度相同，我们便感觉为白色。

2. 物体的颜色与光线的关系

与前者不同，即可见光线照射在某物体上，其中必有部分为该物体的组成分子所吸收，而我们所看到的该物体的颜色，实为选择反射的结果。若该物体能吸收除红色以外的所有光线，则当一束白色光线照射上去时，我们便感知该物体为红色。若该物能吸收所有的可见光线，则我们便感知为黑色。若该物体能反射所有的可见光线，则我们便觉得它是白色的。这种选择反射和选择吸收的关系叫作颜色的互补关系。其实在艺术家和调色师那里，他们像油漆工一样，利用不同波长光的颜色及其互补色物质吸收的光。

不同的色料，可以互相搭配，彼此混合调配出五彩缤纷的神奇景象，这在烹饪行业，实际上很少这样做，因为厨师所用的食物原料，几乎都是食材的本色或加热后产生的色彩，偶尔也用几种颜色来调配酱汁。在点心或蛋糕中应用得稍微多一点。

常见的黑、白、灰物体色中，白色的反射率是64%～92.3%；灰色的反射率是10%～64%；黑色的吸收率是90%以上。

物体对色光的吸收、反射或透射能力，很受物体表面肌理状态的影响，表面光滑、平整、细腻的物体，对色光的反射较强，如镜子、磨光石面、丝绸织物等。表面粗糙、凹凸、疏松的物体，易使光线产生漫反射现象，故对色光的反射较弱，如毛玻璃、呢绒、海绵等。

但是，物体对色光的吸收与反射能力虽是固定不变的，而物体的表面色却会随着光源色的不同而改变，有时甚至失去其原有的色相感觉。所谓的物体"固有色"，实际上不过是常光下人们对此的习惯而已。如在闪烁、强烈的各色霓虹灯光下，所有建筑及人物的服色几乎都失去了原有本色而显得奇异莫测。

另外，光照的强度及角度对物体色也有影响，由此可见，餐厅的灯光对菜品色彩的表现是非常重要的。有的餐厅装修很精致，灯光也很有意境感，但这种灯光对菜品的色彩未必是最好的，绿色蔬菜那种鲜翠欲滴的感觉没有，那种诱人食欲金黄色体现不出来，总之，灯光没有让色彩充分调动食欲。所以餐厅环境的灯光和餐桌上的灯光设计是不同的。

（三）色彩组合的基本规律

1. 色彩的三要素

（1）色相　色相指的是色彩的相貌。在可见光谱上，人的视觉能感受到红、橙、黄、绿、蓝、紫这些不同特征的色彩，色相是区别各种不同色彩的最佳标准，它和色彩的强弱及明暗没有关系，只是纯粹表示色相相貌的差异。色相是色彩的首要特征，人眼区分色彩的最佳方式就是通过色相实现的。在最好的光照条件下，我们的眼睛大约能分辨出180种色彩的色相。在可见光谱中，红、橙、黄、绿、蓝、紫每一种色相都有自己的波长与频率，它们按频率从低到高的顺序排列。

（2）纯度　色彩的纯度也被称为饱和度，饱和度是指色彩的鲜艳程度，它是影响色彩最终效果的重要属性之一。即色彩中所含彩色成分和消色成分（也就是灰色）的比例，这个比例决定了色彩的饱和度及鲜艳程度。当某种色彩中所含的色彩成分多时，其色彩就呈现饱和（色觉强）、鲜明效果，给人的视觉印象会更强烈；反之，当某种色彩中所含的消色成分多时，色彩便呈现不饱和（色觉弱或灰度大）状态，色彩会显得暗淡，视觉效果也随之减弱。原色的饱和度最高，混合的颜色越多，则混合后的色彩饱和度就越低。如饱和度极高的红色，在其中加入不同程度的灰后，其纯度就会降低，视觉效果也将变弱。在所有可视的色彩中，红色的饱和度最高，蓝色的饱和度最低。

（3）明度　明度是指色彩的明暗程度，明度不仅取决于光源的强度，而且还取决于物体表面的反射系数。色彩的明度差别包括两个方面：一是指同一色相的深浅变化，如浅绿、中绿、墨绿；二是指不同色相存在的明度差别，这一点和饱和度一样，不同的色相明度是不一样的。在所有可视色彩中，黄色的明度最高，紫色、蓝紫色的明度最低。

2. 色彩对比

色彩对比就是依据色彩的三要素（色相、明度、纯度）变化关系进行的。

（1）色相对比　两种以上色彩组合后，由于色相差别而形成的色彩对比效果称为色相对比。它是色彩对比的一个根本方面，其对比强弱程度取决于色相之间在色相环上的距离（角度），距离（角度）越小对比越弱，反之则对比越强。

①零度对比：分为以下三种。

a. 无彩色对比：无彩色对比虽然无色相，但它们的组合在实用方面很有价值。如黑与白、黑与灰、中灰与浅灰，或黑与白与灰、黑与深灰与浅灰等。对比效果感觉大方、庄重、高雅而富有现代感，但也易产生过于素净的单调感。

b. 无彩色与有彩色对比：如黑与红、灰与紫，或黑与白与黄、白与灰与蓝等。对比效果感觉既大方又活泼，无彩色面积大时，偏于高雅、庄重，有彩色面积大时活泼感加强。这个对比在菜品色彩对比中应用得非常多。

c. 同种色相对比：一种色相的不同明度或不同纯度变化的对比，俗称姐妹色组合。如蓝与浅蓝（蓝+白）色对比，橙与咖啡（橙+灰）或绿与粉绿（绿+白）与墨绿（绿+黑）色等对比。对比效果感觉统一、文静、雅致、含蓄、稳重。这个在季节菜品色彩应用是经常采用，如秋天的黄色调、春天的绿色调等，都是利用同种色对比原理。

②调和对比：分为以下三种。

a. 邻接色相对比：色相环上相邻的二至三色对比，色相距离大约30度，为弱对比类型。如红橙与橙与黄橙色对比等。效果感觉柔和、和谐、雅致、文静，但也感觉单调、模糊、乏味、无力，必须调节明度差来加强效果。

b. 类似色相对比：色相对比距离约60度，为较弱对比类型，如红与黄橙色对比等。效果较丰富、活泼，但又不失统一、雅致、和谐的感觉。

c. 中差色相对比：色相对比距离约90度，为中对比类型，如黄与绿色对比等，效果明快、活泼、饱满、使人兴奋，感觉有兴趣，对比既有相当力度，但又不失调和之感。

③强烈对比：分为以下两种。

a. 对比色相对比：色相对比距离约120度，为强对比类型，如黄绿与红紫色对比等。效果强烈、醒目、有力、活泼、丰富，但也不易统一而感杂乱、刺激、造成视觉疲劳。一般需要采用多种调和手段来改善对比效果。

b. 补色相对比：色相对比距离180度，为极端对比类型，如红与蓝绿、黄与蓝紫色对比等。效果强烈、炫目、响亮、极有力，但若处理不当，易产生幼稚、原始、粗俗、不安定、不协调等不良感觉。

（2）明度对比　两种以上色相组合后，由于明度不同而形成的色彩对比效果称为明度对比。它是色彩对比的一个重要方面，是决定色彩方案感觉明快、清晰、柔和、强烈、朦胧与否的关键。

其对比取决于色彩在明度等差色级数，通常把1～3划为低明度区，8～10划为高明度区，4～7划为中明度区。选择色彩进行组合时，当基调色与对比色间隔距离在5级以上时，称为长（强）对比，3～5级时称为中对比，1～2级时称为短（弱）对比。

（3）纯度对比　两种以上色彩组合后，由于纯度不同而形成的色彩对比效果称为纯度对比。它是色彩对比的另一个重要方面，但因其较为隐蔽、内在，故易被忽略。在色彩设计中，纯度对比是决定色调感觉华丽、高雅、古朴、粗俗、含蓄与否的关键。

其对比强弱程度取决于色彩在纯度等差色标上的距离，距离越长对比越强，反之则对比越弱。

如将灰色至纯鲜色分成10个等差级数，通常把1～3划为低纯度区，8～10划为高纯度区，4～7划为中纯度区。在选择色彩组合时，当基调色与对比色间隔距离在5级以上时，称为强对比；3～5级时称为中对比；1～2级时称为弱对比。据此可划分出九种纯度对比基本类型。

（四）影响色彩对比的因素

1. 面积对色彩对比的影响

面积是色彩不可缺少的特性。艺术设计实践中经常会出现虽然色彩选择比较适合，但由于面积控制不当而导致失误的情况。色彩对比与面积的关系如下。

①只有相同面积的色彩才能比较出实际的差别，互相之间产生抗衡，对比效果相对强烈。一方增大面积，取得面积优势；而另一方缩小面积，将会削弱色彩的对比。

②大面积的色彩一般都选用高明度、低纯度的色彩，以减低对比的强度，造成明快、舒适的效果。因为随着面积的增大，对视觉的刺激力量加强容易造成炫目效果。

③构图的聚、散状态影响色彩对比，形状聚集程度高者受它色影响小，注目程度高，反之则相反。菜品呈现是一般色彩都较集中，以达到引人注意的效果。

2. 位置对色彩对比的影响

对比双方的色彩距离越近，对比效果越强，反之则越弱。双方互相呈接触、切入状态时，对比效果更强。一般是将重点色彩设置在视觉中心部位，最易引人注目。如井字形构图的4个交叉点。当一色包围另一色时，对比的效果最强。

除以上的影响以外，色彩对比还受原料表面质感的影响，如不同肌理质感的材料，则对比效果更具艺术感。

3. 背景错觉

如在三种颜色上涂相同深浅、相同面积的颜色，色彩会发生错觉。黄色纸张、黑纸白纸上涂一同样面积及深浅的灰色小方块，同时对比的视觉感受是黑纸上的灰色更显明亮，形成所谓的明度错视。这与餐具和菜品搭配关系密切，辩证地选择不同餐具可以让菜品更加突出。

（五）色调的应用

色彩的各种对比是一般色彩的规律，对烹饪色彩的应用有很好的启示作用，实践中，色彩单项对比的情况在烹饪中的应用也存在，但比较少，因菜品色彩一般不是纯色的，而且菜品色彩搭配时必须是有主次关系的。所以在菜品中较少应用等面积对比、远距离对比。烹饪中运用更多的是色彩综合对比。突出色调的倾向，使菜品处于主要地位，强调主体原料与配料和点缀物的对比效果。

1. 色调种类

综上所述，色调倾向大致可归纳成鲜色调、灰色调、深色调、浅色调、中色调等。

（1）鲜色调 在确定色相对比的角度、距离后，尤其是中差（90度）以上的对比时，必须与无彩色的黑、白、灰及金、银等光泽色相配，在高纯度、强对比的各色相之间起到间隔、缓冲、调节的作用，以达到既鲜艳又直接、既变化又统一的积极效果。感觉生动、华丽、兴奋、自由、积极、健康等。

（2）灰色调 在确定色相对比的角度、距离后，于各色相之中调入不同程度、不等数量的灰色，使大面积的总体色彩向低纯度方向发展，为了加强这种灰色调倾向，最好与无彩色特别是灰色组配作用。感觉高雅、大方、沉着、古朴、柔弱等。

（3）深色调 在确定色相对比的角度、距离时，首先考虑多选用些低明度色，然后在各色相之中调入不等数量的黑色或深白色，同时为了加强这种深色倾向，最好与无彩色中的黑色组配使用，感觉寂静、充实、古雅、朴实、忧郁、安稳、女性化等。

（4）浅色调　在确定色相对比的角度、距离时，首先考虑多选用些高明度色相，如白、黄、绿、蓝等，然后在各色相之中调入不等数量的白色或浅灰色，同时为了加强这种粉色调倾向，最好与无彩色中的白色组配使用。

（5）中色调　是一种使用最普遍、数量最众多的配色倾向，在确定色相对比的角度、距离后，于各色相中都加入一定数量黑、白、灰色，使大面积的总体色彩呈现不太浅也不太深、不太鲜也不太灰的中间状态。感觉随和、朴实、大方、稳定等。

2. 视觉心理

不同频率色彩的光信息作用于人的视觉器官，通过视觉神经传入大脑后，经过思维，与以往的记忆及经验产生联想，从而形成一系列的色彩心理反应。

色彩本身并无冷暖的温度差别，是视觉色彩引起人们的心理联想，进而产生冷暖感觉的。

暖色：人们见到红、红橙、橙、黄橙、黄、棕等色后，会联想到太阳、火焰、热血等物象，产生温暖、热烈、豪放、危险等感觉。

冷色：人们见到绿、蓝、紫等色后，则会联想到天空、冰雪、海洋等物象，产生寒冷、开阔、理智、平静等感觉。

三、菜品色彩组合的应用原则

（一）菜品本身的色彩是呈现的主体

1. 尊重食材自然的色彩

人们对食物原料本身所具备的颜色最愿意接受，有一种独特的自然朴实的感觉。如鲜翠欲滴的蔬菜、诱人食欲的水果等。虽然黑褐色是一种不受欢迎的色彩，但人们对海带、茄子的黑褐色并不讨厌，但用黑色的染料去给某种食品染上黑色，如经常看到一些厨师用墨鱼汁、黑炭粉等去染虾肉、鱼肉，其实并不是很好的色彩处理方法。同样的，把海带自然的黑色变成其他颜色，显然也是一种不理智的行为。总之，食物的色彩很丰富，人们通常都喜欢接受食物原料的自然本色，笔者本人对用色素染色的菜品有一种天生的抗拒。

2. 尊重菜品自然的色彩

除食材的自然色彩以外，菜品也有自然的色彩标准。菜品很多都需要加热成熟，有的食材受热以后色彩会发生自然的变化，如螃蟹、大虾变成红色，绿色蔬菜变得更加翠绿，油炸食物变得色泽金黄等，这些色彩也是人们接受和喜爱的。还有一些食材因调味的需要，色彩也发生了变化，如红烧肉、烤鸭、清蒸鱼等，这些就是菜品应有的标准色彩，这些色彩是因为菜品口味、口感等菜品质量需要而形成的，也属于菜品自然色彩。针对一个具体菜品来说，色彩是有一定规范和标准的，如炸鸡块色泽应该是金黄色，烤鸭外表应该是红亮的，炒青菜应该是翠绿色。在此基础上进行配角色、背景色（餐具的色彩）、点缀色的处理搭配，让菜品更加具有艺术性和审美感。不能为了色彩需要随意改变菜品的主体色彩，破坏菜品的品质，牺牲菜品的口味。

（二）菜品食欲是色彩运用的前提

饮食文化从来就不只是味觉的事，还在很大程度上受到视觉的影响。这种影响是相互的，而并非单方面的影响，味觉能引发视觉的同时，视觉也能引发味觉。在艺术领域内，把自然界的颜色分为暖色和冷色两种主要类型。所谓暖色，是指红色和倾向于红色的黄、橙等颜色，在心理上能引起温暖、热情、活跃等作用。所谓冷色，是指青色和蓝色。在心理上引起寒冷、恬静、安全的感觉。冷色和暖色对食欲是有明显影响的，为了寻求食物的颜色和食欲之间的关系，心理学家进行了人类对此种关系的心理统计。据研究，如果一桌宴会，菜品是绿色的，餐具是绿色的，台布、口布是绿色的，结果客人吃到一半都离开了，因为这样的色彩让人倒胃口。

如果改变常喝的饮料的颜色，大多数人将不能辨认出自己的饮料。华盛顿大学进行了大量关于味觉如何受颜色影响的研究。在一个研究项目中，受试者品尝饮料，并且能够看到饮料的真实色彩，这种情况下，他们总是能正确辨认出饮料的味道。然而，当他们不能看到饮料的颜色时，他们就会辨认错。例如，当不让受试者看到颜色时，只有70%的人，能准确尝出它是葡萄饮料，能准确识别柠檬酸饮料的只有15%。只有25%的人品尝了樱桃饮料认为它是樱桃，大多数人认为樱桃汁是柠檬汁。

色彩对人的食欲有着很大影响。同样的食材，不同的烹饪手法就会呈现出不同颜色。这些颜色会引起人们的联想。也就是说我们对于每一个味觉体验，都会一一对应出相应的色彩认知：

酸——让人想到青柠檬的青色和酸梅的暗红色。

甜——让人想到蜂蜜棕色、糖果和焦糖的颜色。

苦——让人想到咖啡和中药的颜色，灰色、褐色。

辣——让人想到红红的辣椒，红色。

1．蓝色食物

蓝色的食物让人没有食欲，一项研究做过以下实验：询问人们最喜欢的食品，之后把它们染成蓝色，然后让他们吃掉。结果显示，蓝色食物立刻被发现是最让人没有食欲的，即使食物的味道还算正常。

2．红色食物

红色是最能勾人食欲的颜色，红色食品会刺激食欲，也能给人以充满活力的感觉。麦当劳、肯德基的包装色彩就是以红、黄色为主色调。

3. 黄色食物

黄色也是刺激食欲的颜色，也是菜品中比较常见的色彩，煎、炸、烤等菜品都追求金黄色色彩效果。

4. 黑色食物

人们不太喜欢的食物，人们对于黑色食物有一定的厌烦情绪，是起到降低食欲的效果。除食材自然黑色以外，制作黑色的菜品需要慎重，曾经见过有人制作一个蜂窝煤炭的菜品上桌，不仅全黑，而且做成煤炭的形状，实在不敢认同，丝毫的食欲都没有。

5. 紫色食物

其实目前紫色的食物较少，比较常见的就是茄子、紫薯和醋栗，把菜品做成紫色的也很少，说明大家对紫色比较谨慎，专家认为紫色容易让人联想到变质或者有害的食物。

6. 白色食物

白色也属于促进食欲的颜色，虽然白色会给人一种洁净、新鲜的感觉，但白色的食物会让人感到咸味，而且在白色的背景下，食物的颜色也会反射成原色，从而进一步促进食欲。根据医书的记载，白色不仅会促进肺部的健康，而且大肠也会随之受益。

也有专家把色彩与食欲的关系进行了排序，红色至橙色之间的颜色诱发食欲的作用最强，橙色至黄色次之，黄色至绿色最差。有人还进一步区分各种颜色区间的小区段，例如把红色进一步区分为粉红、枣红、紫红、猩红、玫瑰红等名目；黄色又区分为鹅黄、金黄、杏黄等。根据这种细分法进一步测验人的食欲与食物颜色的统计结果为：从红色→橙色→桃色→黄褐色→褐色、奶油色→淡绿色→亮绿色的顺序，诱发食欲的作用由强变弱。人体的个体特异性是很强的，由于文化因素和条件反射形成过程的差异，上述的心理统计结果也只是一种统计而已，何况还有其他的影响因素的作用。

颜色对人的食欲的影响还与季节和气候有关，夏季炎热，故配以冷色调的菜肴，给人以清新凉爽的感觉；冬季寒冷，故应提供暖色调的食品，给人以温暖的感觉。

色彩与食欲的关系主要针对一个菜品而言的，如果是一桌菜肴，色彩应该要丰富一点，如果都是调动食欲的一种黄色或一类颜色，那色彩就会单调、没有生机，同样不能引起很好的食欲。

（三）菜品色彩组合的比例是关键

1. 色调的和谐统一

在设计菜品整体色调时，最主要的是先确立主体菜品的面积优势。主体菜品的色彩鲜艳，势必成为鲜色调，主体菜品呈现灰色，整个菜品属于灰色调。这种优势在整体的变化中能使色调产生明显的统一感，但是，如果一盘菜只有一个调色会感到单调、乏味。在盘中小面积对比强烈的点缀色、强调色、醒目色，由于其不同色感和色质的作用，会使整个色彩气氛丰富、活跃起来。

2．色彩的主次关系

主就是主料，次就是点缀物和配料，但色彩的主次不一定是这种关系。主料的色彩可以是重点色彩，点缀物的色彩也可以是重点色彩，这要根据主料的色彩做决定，如烤鸭，色泽红亮，属于鲜色调，他就是菜品的重点色彩，如果是炒肉丝，因主料色泽相对较浅、较暗，点缀在上面的红色或绿色就是重点色彩。

一个菜品的色彩必须有合理的分配比例，色彩才能协调美观，如果一道菜品的三种原料色彩占比一样多，不是说一定不可以，而且现实中也存在，如烩三色丸子、扒三鲜、扣三丝等，但色彩的艺术效果肯定是不够的。一般色彩组合的比例是70：25：5，即主色为70%，副色为25%，强调色为5%，也有6：3：1的所谓黄金色彩比例。

菜品的色彩组合尽量做减法，不要做加法，对于冷菜或甜品来说，可以适当地多一些色彩元素，可以烘托宴会的气氛，关键是不影响菜品的口味和口感。热菜的色彩组合越简洁越好，如果一种颜色或一种色调足以调动食欲，能够表达菜品的美感，那是最完美的。一般也遵循三色原则，除菜品风味的特殊需要以外，热菜的色彩最好不要超过三种色彩元素。

四、菜品的构图呈现与应用

菜品的构图不能像绘画那样严格地布局，可以反复补充、修改、完善，但菜品首先是食用的产品，具有独特的时效性。雕塑艺术、绘画艺术、木雕艺术等，可以供人们欣赏数百年乃至数千年，而烹饪菜品一般在几分钟之内就要食用完毕，同时，食物讲究温度、卫生，不允许过多的造型布局。当然如果能在短时间内，适当地考虑色彩和构图，让菜品有更加美观、艺术的呈现，是菜品呈现的独特之处。

传统的菜品也有构图技巧，如中心构图法，把食物集中在盘子的中心，对称构图法，如太极羹等，还有围边构图、宝塔构图法等，近年来学习西餐的构图比较多，如几何构图、分散构图、黄金分割线构图、抽象构图等，也都没有一定的法则，确实也很难规定法则。笔者认为，未来中餐的呈现应该有中餐的特色和文化，用中国审美表达中国菜是我们的目标和方向。

首先了解一下传统绘画的构图的一些基本规律，对菜品构图有一定的启示作用。

（一）宾主

在中国画当中，对于主体有着严格的要求，往往主体只有一个，其他则是用来映衬的宾体，它们的存在便是起到映衬的作用。但主客为一体构成，在画面上不可分割，然而在对比上却有着明显的差别，只有让构图中呈现出富有逻辑性的主宾关系，并将主体映衬出来，才不会喧宾夺主（图2-1）。这个比例关系与色彩的比例关系是基本一致的，6∶3∶1的基本比例。这种比例关系虽然在烹饪中应用的最多，如主料、配料、辅料等，其实就是主次关系，但在装盘时没有把主次充分地体现出来，经常混合一起，表达不清。

图2-1 宾主构图法

（二）布白

在画面上留出空白，是中国画构图非常重要的形式美之一。中国画的观察方法素有以貌取神的特点，不追求客观物象自然属性的完整，而致力于主观精神的传达，因此，往往只是将物象最本质的特征、最能表达主题思想的形体做精心的取舍安排，而将可有可无的、与主题无直接关联的内容完全删除，这样就产生了空白（图2-2）。但是，空白在这里并不是"没有"的意思，而是同形体、线条、色彩一样，构成画面特殊的有机组成部分。八大山人的画

图2-2 布白构图法

风就是留白构图的典型代表，现代的中餐菜品的构图要体现中国文化特色，留白是很好的一种构图技巧。特别在分餐形式的装盘时，越来越多的人注重留白这种构图技巧的应用，当然比例一定要把控好，否则会感觉小气、平淡、不实用。

（三）均衡

均衡是画面构成中非常重要的手段，也称为平衡，但不是对称。在造型艺术中，它是比对称更具审美性，也更活泼的一种表达形式。

均衡的原则是在多样中求统一，在统一中求变化。就像天平的两端，小而重的金

属砝码可以与大而轻的同等重量的物体平衡。造型艺术中的均衡，就是要利用不同分量的形体、色彩、结构等造型因素，在画面上达到力的平衡，以求得庄重、严谨、平和、完美的艺术效果（图2-3）。这种构图关系在冷菜拼摆艺术中应用的比较多。

（四）疏密

疏密是构图中的一个重要手段，指画面上"凝聚"与"疏旷"的对立结合。密就是凝聚，是画面物象和线条的集中处，疏则反之。淡者为虚，浓者为实。疏者为虚，密者为实（图2-4）。疏密关系在烹饪中应用非常广泛，无论热菜、冷菜都可以运用。

图2-3　均衡构图法

图2-4　疏密构图法

（五）呼应

呼应是指物体之间的相互联系，比如前后的关联、上下的通达、左右的照应等。以一幅画来举例，其上下、左右、前后甚至画里画外都有关联，那么它的结构一定如行云流水，层次分明，先后呼应。呼应关系在食品雕刻技法中应用得比较多，特别是花鸟的雕刻作品，呼应关系是重要的评判标准（图2-5）。

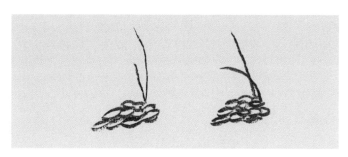

图2-5 呼应构图法

以上构图的基本规律对菜品造型和构图有很好的借鉴作用，有人对绘画的构图做了归纳："画面布设，犹如老秤。平中有变，浓淡重轻。稀密得当，切忌平行。置陈布势，不宜对称。疏可走马，密不透风"。特别是疏密关系、宾主关系、布白对菜品的构图应用有直接的指导意义。

烹饪中经常用酱汁拉一些线条或用蔬菜做一些点缀，特别是两根线条以上的处理要遵循一些法则，如：一长一短，一大一小，一纵一横。一纵一横其实是开合之势，两根线条不能平行。

五、菜品的意境表达

（一）意境菜的概念

文艺理论大家童庆炳先生在《文学理论教程》一书中对意境和意象做了如下界定："意境是文学艺术作品通过形象描写表现出来的境界和情调，是抒情作品中呈现的情景交融、虚实相生的形象及其诱发和开拓的审美想象空间。意象是以表达哲理观念为目的、以象征性或荒诞性为基本特征以达到人类理想境界的表意之象，即为艺术典型。"

舒文龙的《中国现当代诗歌理论和写作简议》中说，根据这个界定，我们可得出以下几点：首先，意象是一个个表意的典型物象，是主观之象，是可以感知的、具体的；意境是一种境界和情调，它通过形象表达或诱发，是要体悟的，是抽象的。其次，意象或意象的组合构成意境，意象是构成意境的手段或途径，正确地把握二者都需要丰富的想象力。

广义而言，意境的感悟包括作者和欣赏者两方面。前者由作者的审美观念和审美评价水平决定，有真与假、有与无、大与小、深与浅之别，后者因欣赏者的审美观念和审美评价不同而有大小和深浅之分。"意境"是艺术辩证法的基本范畴之一，也是美学中所要研究的重要问题。意境是属于主观范畴的"意"与属于客观范畴的"境"

二者结合的一种艺术境界。这一艺术辩证法范畴内容极为丰富，"意"是情与理的统一，"境"是形与神的统一。在两个统一过程中，情理、形神相互渗透、相互制约，就形成了"意境"。

明朱承爵的《存馀堂诗话》："作诗之妙，全在意境融彻，出音声之外，乃得真味。"清俞樾的《春在堂随笔》卷二："云栖修篁夹道，意境殊胜。"端木蕻良的《关山月的艺术》："画梅花的，很少能闯出林和靖式的梅花品格，总是强调暗香疏影这般意境。"

意境菜乃是将普通的菜品转化为欣赏中国文化的一个路径。意境菜是以菜品为媒介，运用中国绘画的写意技法和中国盆景的拼装技法反映了中国古典文学的意境之美，抒情地呈现出那种情景交融、虚实相生、活跃着生命律动的韵味和无穷的诗意空间，是色香味形滋养的美食艺术与欣赏者精神世界高度融合、完美统一的新流派。

许多的意境菜的装盘适用大面积的空白，给食客一个思想遐想空间。

著名社会学家费孝通说："讲烹饪，人们已经明白口味之外还得讲究色和形，可惜明白还得加个意境的人现在还不算多。这一点得好好从老乡们有关酒肴的传说中慢慢体会了。"

中国意境菜创始人大董先生表示："中国意境菜立足于中国，融汇了各大菜系，各地风味的优点，是中国烹饪界的一个流派。"

（二）意境菜的表达形式

1. 以传统文化表达菜品意境

《山家清供》是笔者特别推荐的一本书，书中不但有很多创新的菜品，而且把菜与诗、菜与意境完美结合。书的特别之处就是不讲究单纯的饮食之味，而是讲饮食与言语之美的交融。林洪命名的充满诗意的"拨霞供"，实际就是将兔肉切成薄片后涮而食之，新鲜兔肉呈鲜嫩粉色，与暮间云霞有同种风韵。

马牧青的《从〈山家清供〉文人食谱看土特产品文创》系统分析了林洪的饮食审美观。对《山家清供》中的美食意境和雅趣做了很好的分析。如将凉拌莴苣块命名为"脆琅玕"，莴苣切成小块，拌入盐、糖、姜、醋等调料即成。"琅玕"本是一种玉石，也因青翠的颜色成为翠竹的别称，林洪将"凉拌莴苣"取名"脆琅玕"则是诗化了莴苣本身，将玉石的翠绿的颜色借用到凉拌莴苣上。

除了富有诗意的菜肴名称以外，《山家清供》更是以诗入菜，大量引用古诗词作为食谱的辅助评述。这种菜肴与诗歌的结合不仅深化了相关菜肴的味觉感知，也将饮食提升到家国情怀的高度。

"山家三脆"是一种凉拌小菜，指的是用嫩笋、小蕈、枸杞头入盐汤焯熟，用香油、胡椒、盐、醋等作料凉拌而成的素食小菜。如以此小菜做成面汤，则称之为"三脆面"。作者为此道菜肴写诗道："笋蕨初萌杞采纤，燃松自煮供亲严。人间玉食何曾鄙，自是山林滋味甜。"这首菜评小诗犹如点睛之笔，将食材的采摘细节、烹煮燃料、味觉之鲜甜度——展现，进一步深化了对"山家三脆"的味觉感知程度。

《山家清供》中还有很多以花入菜的精美菜品，如"紫英菊""梅花汤饼""蜜渍梅花""雪霞羹""汤绽梅""梅粥"等都展示了南宋文人士大夫对饮食的审美追求。

"梅花汤饼"意即梅花馄饨，这道菜需要以水浸泡白梅花、檀香末，和成面团后制成馄饨皮，然后用梅花式样的铁模具凿成梅花小面片。面片煮熟后加入鸡汤，每位客人最多享用两百个面片。食用时，也不会忘记梅花的芬芳。

品尝过此道菜肴的南宋词人留元刚曾作诗"恍如孤山下，飞玉浮西湖"，认为这道菜犹如杭州孤山之下的西湖，漂浮着片片飞玉般的梅花。文人雅士将对梅花味觉的追求转为视觉和触觉的享受。

"雪霞羹"的做法是去掉芙蓉花的花蕊、蒂头后，用热水焯一下，然后加入豆腐同煮。芙蓉花色红，豆腐乳白，红白交错，如同雪后晴天的晚霞，因而被命名为"雪霞羹"。

以上菜品不仅呈现出食物之美，还带给我们关于言语巧思的美感，让我们在诗意菜名、婉转诗句中达成对饮食的深入理解。作为文人食谱的《山家清供》表面展现的是以林洪为代表的优雅文人因"好吃"而创作的食谱合辑，内里却是将饮食与文人雅士的清高品格结合的艺术表达。

除了菜品的意境之美，饮酒也有雅趣之美。赏花、饮酒的场面古人描写得很多，感觉最雅的是《曲洧旧闻》中所说：宋人范镇在居处作长啸堂，堂前有酴醾架，春末花开，于花下宴请宾客。主宾相约，花落在谁的杯中谁就要罚干。"花落杯中，饮以大白，举座无遗"。花落纷纷扬扬，无一人能免于罚酒，这酒宴就有了一个雅名，叫作"飞英会"。与传花酒令、猜谜酒令、划拳酒令相比，多了一点意境之美。

意境和雅趣都是为了美好的心境，饮食之审美自然追求心境，《吕氏春秋》曰："口之情欲滋味，心弗乐，五味在前弗食。"人的心情不好，即使五味在前，也难以产生美好的食欲。

王子辉的《三秦饮食文化刍议》有这样的表述，境界追求切合养生之道，它能给生命以自由和快乐，能使人养成一个达观的超越态度，从世俗的物欲中游离而出，摆脱琐屑的烦恼，求得心情的快乐。中国北方许多山区都有营养丰富的野生蕨菜，古今人们都喜欢食用。史载，商末的伯夷、叔齐和秦末的四皓，先后隐居山中采蕨而食。然而，食用的结果大不一样，前者短命而死，后者高寿而终。究其原因，李时珍在《本草纲目》中回答说："四皓采芝而心逸，夷齐采蕨而心忧。"此说可谓点出了要害。商山四皓是按着自己的愿望，自由自在采蕨而食，美食与境界达成和谐，肯定高寿。伯夷、叔齐是带着对商朝灭亡的忧伤心情采蕨而食，有美食而摆不脱心中烦恼和困境，必然短命。这个饮食典故十分清楚地表明，凡事非有大境界者不能为。人活一颗心，若让心忧着、伤着、委屈着，给你吃山珍海味也不香。若让心逸着、畅着、舒展着，粗茶淡饭也很开心。民间有谚语：酒逢知己千杯少，话不投机半句多。喝酒吃饭，吃什么不重要，重要的是吃饭的心情、和什么人一起吃。

2. 用餐具、食物、色彩表达意境

尽管意境有诗歌、心境等多种表达形式，但菜品意境最终还是要依托食物的呈现来表达。菜品的意境表达不是靠一个食材或一个餐具，而是餐具、色彩、食材、菜名综合体现，是一个整体的意趣效果。如大董先生的一道代表作品，将糖醋排骨利用疏密关系在石头材质的餐具上进行构图，然后用糖粉撒满整个盘面，造成雪景的感觉，也许至此并没有感觉出意境，但菜名点题为"独钓寒江雪"，立即让你进入到寒江雪意境当中。大董先生的四季品鉴宴，把时令食材、季节的色彩、宴会的灯光、餐具的器型都融合到宴会当中，表达了时令的意境之美。笔者自己创造的一道菜品，利用蛋白、蟹黄炒制而成，选用黑色的盘子，先放炒好的蛋白，上面放炒好的蟹黄，点缀一点绿色，色彩的比例按照6∶3∶1的法则，并用了留白的构图技巧，感觉比较安静、空灵，所以点题为"夜静春山空"，这道菜品便具有了意境之感。笔者还设计了一道秋季的冷菜，感觉也很有意境，首先以黄色作为冷菜的主体色调，点缀一点红色和绿色，冷菜的内容以果实为主，如栗子鹅肝、芡实、石榴籽、桂花南瓜球等，表现收获的场景，利用餐具的高低变化，表现出秋韵的意境效果。

六、菜品审美的误区

（一）超越饮食审美的范围

饮食审美和其他艺术审美一样，具有独特性，菜品的艺术呈现还是为了食用，更好地调动食欲，提高就餐的心情。近年来，看到一些菜品呈现的审美超出了饮食的范畴，如有的用高跟鞋造型的器皿装食物，有的用水果雕刻成高跟鞋，里面放水果，这个还能勉强接受。有的用瓷器的高跟鞋器皿，装带汤汁的菜品，实在难以接受，严重影响食欲。在一次烹饪交流活动中，见到一个冷拼作品，用各种食材拼摆成一个脸谱造型，我觉得这也不属于饮食审美的题材。印象最深的是有一次参加比赛做评委，一个选手做了一个创新的霸王别姬菜品，用大砂锅，底下放鸡块、甲鱼块，上面放整块甲鱼的盖子，至此都还是很传统的方法。但后面问题来了，他在甲鱼盖子上面抹上调好的蛋黄鸡蓉，装上眼睛、眉毛、嘴等，看上去栩栩如生，当菜品上桌，打开砂锅盖子，众人皆惊讶，只见一个70多岁的老评委，面色苍白，双手颤抖，估计吓得不轻。

近年来，有很多西方的新技法被厨师们引用到中餐中，有的与中餐融合的比较好，也有一些与中餐的审美认同存在差异。诸如把食物做成煤炭球、雪茄烟、口红、螺丝、皮包等，虽有一定的创意，但肯定不会被传承下来，因为这些都不是中餐菜品呈现的最佳选择。

（二）菜品呈现过于复杂，故弄玄虚

前面说过，菜品呈现是瞬间艺术，不宜花太多时间，以快速、简洁、方便为佳，确保菜品的风味不受损失。有的人认为复杂体现精致，烦琐体现难度，只做加法不做减法，结果却适得其反。笔者讲课时经常举例的一个菜品——刺猬庆丰收，选用一千多粒大米，分别插在十个虾球上，做成刺猬造型，再用胡萝卜雕刻成十个玉米，中间放用鱼蓉做的渔线，并拼成渔网的形状。这就是典型的能看不能吃的菜品。记得有一次参加一个品鉴会，上来一个气势宏伟的菜品，直径50多厘米的大碗，上有立体雕刻的树枝，树枝上挂满了果实，树的下面有用碳粉做的泥土，当时客人都不知道哪个是菜品的主角，很多人猜是树枝、是果实，其实都不是，服务员上来，先将树枝拿掉，果实收起来，然后把泥土扫干净，把可以看到的东西都清除了。原来泥土的下面有一个盖子，里面装了一个烩菜，服务员给大家每人分了一点品尝，其实味道很一般，没有什么印象了，但这个夸张的造型却给人留下记忆。这是我们要的呈现吗？笔者觉得不是，这是喧宾夺主、故弄玄虚。

干冰的应用也有泛滥的趋势，本来干冰可以渲染宴会的气氛，但使用必须得当，一般冷菜应用是合适的，热菜本来讲究锅气、温度，如果制造干冰效果，可定会影响菜的温度。有的餐厅一席宴会上三次干冰制造效果，实在无法接受。

第四节

宴会场景的设计艺术

我国古代对宴会场景的追求是很讲究的，如陈继儒《小窗幽记》："春饮宜郊，夏饮宜庭，秋饮宜舟，冬饮宜室，夜饮宜月。"可见特别注重环境和饮者对闲散优雅情致的审美追求。苏轼《老饕赋》曰："婉彼姬姜，颜如李桃。弹湘妃之玉瑟，鼓帝子之云璈。命仙人之萼绿华，舞古曲之郁轮袍。引南海之玻瓈，酌凉州之葡萄。愿先生之著寿，分余沥于两髦。候红潮于玉颊，惊暖响于檀槽。忽累珠之妙唱，抽独茧之长缫。闵手倦而少休，疑吻燥而当膏。倒一缸之雪乳，列百柂之琼艘。各眼滟于秋水，咸骨醉于春醪。美人告去已而云散，先生方兀然而禅逃。响松风于蟹眼，浮雪花于兔毫。先生一笑而起，渺海阔而天高。"

苏轼描述了应该怎样在豪华的筵席上食用美食，一定要有歌舞相伴。音乐应选择艳若桃李、端庄大方的美女演奏，使用湘妃用过的玉瑟和尧帝女儿用过的云璈（云锣），然后，再请仙女萼绿华随《郁轮袍》的曲子翩翩起舞。饮酒时要用珍贵的南海玻璃杯斟上凉州的葡萄美酒。酒足饭饱之后再倒一缸雪乳般的香茗。这样才算是真正地享受美食。美食应和美的艺术结合在一起，不仅是为追求口腹之欲，还要追求精神的满足。

王仁湘《饮食与中国文化》："临安清明的春游野宴，较汴京又有过之。《梦粱录》说：……宴于郊者，则就名园芳圃，奇花异木之处；宴于湖者，则彩舟画舫，款款撑驾，随处行乐。此日又有龙舟可观，都人不论贫富，倾城而出，笙歌鼎沸，鼓吹喧天，虽东京金明池未必如此之佳。殢酒贪杯，不觉日晚，红霞映水，月挂柳梢，歌韵清圆，乐声嘹亮，此时尚犹未绝。男跨雕鞍，女乘花轿，次第入城。"描写了春游野宴的意境雅趣，既有龙舟船宴，又有月下歌舞。

王仁湘说："'花间一壶酒'的'花间'，道出的是人工庭院或花园，上有明月，下有身影，天上地下，'云汉'之遥，境不谓不大。白居易的《湖上招客送春泛舟》中当是自然的大境，'欲送残春招酒伴，客中谁最有风情。两瓶箬下新开得，一曲霓裳初教成。排比管弦行翠袖，指麾船舫点红旌。慢牵好向湖心去，恰似菱花镜上行。'"这都是描写宴会场景的意境之美。

《扬州事迹》所说，"扬州太守圃中有杏花数十畹，每至烂开，张大宴。一株令一倡倚其傍，立馆曰'争春'。"以美人与春花争艳，为春宴增辉，别出心裁。叶梦得在《避暑录话》说，欧阳修住在扬州平山堂，十分壮丽，有"淮南第一堂"之誉。他每在暑天、凌晨时带客人前往游观，并设宴款待。令人"取荷花千余朵，以画盆分插百许盆，与客相间。遇酒行，即遣伎取一花传，以次摘其叶，尽处则饮酒，往往侵夜载月而归"。

宴会是饮食活动的高级形式，不仅是精美食物和精湛厨艺的集中展示，也是调剂人与人之间关系的有效手段。宴会的功能，实际上远远超出了饮食本身，而具有了娱乐、艺术审美、联络情感、维系社会关系的功能。

王仁湘教授认为，筵宴环境气氛的烘托，主要依靠陈设。华美与素雅，都靠陈设手段的变换，达到预想的效果。如《红楼梦》第五十三回，写荣国府元宵夜宵，对环境摆设也有细致描述："这边贾母花厅之上摆了十来席。每一席旁边设一几，几上设炉瓶三事，焚着御赐百合宫香。又有八寸来长四五寸宽二三寸高的点着山石布满青苔的小盆景，俱是新鲜花卉。又有小洋漆茶盘，内放着旧窑茶杯并十锦小茶吊，里面泡着上等名茶。一色皆是紫檀透雕，嵌着大红纱透绣花卉并草字诗词的璎珞。……凡这屏上所绣之花卉，皆仿的是唐、宋、元、明各名家的折枝花卉，故其格式配色皆从雅，本来非一味浓艳匠工可比。每一枝花侧皆用古人题此花之旧句，或诗词歌赋不一，皆用黑绒绣出草字来，且字迹勾提、转折、轻重、连断皆与笔草无异。"这些就是宴会场景布置的具体细节，通过温度调控、家具、字画、装饰物等具体手段来实施宴会场景的空间细节。

此外，温度调节也是创造佳境的一个手段，这在古代也已经开始运用，炎暑的降温和严寒的升温都不是太难办到的事。春秋选胜而游，气候宜人，环境不必过于雕琢。冬夏则不同，暑寒难耐，所以环境的创造很注重温度的调节。

炎夏，古人常以冰块来降温，这办法的采用不会晚于周代。宫廷有凌室，冬日取坚冰藏之，供夏季取用。考古发现过东周时代的凌室遗址，也发掘到北魏时代的冰殿遗址。《开元天宝遗事》说，"杨氏子弟每至伏中，取大冰，使匠琢为山，周围于宴席间。座客虽酒酣，而各有寒色，亦有挟纩者"。宴席周围放上冰雕，造成了一种十分凉爽的环境。

在宋代，酒楼食肆也采用了调节温度的措施，改善了饮食环境。据《东京梦华录》和《梦粱录》等书记载，不论是汴京还是临安，酒楼食店的装修都极为考究，大门有彩画，门内设彩幕，店中插四时花卉，挂名人字画，借以招徕食客。在档次较高的酒楼，夏天增设降温的冰盆，冬天添置取暖的火箱，使人有宾至如归的良好感觉。

一、宴会场景的色彩设计

现代社会色彩的运用越来越讲究，服装、化妆等已经开始注重季节的变换与色彩应用的关系。四季色彩是由美国色彩大师杰克逊女士在瑞士画家伊顿的主观色彩的提示下，用了近10年的时间，进行了4万多次的色彩测试与色彩排序，终于发现并奠基了"四季色彩"理论。四季色彩理论中最为重要的内容就是把生活中的常用色按基调的不同冷暖割分和明度、纯度割分，进而形成与一年四季相对应的春、夏、秋、冬四大色彩群，每个不同的人要掌握最合适自己的这个色彩群与之相互间的搭配关系，就可以完成服饰、化妆与自身自然条件的完美的和谐与统一，从而最大限度发挥自己的潜质与美丽元素。

"色彩四季理论"以其科学性、严谨性和实用性，自问世以来，就具有强大的生命力。该理论用最佳色彩来显示人与自然的和谐之美。可以应用到服饰用色、化妆用色、饰物搭配、居家色彩、商业色彩、城市色彩等与色彩相关的一切领域。其原理可以借鉴到餐厅的色彩运用当中，大家可以查阅有关四季色彩的资料。

不同季节都有对应的色彩特征，宴会场景的布置，包括插花、台布、挂件、灯光等需要根据季节色彩特征来设计。

1. 春天

春天色彩搭配具有华丽、可爱和清新的感觉，整体上给人以明朗、可爱、年轻和清新的印象。春天型色彩搭配以暖色系的黄色或绿色为基调，主要使用明度与纯度较高的颜色。通过明亮华丽的色调，使人感受到生命力与能量。

春天的色调多以嫩绿、淡红、淡紫、白色为主。春天的色调是清新的，春光明媚，万物复苏，树木花草吐放新芽，一派生机盎然的景象。如果以花卉作为色彩的表达，可以选择紫色的梧桐花、白色的槐花、黄色的迎春花，组合成桃红柳绿、春意盎然的氛围。

2. 夏天

夏天色彩搭配在整体上呈现出优雅而有风度的形象，给人以温柔亲切的感受，同时也带有干净与理智的印象。夏天色彩搭配以冷色系的颜色为基调，主要通过明色调和朴素色调来营造柔和的氛围。夏天型色彩搭配选择朴素色调和明色调的冷色作为主色和辅助色，点缀色适宜采用纯度较高的颜色。

3. 秋天

秋天色彩搭配具有智慧而宁静的形象，在整体上散发出成熟、安静的气息。秋天适宜使用深沉的黄色与金色系的颜色。秋天色彩搭配以暖色系的黄色为基调，并通过低纯度与低明度展现出深沉而丰饶的形象，组成了一组组暖黄色调、红暖色调和红紫色调。

4. 冬天

冬天色彩搭配在整体上展现出干练、冰冷、硬朗的气质，并彰显出都市的风度。冬天色彩搭配以冷色系或偏暖色的颜色为基调，所有色系的颜色都可以作为点缀色。这种配色通过鲜明的对比展现出干净整洁的形象，有时也呈现出鲜明华丽的氛围。

二、宴会场景的灯光设计

宴会灯光的运用近年来也得到重视和应用，主题餐饮设计中，灯光已经是必不可少的环境元素。通过就餐空间、宴会主题和灯光的合理组合，共同营造出主题空间的文化氛围，并集中了主题文化中的各种元素，然后一起创造出的空间才是最完美的主题餐饮空间。特别是主题宴会的色彩设计越来越受到餐饮人的重视，色彩不仅与主题紧紧相扣，还考虑到季节的色彩特征，让宴会的氛围更具艺术感、舒适感、食欲感。

灯光不仅是人们视觉上对于物体形状、空间、色彩认知的需求，更是美化空间环境中不可或缺的重要条件。优秀的灯光与色彩设计不仅能够营造出时尚独特的视觉效果，更是对室内环境氛围的烘托和渲染具有关键性的作用。灯光照亮了空间与空间中的色彩，相互协调营造出了各种不同的空间意境和氛围。

不同色彩对人的心理和生理会有着不同程度的暗示作用，而这对于灯光也是同样的。比如蓝色可减缓心律、调节平衡，消除紧张情绪；红橙、黄色能使人兴奋，振作精神。色彩与灯光是相辅相成的，不同程度的灯光会影响室内色彩的呈现。偏冷的灯光就会让白墙显得冷调，暖色的灯光则会让空间整体升温，显得更加温馨。灯光与色彩是直接作用于人们视觉的因素，更能间接影响人的五感。

餐厅灯光不仅影响视觉和心理感觉，还会影响就餐人的食欲和快感。对于一般餐厅来说，多选用色温偏暖的灯光，更能营造出温馨舒适的氛围，还能拉近用餐人之间的距离，能得到更好的氛围渲染。同时，暖色调会让食物看起来更饱满美味，更好地调动大家的味蕾。但现代餐厅设计风格变化万千，个性明显，如餐厅环境灯光偏暗，但餐桌的灯光明亮，让人更加聚焦菜品的体验。

宴会气氛设计就是利用灯光、色彩、装饰物、声音、温度、湿度、绿色植物等为宾客创造出一种理想的宴会氛围。灯光是宴会气氛的一个重要因素。如上海米其林三星餐饮，法国知名品牌UV餐厅，就是靠灯光营造气氛的典型代表。笔者在2019年专门预约去体验过，进入餐厅没有座位名牌，有一个灯光投影的名字，你找到后可以坐下，你的左右和对面都是不熟悉的客人，但都是慕名而来的。每上一道菜就会换一个场景，上海鲜菜品时四周和台面就出现大海的场景，让你感觉是在海边吃海鲜，仿佛能闻到大海的味道。上松茸时，场景切换到森林，让你置身于原始森林中，品尝最新鲜的松茸。这就是餐厅灯光与菜品的互动，餐厅可切换各种不同风格的内容效果，在不同音乐渲染下带给顾客不同场景体验，一顿饭的时间可以经历春夏秋冬，可以跨越西班牙和法国的海滩，可以亲临茂密的大森林，也可以置身"忽逢桃花林，夹岸数百步"的桃源美景。还有一个印象深刻的场景是，一直放在餐桌上作为灯光点燃的蜡烛，中途被服务员拿起来，轻轻从中间剖开，里面是热气腾腾的烤黄鱼。UV的灯光场景实际上就是"全息餐厅"。全息餐厅也叫全息光影餐厅、地面墙面互动投影餐厅、沉浸式餐厅，应用全息投影技术和裸眼3D技术对餐厅四周墙面、桌面进行投影，通过画面、声音、灯光、互动等元素搭配，营造出一种高度真实感的模拟场景，让用餐顾客能从多角度、全身心融入其中，仿佛身临其境一般。

三、主题宴会的台面设计

（一）宴会的台型和装饰

近年来，餐饮行业流行各种品鉴会，有四季品鉴会、食材品鉴会、主题活动品鉴会等，宴会台面的形式也出现多种变化，有圆桌的台面，也有长条形、剧场形的台面。圆台面按照中餐的传统形式布置，台面中间可以布置花卉，也可以是传统的一些场景，还可以展示一些地方特色食材，菜面可以是分餐也可以合餐。餐具、酒具等选用中式的效果会更好。

长条形台面，以西餐习惯布置，餐具、酒具以西式风格为主，菜品都是分餐。台面中间可以布置鲜花、草艺、冰雕、蜡烛等，也可以布置中式的宫灯、花扇等，无论是长台或圆台的中间布景都不能太高，以免遮挡视线，看不到对方。马爹利年度品鉴会的台面布置也很有艺术性，以剧场的形式布置，大家在品鉴时像是在剧场看戏，阶梯式台面给人一种新的体验。菜品必须分餐，餐具、酒具的风格可根据主题灵活掌握，不需要太多的插花和台面场景布置，让品尝者的注意力聚焦到大屏幕上，分析精彩的视觉画面，确实很有创意。

（二）宴会台面的插花

台面布置除酒具、餐具以外，常用的就是鲜花选择和组合，在插花应用时一般要注意几点。

1. 突出宴会主题

不同主题的宴会对现场的环境布置具有不同的要求，而插花艺术通过独特的创作艺术，根据现场的主题设计不同的插花造型，通过不同花色的选择与排列等形式和宴会的整体环境相互配合，能够更加突出宴会的主题，这对于提升宴会整体氛围和审美艺术，具有十分重要的意义。

2．与餐厅的风格吻合

鲜花所设计的形式和所选取的花器素材等要和宴会现场的装修风格、家具、灯光保持一致，家具和装修风格是相对固定的，但鲜花的造型和色彩是可以随时调整的。

3．注重民族民俗

设计人员在选择花材时要考虑到不同地区、民族、国家的风俗习惯及文化背景，选用最合适、最能表达宴会主人心愿，并且具有一定象征意义的花材。菊花在大多数国家中都代表着哀悼，应避免在餐桌中使用，但是德国人和荷兰人却偏爱。在中国传统文化中，梅花是幸福、长寿、快乐的象征，梅花的玉洁冰清受到很多人的喜爱，但在以招待港澳及广东的宾客为主的宴席中，最好避免使用，因为他们认为"梅"与"霉"谐音。花卉自身的性质和语言代表着不同的含义，所以应根据宴会的目的和性质来选择，尽量避免使用宾客忌讳的花卉。

4．注重季节性

各种花卉开花时节是季节变化的重要标志，插花时可选用明显表现季节性的花材，给宾客一种与大自然特别亲切和共命运的感觉。春季可选用迎春花、银芽柳、牡丹等。夏季可选用睡莲、荷花以及菖蒲等。秋季可选用秋叶、红果、海棠花、菊花等。冬季则可选用梅枝、残荷等。目前，随着温室养花的盛行，很多花卉可以全年生产，比如康乃馨、月季、菊花、玫瑰、菖蒲以及满天星等，一年四季均可选用，但如果能结合四季合理选择季节花卉效果更好。

四、宴会菜品的设计艺术

宴会菜品的设计是最考验厨师综合能力的，好厨师能让宴会菜品和谐组合，让宴会像音乐一样，有节奏、有起伏。宴会菜品不是名菜、贵菜的堆积，而是科学的组合，正如一个人的脸一样，如果单看眼睛也许很好看，鼻子也很好看，嘴、耳朵都好看，但人未必就好看。书法也一样，单独看每个字都很好，但组合成一幅作品未必就是好的，因为好的书法作品讲究节奏、变化，讲究浓淡干湿。

美国罗布·沃尔什《吃的大冒险》："高明的厨师都是艺术家，其头脑和双手能令人们的舌头松绑。每一道菜肴都应该像一首诗。"沃特斯夫人（Mrs.W.G.Water）在《厨师的十日谈》的序言中说："假如我们每天都作出一首烹饪的诗，到最后，我们就是给了世界一百个热爱生活的理由。"

（一）上菜的节奏与味觉起伏设计

1. 时间的协调

宴会的上菜节奏非常重要，需要后厨与前厅互相配合，首先是不能让客人面前有两道食物，就是客人吃完了才能上第二道菜。其次是菜与菜间隔的时间，冷菜和热菜之间、热菜与甜品之间的时间间隔多久比较好，既要根据宴会设计的流程进行，如表演、讲话等，又要根据现场的情况来把控，其目的就是让菜品以最佳温度、最佳口感提供给客人。笔者去澳门举办了几次美食节，每次宴会的上菜节奏都是经过认真分析的，笔者和餐厅经理都在出菜的关口控制出菜的时间，不夸张地说，每次我们都是按秒来计算的。当然不同的区域、不同的宴会主题可以灵活掌握，下面是笔者工作室出菜的节奏控制，仅供大家参考。

凉菜—12分钟—第一道菜—6分钟—第二道菜—8分钟—第三道菜—15分钟（表演）—第四道菜—9分钟—第五道菜—9分钟—第六道菜—12分钟—甜品。

这是一般宴请的出菜时间，如果是品鉴会，时间设计需要做一些调整，因为要考虑表演、介绍、展示等环节。很多品鉴会都会进行彩排，考虑服务员出场的阵容、节奏，给客人带来震撼的场景效果。但彩排时一定要考虑菜品的温度，精准计算从厨房到餐桌的时间，确保菜品的风味最佳。如果影响到菜品质量，只能对服务的流程进行简化。

2. 味的变化起伏

清代钱泳《履园丛话》说："上菜亦有法焉。要使浓淡相间，时候得宜。譬如盐菜，至贱之物也，上之于酒肴之前，有何意味；上之于酒肴之后，便是美品。"清代曹慈山《老老恒言》也说："水陆之味，虽珍美毕备，每食忌杂。杂则五味相挠，定为胃患。""不次第分顿食之，乃能各得其味，适于口，亦适于胃""食取称意，衣取适体，即是养生妙药。"

《随园食单》上菜须知："上菜之法：咸者宜先，淡者宜后；浓者宜先，薄者宜后；无汤者宜先，有汤者宜后。且天下原有五味，不可以咸之一味概之。度客食饱则脾困矣，须用辛辣以振动之；虑客酒多则胃疲矣，须用酸甘以提醒之。"其中后面一段话特别重要，客人吃饱了需要用辣味振之，酒足以后，用酸味醒之。既有味觉的变化起伏，又有科学道理（图2-6）。

图2-6　味觉的起伏图

现在分享一下笔者工作室宴会的菜品起伏变化：
先清淡、后稍浓、中间辛辣、再稍淡、后酸香、甜收尾。

四味凉菜拼　文思豆腐羹　虾籽扒海参　荔枝炒虾球　椒麻雪花牛
脆皮小黄鱼　醋香花胶肚　花菇烩菜心　杏脯炖燕窝

（二）宴会菜品季节特色

首先是食材应该具有鲜明的季节性，根据不时不食的理念，选择应时应季的食材。其次要考虑口味和口感的组合。

春季菜单

春艳冷拼盘　蚕豆塘鲤羹　海参烧鮰鱼　龙井炒虾仁　香炸鳜鱼排
韭菜煎鸡球　河蚌狮子头　春笋炝螺蛳　刀鱼小馄饨　香椿水晶糕

这里面的塘鲤、螺蛳、鳜鱼、河蚌、韭菜、春笋、刀鱼、香椿、鮰鱼、龙井都是春季的应季食材，从方法上看，有炒、炸、烧、烩、煎等多种，形成的口味和口感有变化、有层次。

秋季菜单

秋硕冷拼盘　胡椒鲫鱼羹　鲫鱼烩花胶　蟹粉炒鱼丝　松露红烧肉
虾胶煎藕饼　南瓜小牛肉　板栗烧白菜　秃黄油拌饭　柿蓉冰激凌

这里的鲫鱼、蟹粉、松露、藕、南瓜、板栗、秃黄油、柿子都是秋天的应季食材，有胡椒、虾子、蟹黄、松露等多种调味变化，有起伏节奏的变化。
不时不食的有关理论将在后面有专门的章节展开讨论，在此就不详细说明了。

（三）宴会菜品的地方特色

宴会菜品设计必须考虑地方特色或酒店特色，特别是宴请外地客人、国外客人，更要体现地方特色。有时候去一家酒店参加宴会，菜品很丰富，可谓融中西为一体，集菜系之大成。但吃完以后，不知道这家店是经营什么地方的风味，也不知道这家店的特色菜品是什么。经常看到一些厨师，为了迎合客人的喜好，精心准备，特地为客人准备了他平时爱吃的家乡菜品，从情感来说肯定是加分的，但菜品的味道是不是客人最期待的就难说了。

《随园食单》本分须知："汉请满人用满菜，满请汉人用汉菜，反致依样葫芦，有名无实，画虎不成反类犬矣。"

但又有一种极端现象出现，有些地方的某种食材很有特色，经常就以这种食材开发特色宴席，如全藕宴、全鱼宴、全鸭席等，这种形式的宴会，对研发菜品是很有帮助的，考验一个厨师的综合水平，但作为推广应用，未必是适合的。宴会是否受市场欢迎，不是厨师说了算，更不因为菜品有多高的技术难度，消费者才是真正的评委。客人吃一席都以某种单一为主要食材的宴会，不仅某种营养会超标，味道也难免单调。记得有一个厨师长给笔者说过吃菌宴的事情，他做了一席野生菌菇宴，第二天客人都感觉不太舒服，但也说不清哪不舒服。后来笔者查了一下资料，发现食用菌菇特别是野生的菌菇，不能一次吃得太多，否则会出现轻微的中毒现象。据资料显示，一次多食或连续食用野生菌，会导致人体血糖降低。因此，即便不中毒，多食野生菌也会出现全身无力的现象。

此外野生菌吃的时候一定要弄熟，也不要做得很复杂。如果在加工过程中未彻底煮熟，即使是无毒的野生蘑菇也可能在食用后中毒。菌菇也受成长环境影响，尽管某些野生真菌是无毒真菌，但如果其生长地受到污染，或地层中含有有毒矿物质，则如果误食在该地方生长的真菌，食用后很容易中毒。

我们在宴会设计时必须考虑地方特色，但也不能过分强调地方食材，把其中特色食材作为宴席的主体，这种形式肯定也不是餐饮消费的发展趋势。《淮南子·说山训》中有下面一段话，讲的便是这个意思："喜武非侠也，喜文非儒也；好方非医也，好马非驺也；知音非瞽也，知味非庖也。"意思是对药方感兴趣的不是医生，而是病人。对骏马喜爱的并不是养马人，而是骑手。真正的知音者不是乐师，真正的知味者也不是庖丁，是听众，是消费者，是食客。

第五节

味美是烹饪艺术的精髓

一、味道是菜品的核心

味觉享受也是艺术属性的内容，味美和形美、色美构成菜品的综合美感。《厨房里的哲学家》："我们从哲学的角度来看一下味觉产生时所感受到的喜悦和痛苦。而大自然赋予的味觉是我们的若干感觉之一，这种感觉带给我们身心的愉悦。因为适度进食的乐趣是不可复制的，进食结束后身体不会感到疲劳。因为在进食的时候，我们可以体会到一种独特且难以言喻的舒适感，它来自我们本能的意识。通过这种感觉，我们会进食、恢复体力以及延长寿命。"

味美是菜品质量的重要组成部分，因为味道是菜品的核心，味道不美，呈现得再美、餐具再美也没有意义。美食不如美器，一是说明餐具的重要性，其实还有一个含义，就是不要花太多时间和精力去美化菜品，如果有一款适合它的餐具，不用装饰就达到了美的效果，同时保证了菜品的温度和味道，餐具可以多次重复使用，提升了效益和效率。美器的目的也是菜品的味美。

如果在餐具美、色彩美、构图美、味道美中只能做出一个选择，那首选就是味道美。美食可以不美，但味道必须美。

美国拍过一个纪录片《美食不美》，介绍了世界各国非常美味，但外形或颜色都属于其貌不扬的食物，希望通过纪录片将这些美味食物保留下来。我国也有很多为了美味而牺牲色相的，如东北的冻梨，为了让梨在经过低温冷冻后，水分转化成冰撑破了原本的细胞膜，让果糖释放得更加充分，甜度上升酸度减少，梨达到汁水充沛、口感绵密、清爽香甜效果。但这个变化让很多熟悉梨的人也会感到十分困惑，表皮漆黑丑陋，这梨还能吃吗？但你吃过以后就会觉得外观的美丑已经不重要了。中国的皮蛋，我们已经适应了它的外观，但外国人认为鸭蛋变成这种颜色，是很难接受的，把它列为世界十大丑陋食物之一。还有一些天生丑陋的食物，如佛手螺又名狗爪螺、龟足，外观非常一般，是一种生长在礁石缝隙里的美味，佛手螺长得越大也越肥美，长得有点像蚯蚓的海肠，属于那种吃了不敢看原形的种类，但别小瞧人家，海肠的口感可是非常鲜嫩爽脆。包括大名鼎鼎的黑松露，其实也属于难看的食物范围，但因独特的风味而被人们喜爱，黑松露与鹅肝酱和鱼子酱同称为三大珍品，欧洲人誉为"餐桌上的钻石"。相反，外观很漂亮，但味道很差的食物，留下记忆的并不多。如果为了美观，让原本还不错的食物，变得很难吃，那只能作为反面教材了。

二、影响菜品味道的不当装饰

评价菜品质量的是消费者，而不是厨师，我们一定要从消费者角度来设计菜品，艺术、美观、意境等都是菜品关注的要素，但味道是消费者首要的需求。味道好、菜品美是最佳的呈现效果，但因为美而失去味就不是烹饪的目的了。对于食品的造型也有人批评过，主要是影响味觉的装饰。宋代赵善璙《自警篇·俭约》就表示过异议，言辞还很尖锐，他引用了一段对话。迂叟曰："世之人不以耳视而目食者，鲜矣。"闻者骇曰："何谓也？"迂叟曰："衣冠所以为容观也，称体斯美矣。世人舍其所称，闻人所尚而慕之，岂非以耳视者乎？饮食所以为味也，适口斯善矣。世人取果饵而刻镂之、朱绿之，以为盘案之玩，岂非以目食者乎？"意思是目本不能食，耳本不能看，"目食耳视"是比喻人在行事时，把事情搞颠倒错乱了。有漂亮衣服不穿只是听别人对衣服的评价，只讲究表面的好听，不注重实际的效果。菜品本来以味道为主体，但有人过度雕刻、装饰，岂不是变为目食了吗。袁枚也有戒目食：何谓目食？目食者，贪多之谓也。今人慕食前方丈之名，多盘叠碗，是以目食非口食也。不知名手写字，多则必有败笔；名人作诗，烦则必有累句。极名厨之心力，一日之中所作好菜不过四五味耳，尚难拿准，况拉杂横陈乎？就使帮助多人，亦各有意见，全无纪律，愈多愈坏。余尝过一商家，上菜三撤席，点心十六道，共算食品，将至四十余种。主人自觉欣欣得意，而我散席还家，仍煮粥充饥。可想见其席之丰而不洁矣。南朝孔琳之曰："今人好用多品，适口之外，皆为悦目之资。"余以为肴馔横陈，熏蒸腥秽，口亦无愉悦可言。

清代阮葵生在《茶余客话》卷二十中，也对镂染鸡子的工艺发表了微词，他写道："石崇雕薪画卵，侈为奢豪。今人男女行聘，及生儿为汤饼之会，皆绘五色鸡卵，作吉祥故事。予见贵家生儿，每一卵画杂剧一出，盛以丝络，悬以竹竿，凡数百枝，抑又甚矣。"

《魏书·太五武王》里有一句话说得更清楚，表明当时确已出现大型花色拼盘菜肴："今之富者弥奢，同牢之设，甚于祭祢。累鱼成山，山有林木；林木之上，鸾凤斯存。徒有烦劳，终成委弃。"用鱼块摆成山丘之形，再用肉类植成林木，又有食料雕刻的鸾凤立于林木之上。这是山水盆景，不像食物，最终徒劳而弃。

袁枚在《随园食单》戒单中也说过"耳餐目食"，所谓耳餐，就是炫耀吹嘘食材如何高档、厨师如何有名、工艺如何复杂。目食就是追求品种多、数量多、装饰多。

三、破坏菜品味道的错误做法

前面我们讨论过，味道是烹饪的核心，色彩、构图、餐具等烹饪艺术元素，虽有独立的审美情趣，但都必须围绕味美进行。一切破坏味道的艺术表现都是失败的。在现实中我们确实也走了很多弯路。

1．为呈现失去温度

温度是中餐的特色，民间就有一热抵三鲜的说法，当然不同的菜品有不同的温度要求。其中的锅气是中餐温度的一个特色体现，为了保留锅气，一般以快速上菜或用砂锅、石锅之类的器皿进行保温，但有一些厨师把本应保留锅气的菜品进行分餐，加以点缀，待送到餐桌已经毫无锅气，甚至连起码的温度都没有了。如淮扬名菜炒软兜，最大的特色就是嫩、烫、鲜，然而有些厨师将其分餐，还刻意点缀，不但失去了嫩、烫的效果，还因为温度下降产生腥味。传统的麻婆豆腐也是把烫作为一个特色，如果麻婆豆腐不烫了，特色就失去了一半。

2．为呈现失去口感

口感与温度其实也直接相关，炸的菜品对时间的要求非常高，如炸虾，在20秒内食用是最佳的效果，炸类菜品温度在70℃以上才能达到口感酥脆、肉质细嫩。日本的天妇罗，在炸锅的旁边食用，味道是最完美的。好的厨师，在爆炒菜品时，会精确计算上桌的时间，如炒龙虾，一般只炒到九成熟，留一分熟在出菜的过程中完成，待上桌后刚刚完全成熟，龙虾口感脆嫩爽滑。行业中常说，十个龙虾九个老，造成这个现象可能既有厨师的问题，也有出菜时间的问题。

3．为迎合主题造成味觉疲劳

目前行业流行以食材为主题的品鉴宴会，如果运用的恰当可以让整个宴会有变化起伏，有层次和节奏。如淮安的"长鱼宴"，每道菜虽然都有鳝鱼，但方法多样，口感多变，味型丰富，让人一点都不感觉单调重复。但有些食材主题宴会处理得就不够到位，如西班牙火腿主题宴会，首先，火腿有一定的咸度，每个菜在用量上必须控制好，否则不仅味道过重，而且单调重复。其次，这种火腿在一定的温度下食用效果才能最佳，长时间炖制、高温烧烤、大火爆炒等都会影响菜品的风味。

03

烹饪的
文化属性

第一节
文化、饮食文化与烹饪文化的内涵

一、文化

"文化"一词最早出现在西汉末年，刘向《说苑》记载："凡武之兴，为不服也。文化不改，然后加诛"。这里的"文化"属于文治教化的意思，与武力征讨相对应，其含义与我们今天的理解不同。文化一词经过长期的争论，已经形成了广义和狭义两种见解。《辞海》中的文化：广义指人类在社会实践过程中所获得的物质、精神的生产能力和创造的物质、精神财富的总和，狭义指某种思想意识和与之对应的制度和组织机构。如自然科学、技术科学、社会意识形态，有时又专指教育、科学、艺术等方面的知识与概念。文化是人类在不断认识自我、改造自我的过程中，在不断认识自然、改造自然的过程中，所创造的并获得人们共同认可和使用的符号（以文字为主、以图像为辅）与声音（语言为主，音韵、音符为辅）的体系总和。用更简练的文字表达，则可缩写为：文化是语言和文字的总和。从哲学角度定义：文化是相对于经济、政治而言的人类全部精神活动及其产品。

季鸿崑：不管"文化"有多少定义，但有一点还是很明确的，即文化的核心问题是人。大自然创造了人类，人类创造了文化，人的思维和行为模式构成了文化的本质。文化从根本上将人与动物区别出来，文化是人类智慧和创造力的体现。不同种族、不同民族的人创造不同的文化。人创造了文化，也享受文化，同时也受约束于文化，最终又要不断地改造文化。人虽然要受文化的约束，但人在文化中永远是主动的。我们了解和研究文化，其实主要是观察和研究人的创造思想、创造行为、创造心理、创造手段及其最后成果。

文化本质具有两个重要特征：一是完全意义上的工具制造和持续使用；二是语言符号的产生和使用。我们就从这两个特征来分析饮食文化的产生和内涵。

二、饮食文化与烹饪文化

通过对文化的了解和分析，我们知道饮食文化的诞生同样也必须符合这两个重要特征。饮食活动是人类的自然属性，有人研究饮食文化经常提到"食、色，性也"。这只是人类生物本能的描述，还不具备文化色彩，"饮食男女，人之大欲"这句话似乎具有了文化色彩，但从这两种说法的含义并不能把人和动物区别出来。季鸿崑教授认为：当人类饮食这种具体的物质活动，具有人类所特有的思维和行为模式的时候，从而使得人类的饮食方式与动物完全不同，人类能有意识地在当时的自然条件允许的情况下，进行自己特有的饮食活动。人类思维模式和行为模式的特殊性，是由于自然赋予人类一个强大的脑袋，这自然使人们有可能设法制作工具来弥补自己某些器官的不足，这就具备了制造工具和使用工具的特征。

人类的另一个至关重要的自然禀赋，即自动神经系统对于舌头和喉头两种肌肉感觉与听觉之间的正确关系，从而使语言的产生有了可能。有了为饮食需要有意识地制造工具和互相用语言交流这两条，人类的饮食活动便成为饮食文化的研究内容。

烹饪文化与饮食文化既有联系又有区别，饮食文化是本，烹饪文化是标。饮食文化具有目的性，烹饪文化具有手段性，烹饪文化是饮食文化的一个组成部分。饮食文化起源离不开火的元素，同时火也是烹饪技术的重要构成，同样也是烹饪文化的起源。所以烹饪文化和饮食文化在研究的时候，内容是相通的。

关于饮食文化的概念，林乃燊在《中国饮食文化》中指出："饮食，是人类生存和改造身体素质的首要物质基础，也是社会发展的前提。饮食文化，是随着人类社会出现而诞生，又随着人类物质文化和精神文化的发展而丰富自己的内涵。饮食文化发展的最初动力是食料的生产，是充饥养身的需要。"因此，当人类社会向前发展时，饮食文化内容当然也越来越丰富，除了人类饮食物质文化日益丰富外，饮食精神文化也日益丰富。也有专家认为，饮食文化就是指人们在饮食活动中表现出来的思维模式和行动模式。从物质文化的角度看，饮食文化指食物原料的生产、加工和进食方式。从精神文化的角度讲，饮食文化是指人们在食物原料的生产、加工和进食过程中的社会分工及其组织形式、价值观念、分配制度、道德风貌、风俗习惯、艺术形式等。中国饮食文化可以从时代与技法、地域与经济、民族与宗教、食品与食具、消费与层次、民俗与功能等多种角度进行分类，展示出不同的文化品位，体现出不同的使用价值。

关于饮食文化研究的具体架构，也有不同的意见，刘蕙孙教授的观点是：饮食文化研究应该服从大文化的研究分类来进行，按照科学技术、政治制度、社会生活、学术思想、文学艺术这五个方面开展研究，把饮食文化和大文化的研究统一起来。该观点的优点是系统规范，争议少。缺点是没有把饮食的个性特点表达出来。季鸿崑教授认为，在五个大文化研究的框架下，把饮食文化的个性特征单独补充进去，也算是对上述分类研究的一个补充吧。

　　本书不是研究饮食文化的专门著作，不可能按照系统的分类和架构来开展研究和讨论，只是表述关于烹饪在文化属性方面的一些现象，所以内容仅选择一些能够在行业实际中应用的内容与大家分享。虽然没有按照任何框架进行探讨，但内容都没有偏离饮食文化的研究范畴。

第二节
烹饪的诞生对人类文明的贡献

　　王利器先生认为："烹饪始见于此。以钻木取火，此言先民始有熟食，然必待鼎之发明，然后乃有烹饪之事。"说明火烤熟食是人类的原始饮食，鼎的诞生才是文明饮食的开始，烹饪真正意义上才算诞生。有很多专家在著作中说：烹饪的诞生是陶器出现以后才诞生的。鼎和陶有什么区别吗？其实是一回事，陶器最早用于烹饪的是陶釜，《古史考》记载："黄帝始作釜"。孟子"釜所以煮"。陶釜之后出现了一个新的造型，那就是陶鼎，因为鼎一直被传承下来，并被赋予崇高的形象，所以认为陶鼎是烹饪诞生的标志就可以理解了。还有专家认为，完全意义上的烹饪诞生，应该是盐被作为调味品以后，调味技术被认为是烹饪的核心技术。这样从火源到炊具、调味品就齐备了，现在大家也基本认可火、陶器、盐是烹饪诞生的三个要素。

一、火的利用推动人类文明进步

　　陶文台先生写过一篇文章，里面提到："人类文明始于饮食"，持有相同观点的还有很多学者，但这个观点也引起了争论，主要是对几个词持有不同观点，即饮食和熟食，文化和文明。

　　关于饮食和熟食的关系，有人认为熟食和饮食是不同的，熟食之前，人类和动物一样都是有饮食活动，有饮食不代表已经产生了文明，熟食才是人类进化的主因。笔者感觉有点在玩文字游戏，饮食活动也许在熟食之前，但"饮食"一词的出现可能就在熟食之后。

　　关于文化和文明的关系，我觉得季鸿崑先生阐述得比较清晰，摘录如下：

　　现在所说的文化一词，大概是19世纪与20世纪之交，日本人在明治维新之后，借用汉语古词文化翻译英语culture而形成的，然后我国又从日本引入。中国学者最早探讨文化含义的时间，在"五四运动"前后，当时一批学贯中西、思想活跃的知识分子，如李大钊、陈独秀、胡适、梁漱溟、冯友兰等人，在《新青年》《东方》《新潮》之类新学刊物上，先后发表了各自对文化一词含义的见解，并且已经注意到东西方文化的异同。

与文化一词共生的还有文明一词，它在古汉语中出现的比文化还要早，且与现在"文明"在词义是不同的，最初出现的文明中，"文"具有文采、文藻、文华之意；"明"则意味着开明、明智和昌明。现代的文明一词是指改造完善人的内在世界，使人具有理想公民素质。

刘蕙孙教授主张根据现代汉语和当代日常习惯来加以理解。他主张把文明作为一种有关人类社会某种状态的比较广泛的宏观概念，如文明时期、文明之世、文明国度。文化则是比较具体的微观概念，如仰韶文化、大汶口文化。这种见解不无道理。然而在人类社会发展的历史长河中，人类文化始于饮食的争议点不是文化和文明的区别，而是先后的问题。

恩格斯曾探讨过文化与文明的关系，其基本观点集中反映在《家庭、私有制和国家的起源》一书中，他赞成进化论的文化观点，他对"文明时代"的认识就是阶级社会的产生，因此是先有文化，后有文明。在20世纪中，英国科学家贝尔纳所持的也基本上是这个观点。

季鸿崑教授分析的结果也是先有文化，后有文明。但也没有明确地说是人类文明始于饮食，还是人类文化始于饮食。笔者在看卡罗·佩屈尼的专著时发现也有一段论述："人类及动物之间最大的不同，在于人类懂得用火烹煮食物，其他动物只是单纯地把存在于大自然中的东西直接当作食物。发现如何使用火，是让食物成为文化过程当中的第一步。"他也认为饮食是人类文化的开始。

笔者自觉文史功底太浅，不敢讨论这么深奥的话题，但比较赞成卡罗·佩屈尼的一段话："有史以来人类的寻根活动从来没有成功过。当我们越追溯过去，越发现过去就像是错综复杂、盘根错节的线团。如果我们一定要追溯根源的话，不如就这样比喻吧！人类饮食文明的历史跟植物一样，越向外生长，它的根就越向下深入土壤。植物的果实长在地表，可以清楚明白地看见，指的就是我们人类。而根长在地下，盘根错节向下伸展、分布很广，指的就是建构我们的历史。"

饮食与文化和文明之间的起点还需要文史大家们继续研究，我们可以愉快分享他们的研究成果。所以，本书有关烹饪文史的内容笔者也只是文献资料和专家论著的搬运工，当然只搬运了一些笔者想说明问题的观点和资料。

熟食促进了人类进化，我们经常使用"食物"来区分人群，或是将其当作文明与否的标准。《礼记·王制》中写道："东方曰夷，被发文身，有不火食者矣。南方曰蛮，雕题交趾，有不火食者矣。西方曰戎，被发衣皮，有不粒食者矣。北方曰狄，衣羽毛穴居，有不粒食者矣。"

（一）熟食对人类文明的影响

美国迈克尔·波伦（Michael Pollan）《烹：烹饪如何连接自然与文明》：烹饪是具有界定性的人类活动这一观点并不新颖。早在1773年，苏格兰作家詹姆斯·博斯韦尔（James Boswell）就声称"野兽里不会有厨师"，并把智人（Homo sapien）称作"会烹饪的动物"。50年后，《味觉生理学》（The Physiology of Taste）一书的作者、美食家布里亚-萨瓦兰（Brillat-Savarin）宣称"烹饪成就了今天的人类"，"通过教会人类使用火，烹饪最大限度地推动了人类文明发展的事业"。近一点的，像1964年，列维-斯特劳斯在他的《生与熟》（The Raw and the Cooked）一书中告诉我们，世界上大部分的文明都持有类似的观点，即烹饪是"建立起人兽之隔的具有象征性意义的活动"。

迈克尔·波伦说，我对"人"的定义就是会做饭的动物，詹姆斯·博斯韦尔如是写道，"兽类也有记忆，有判断力，有一定的思维和情感，但是它们绝不会做饭。"博斯韦尔绝不是唯一一个把烹饪看作人类特有技能的人。在列维-斯特劳斯看来，"生"与"熟"的区别在很多文化里都暗指"动物"与"人"的差异。在《生与熟》一书中，他写道："烹饪不仅仅意味着从自然到文化的飞跃，更是准确定义出了人的所有属性。"烹饪转化了自然产物，同时，通过烹饪，我们升华了自己，让我们成为人。

如果人类的事业包括把自然界的生鲜转化为文化的熟食，那么迄今为止人类创造出来的各种各样的烹饪手法都代表了在"大自然与文化"这个天平上，人类所站的不同位置，所持的不同态度。在了解了全世界上千个民族的烹饪手法之后，列维-斯特劳斯把从生到熟的转换，这个让食物变得更为可口、更易消化，也更加文明的过程，分成最基本的两种手法：一是直接在火上烤，二是放在锅里用水煮。

对列维-斯特劳斯来说，烹饪隐喻着人类从茹毛饮血到文明开化的转变。但是从《生与熟》出版以来，越来越多的人类学家开始认真地对待这一观点，他们认为烹饪也许真的就是进化过程中开启人类文明大门的那把钥匙。在2009年，哈佛人类学家和灵长类动物学家理查德·兰厄姆（Richard Wrangham）出版了一本有趣的书，名为《生火：烹饪造就人类》（Catching Fire：How Cooking Made Us Humans）。他在书中提出，是远祖们对烹饪的发现，让他们脱离了猿类的行列，正式成为人类，而非食肉、制作工具或是使用语言。

（二）熟食对人类进化的影响

熟食的到来改变了人类进化的进程。烹饪为我们的先祖们提供了能量更高、更易消化的食物，让他们的大脑能够进化得更大，而肠道开始缩小。很明显生食需要消耗更多的时间和精力，去咀嚼和消化，难怪和我们差不多大小的其他灵长类动物长着比我们大得多的消化道，还得花比我们多得多的时间去咀嚼食物。人们再也不需要寻觅大量生食然后（反复）咀嚼，因此可以把他们的宝贵时间和代谢资源用于其他目的，例如创造文化。

烹饪究其结果也算是咀嚼和消化的一部分，借助外力在体外完成。此外，烹饪可以解除多种潜在食物源的毒性，因此新的烹饪技巧还为我们开启了其他生物完全不能使用的卡路里宝库。

《烹：烹饪如何连接自然与文明》中，迈克尔·波伦从生理角度看，熟食对人的大脑、体格、消化系统的进化都有促进作用。"智人是唯一……的生物。"不知道有多少哲学家试图找出一些赞誉之词，把这个伟大的句子补充完整，结果都失败了。一次又一次，我们曾以为经过科学证明的某种能力是我们人类特有的标签，最后却发现其他动物也同样具备。隐忍？理性？语言？计算？笑？自我意识？所有这些我们曾以为是人类的专利，随着科学的发展，随着我们对于动物大脑和行为进一步理解，最后发现这些特点都不再专属于人类。詹姆斯·博斯韦尔提议从烹饪的角度来定义人类似乎更经得起推敲，当然它还有一个同样强有力的对手："人类是唯一急切要证明自己独享某些能力的物种。"

虽然是个无聊的游戏，但是烹饪这个答案优于其他答案还是有道理的：只有对火的控制以及烹饪的发明，才能促进我们人类大脑进化，脑容量增加，拥有自我意识，进而构思出"智人是唯一……的生物"这样的句子。

最近兴起的"烹饪假说"至少就是这样产生的。该假说是对进化论的一大贡献，彻底嘲弄了人类的自以为是。这个假说指出，烹饪不仅仅是象征文明的产物，更是其进化的前提和生物学基础。我们远古的祖先如果不会控制火来为自己烹饪食物，就无法进化成智人。我们把烹饪当成帮助我们凌驾于自然界的文化创新，以此来证明我们的超凡绝伦，但是事实却更有意思。烹饪已经深深地融入我们的生物特征，如果我们要供养我们如此巨大、精力旺盛的大脑，我们就不得不烹饪，除此之外别无他法。对于人类来说，烹饪并不是让人远离自然——它是我们的天性，就像鸟必然要筑巢一样。

这个假说试图解释在190万～180万年前，发生在灵长目动物生理学上的一次重大变化：我们进化的前身，直立人的出现。与进化之前长得像猿猴的霍比特人（hobbits）相比，直立人下巴更小，牙齿更小，内脏也更小，但是大脑却要大得多。直立行走并生活在陆地上，直立人是比猿猴更具人类特征的第一种灵长目动物。

人类学家长久以来提出的理论是：开始吃肉才导致了灵长目动物大脑的发育，因为动物的肉能提供的能量比植物要多得多。但是正如兰厄姆指出的，直立人的消化器官并不太适应吃生肉，甚至更不适应吃生的植物类食物，尽管植物依然是他们饮食的一个重要部分，因为灵长目动物还无法只靠吃肉为生。咀嚼和消化任何生食都需要更大的内脏，更有力的下巴和牙齿，所有这些工具都在我们的祖先获得更强大的大脑时丢弃了。

　　兰厄姆认为，火的使用和烹饪的发现是这两大发展的最好解释。烹饪让食物易于咀嚼和消化，这就不再需要有力的下巴或强大的内脏了。从新陈代谢的角度看，消化活动需要付出昂贵的代价，对于大多数物种来说，消化食物所需的能量和运动所需的能量是一样多的，坚韧的肌肉纤维和肌腱，植物细胞壁里坚韧的纤维都需要咀嚼消化后，小肠才能吸收锁在这些食物中的氨基酸、脂肪和糖。烹饪帮助我们把大量的消化工作在体外就完成了，用火的能量来取代我们身体的能量，分解复杂的碳水化合物，并且让蛋白质更易于消化。

　　现代科学同样证明，通过火的加热来转化食物的方式有很多种，有的是化学的，还有的是物理的，但是最后的结果是一样的，让食用者摄取了更多的能量。利用加热来使蛋白质"变质"，用加热的方式展开它的折纸结构（origami structure），这样就把它的表面尽可能地暴露在消化酶之下。只要加热的时间够长，即使是肌肉结缔组织中顽固的胶原蛋白也能被转化成柔软的、易于吸收的胶质。在烹饪植物时，火把淀粉先凝成"胶状"，再把它们分解成简单的糖。很多植物生吃是有毒的，比如木薯等块茎，加热后毒性解除而且更加有营养。还有些食物加热后可以杀死其中的细菌和寄生虫，还可以减缓肉的腐烂。烹饪提高了食物的质地和口感，让很多食物吃起来更柔软，还有的更甜或是不那么苦。不过对熟食的偏好，究竟是与生俱来的还是两百万年来的习惯，这就不得而知了。

　　总的来说，烹饪为我们的祖先大大拓宽了可食用的范围，跟其他物种相比，拥有了绝对的竞争优势，至关重要的是，让我们在寻找和咀嚼食物以外，有更多时间来做其他事情。

　　"烹饪"——这可不是件小事。在对差不多体型的其他灵长目动物进行仔细观察后，兰厄姆推断，在我们的祖先学会烹饪他们的食物之前，除睡觉外，一半的时间都拿来咀嚼食物了。非洲大猩猩喜欢吃肉，也善于狩猎，但是它们花在咀嚼食物上的时间太长了，每天就只剩下18分钟去狩猎，所以肉根本无法成为它们的主食。兰厄姆还推论烹饪为我们人类每天节约出4个小时。

　　能量生来不平等。我们引用布里亚-萨瓦兰在《味觉生理学》一书中提到的一句谚语："老话说，人不是靠吃了什么活着，而是靠消化了什么。"烹饪让人用较少的能量就能更好地消化吸收吃下的东西。非常有意思的是，动物好像也本能地知晓这个理论。在可以选择时，很多动物都会选择熟食而不是生食。这其实也没什么好奇怪的，兰厄姆说，"熟食本来就比生食好，因为生命本身关注的就是能量"，而熟食肯定能提供更多能量。

　　似乎动物是本能地偏好熟食的气味、口感和质地，这就让它们的器官变得越来越适应这种蕴含丰富能量的食物。熟食那诱人的感觉，甜、软、润、油，这些都蕴含着丰富的、更易吸收的能量。

二、陶器的发明对人类文明的影响

烹饪诞生的基本要素包括火、陶器、盐的出现并使用。特别是陶器发明以后，烹饪才算诞生。最初人们烧烤食物时经常在地面挖一个坑，就是所谓的"挖地为臼"，经过长时间烧烤，坑的表面形成了硬壳，挖去周边的软土，就形成了一个陶器雏形。真正用这种陶器烧水煮菜的时间没有明确记载。有记载的是黄帝制作的陶釜，就是最早的陶制炊具，后来演变成陶鼎。

水、火在古代五行学说里是不相融的，《易经·革卦》说："革，水火相息。"也就是水灭火，火熄水。那什么可以让水火相融呢，就是中介物陶器。也正是陶器的出现，烹饪的内容延伸了，《易经·既济》记载："水在火上，饮食以之而成。"陶器的贡献有哪些呢？首先是丰富了烹饪方式的多样性，产生了煮、炖、煨等水导热烹饪方法，也为后来的蒸奠定了基础。其次带来了新的美味，味道更加鲜美，口感变化更加丰富。《吕氏春秋·本味篇》："凡味之本，水最为始。五味三材，九沸九变，火为之纪。"水火相济，是味道的根本。

当然，食物经过水煮带来的好处远不止味道改善这么简单。美国迈克尔·波伦在《烹：烹饪如何连接自然与文明》中写道："卡尔·弗里德里希·冯·鲁莫尔男爵（Karl Friedrichvon Rumohr）是一名德国艺术史学家和美食家。1822年，他出版了一本新书，名为《烹饪的本质》（*The Essence of Cookery*）。他写这本书的目的之一，就是要提升"寒酸的"汤锅在烹饪界的地位，向世人宣扬，汤锅的问世是人类发展史上的变革。'烧烤的时代终结了。'鲁莫尔男爵做出了这样的断言。'随着烹饪锅具的发明，数之不尽的天然产物一下子变得可食用了。'他写道。他认为，用汤锅做菜是一种比烧烤更高级的烹饪形式，其中蕴含着更广阔、更丰富的变化。'人类终于掌握了炖煮的艺术，能够将动物产品与营养、植物王国的芳香化合物结合起来，创造出一种全新的成品。有史以来，人类第一次有望将烹饪的艺术全方位地发展起来'。"

从历史上看，汤锅烹饪比烧烤产生的时间要晚得多，这是因为，要想实现汤锅烹饪，首先必须发明防水、防火的容器。不过，这种容器具体是什么时候发明的，我们不得而知。有些考古学家认为，早在两万年前，亚洲人发明的陶器是人类历史上最早的汤锅。世界上有很多地方都出土了远古时代的汤锅，这些地方包括尼罗河三角洲、黎凡特（Levant）、中美洲等，出土文物的年代距今7000～10000年，距离人类第一次掌握生火技术的时间已经过了几十万年。学术界的主流观点认为，汤锅烹饪是到新石器时代才普及开来的，那时候，人类已经定居下来，开始围绕农业生产来安排自己的生活方式。事实证明，农业和泥质陶技术都是利用特别的方式对土地和火加以利用，二者存在着紧密的关联。

不过，我们仍有理由相信，早在汤锅发明之前，人类就已经采用过烹煮的方式来加工食物。在世界各地不计其数的远古遗址中，考古学家发掘了大量烧过的石头和陶土球，这些东西的用途曾经困扰考古学家多年。20世纪90年代的某一天，一个名叫索尼娅·阿塔拉伊（Sonya Atalay）的美国印第安人作为考古人员，正在加泰土丘上考察，加泰土丘是已知人类最早的城市中心之一，位于土耳其，距今约有9500年的历史。她在这里找到了成百上千个拳头大小的陶土球。她一时不知道该如何是好，就拿着几个陶土球回到了她的部族——奥吉布瓦族（Ojibwa），找到了一名老人，希望他能给出答案。老人拿起一颗陶土球，告诉她："你不需要读博士就能知道，这些是烹饪石。"

考古学家认为，远古的人类首先会将这些石头用火加热，然后扔进装满水的兽皮或防水篮里。炽热的烹饪球会使水温上升到沸点，同时又避免了容器直接接触到高温的火焰。这种方法时至今日被某些土著部落沿用下来。在锅具问世之前的漫长岁月里，远古的人类通过这种方法软化了种子、谷物和坚果，将许多有毒或带苦味的植物变成了果腹之物。

迈克尔·波伦："沸水大大扩展了人类的食物范围，尤其是植物类食物范围。经过水煮，各种原本不可食用的种子、块茎、豆类和坚果都能被加工成质软、安全的食物——正因为如此，形成了智人独有的营养特性。随着时间的推移，烹饪石渐渐被陶罐取代，这一变迁在阿塔拉伊考察的加泰土丘上留下了证据。防火、防水锅具的发明，使食物的烹煮变得更安全、更方便，标志着人类历史上的第二次美食革命，第一次革命是将火驯服用于烹饪。第二次革命的掀起，缺少一个普罗米修斯似的人物，或许这也在情理之中，毕竟，在大多数人看来，烹煮并不是一种带有英雄色彩的烹饪方式，相反，它带有朴实的居家气息。

如果没有汤锅，农业究竟能走多远？许多重要的农作物都需要煮沸（或者至少需要浸泡）才能食用，尤其是豆类和谷物。汤锅就好比人类的第二个胃，一种消化植物的体外器官，没有它，许多植物根本无法食用，就算食用，也必须经过深度加工。正是由于这些"陶土胃"的辅助消化作用，人类才得以采用以储存的干种子为主的膳食结构，并在此基础上繁衍壮大，进而产生了财富的积累、劳动的分工和文明的兴起。人们一般把这些发展进程归功于农业的兴起，这本身没有错，但是汤锅发挥的作用和犁一样重要。

用汤锅烹煮食物的方式还促进了人口的增长，它使幼儿的断奶时间更早（从而提高了生育率），也使老人的寿命更长，因为幼儿和老人都可以吃锅里煮出来的软质食物和营养汤，不需要动用牙齿（从这个意义上讲，汤锅充当着人类的外部口腔）。综上所述，汤锅的问世，使人类得以掌控水，进而脱离了狩猎生活，定居下来。根据历史学家菲利普·费尔南多–阿梅斯托（Felipe Fernández-Armesto）的说法，汤锅（以及它的"近亲"煎锅）的发明，标志着古代烹饪史上的最后一次创新，到了近代，微波炉的问世又给人类社会带来了一场革新。

烧烤和烹煮是两种主要的烹调方式，法国人类学家克劳德·列维-斯特劳斯曾将它们分别定性为"exocuisine"和"endocuisine"，也就是"开放式烹饪"和"封闭式烹饪"。列维-斯特劳斯希望我们能从字面意义和引申意义两个方面来理解这两个词，因为他认为，烧烤和烹煮的内涵远远超越了烹调的范畴，它们从完全不同的视角诠释了人与自然、人与人之间的关系。具体说来，烧烤之所以被称为"开放式烹饪"，主要表现在两个方面：第一，烧烤的场所很多是在户外，在开阔地上，烤肉会直接接触明火；第二，这个过程本身暴露于一个大的社交环境下，它关系到人与人互动的公共礼仪，是对外人开放的公共活动。与此形成鲜明对比的是，封闭式烹饪是在封闭的环境下进行，食材密闭于加盖的锅内。汤锅本身是一个凹形的空间，放进食材、盖上盖子之后，就无法从外部观察到内部的情况。这就象征着一所房子，里面住着一家人。锅盖象征着房顶，下面是家庭主妇打理的空间。据列维-斯特劳斯描述，在新大陆有些部落，"男性从来不煮东西"，而在其他部落，下厨煮菜往往会巩固家庭纽带关系，而烧烤则会削弱家庭纽带关系，因为除了客人以外，陌生人也往往会受邀参加烧烤活动。

水会将不同食材中的分子溶解，使之与其他食材的分子相互接触，发生反应，原有的某些化学键断裂，生成新的化学键，新产物的功能分为三种：增香、提鲜、增强营养。在锅中，水是传导热量和风味的介质，它能使香料等调味品散布均匀，进而使食材充分入味。它还能减少辣椒等香料的刺激性，使之口感更加柔和。只要慢火熬煮足够的时间，水就能软化、融合、平衡、并结合众多食材，使多种多样的风味浑然一体，和谐共存。

三、盐的利用对人类文明的影响

原始社会时期，人们只会从自然界获取天然食物，并不会对食物进行人为的加工和处理，自燧人氏钻木取火后，人们才开始食用熟食，逐渐学习烹调，这使人类进食开始注重口感而不仅只为果腹，当人们学会对食物进行一定的调制后，中华饮食文化才算是真正开始了。烹饪起源于先民学会用火制作熟食时期，当人类开始用火制作熟食时，只能说进入了准烹饪时代。完备意义上的烹饪必须具备火、炊具、调味品这三大要素。

提到盐，大家都认为盐起源的时间远在5000年前的炎黄时代，发明人夙沙氏是用火煎煮海水制盐之鼻祖，后世尊崇其为"盐宗"。其实人类发现和利用盐远在煮海为盐的前面。

人类最早何时开始食用盐，迄今尚无史籍记载或考古资料可以确切说明。但可以想见，如同火的使用一样，也经历了极其漫长的岁月。但可以肯定的是，人类在没有用盐作为调味品之前，或者说在夙沙氏海水制盐之前就已经开始利用盐了。也许那个时期还没有盐的物态，但肯定有盐的成分。逐盐而居，是生物的本能，当人类形成的时候，这种本能一直伴随着人类的发展。中国古代有"白鹿饮泉""牛舐地出盐""群猴舐地""羝羊舐土"的记载都说明了这一点。当然那个时期的盐都是天然的，也没有作为调味品，只是满足人的生理代谢需求。

中国古代劳动人民对于天然盐的成因也早有探索，并有先识之见，认为盐的生成与水气有很大关系："水曰润下，润下作咸"。这是对湖盐生成长期观察得出的结论。湖盐又称"池盐"，由于受干燥气候影响，能够自然生成结晶体状的盐。

中国历史上有名的、最古老的河东盐池（亦称"解池"，今山西省运城市南、中条山北麓一带），就是借助风和太阳的蒸发作用，自然生成盐，历史上称为"解盐""潞盐"或"河东盐"。池盐具有自然结晶的特点，《洛都赋》云："河东盐池，玉洁冰鲜，不劳煮沃，成之自然。"就是说池盐不需煮制，自然可成。可见，生活在黄河流域的古代先民，很早就接触到这种天然池盐。

盐作为调味品应用肯定在人工制盐以后，而且是很长的时间以后。司马迁在《史记·乐书》对古代祭礼有这样的记载："大食之礼，尚玄酒而俎腥鱼，大羹不和，有遗者矣。"可以看出，古代先民没有把盐来作为调味品使用，从人工制盐开始，标志着盐作为调味品使用已经可能了。但过程缓慢，开始仍然是满足生理需要，后来慢慢变成调味品。

目前普遍认为夙沙氏其人是煮海为盐的发明人。当然，用海水煮盐，也不可能是夙沙氏一人之所为，而是生活在海边的古代先民经过长期摸索和实践创造了海盐制作工艺。在当前尚无更新的考古发现和典籍可资证明的情况下，"夙沙作煮盐"可视为中国海盐业的开端，夙沙氏是中国海盐的创始人。

随着盐业的发展，各朝都有专门管理盐业的官职，《周礼》《国策》《史记》等古代典籍中都记载"盐人""盐官""盐车""盐钞"等与盐相关的职位，汉武帝时设"盐务官署"，专司盐政，并立有盐法，禁止食盐私营。唐代则设"盐铁使"，管理食盐专卖。到元代，设"盐运使"，明清直至中华人民共和国成立前，都设有类似的官职。说明盐在历朝都是很重要的商品。

最早明确记载盐作为调味品是商代的《尚书·说命》，其中便有"若作酒醴，尔惟麹蘖；若作和羹，尔惟盐梅"。盐、梅、酒可谓是最早利用的几种调味品。《周礼·天官·冢宰》中就有"以咸养脉"记载，这是周代人对盐的医疗功用的新认识。《吕氏春秋·本味篇》中有记载："和之美者，阳朴之姜，招摇之桂，越骆之菌，鳣（zhān）鲔（wěi）之醢（hǎi），大夏之盐，宰揭之露，其色如玉，长泽之卵。"这里面提到了对调料的选择，就有对盐的记载，最好的盐，就是河东的盐（大夏之盐）。《吕氏春秋·本味篇》有"调和之事，必以甘、酸、苦、辛、咸。先后多少，其齐甚微，皆有自起""咸而不减"等论述，这就更具体地谈到了咸味的调理方法。

清代书籍《调鼎集》有记载："凡盐入菜，须化水澄去浑脚，既无盐块，亦无渣滓。"做菜前，先把盐溶解成盐水，然后过滤，留下清纯干净的盐水进行调味，说明用盐十分讲究。

烹饪中有"盐为百味之首"的说法，确实盐或盐带来的咸味，是中餐烹饪最重要的基础味，绝大多数菜品都离不开咸味，它可以让酸甜味更加稳重，让鲜味明显提升，让甜味更甜，让苦味更平和。抛开其他所有的调味品，盐可以独自承担起菜品的调味任务。

食盐是人们生活中所不可缺少的，盐对人体功能主要有如下作用。

1. 维持细胞外液的渗透压

Na^+和Cl^-是维持细胞外液渗透压的主要离子；K^+和HPO_4^-是维持细胞内液渗透压的主要离子。在细胞外液的阳离子总量中，Na^+占90%以上，在阴离子总量中，Cl^-占70%左右。所以，食盐在维持渗透压方面起着重要作用，影响着人体内水的动向。

2. 参与体内酸碱平衡的调节

由Na^+和HCO_3^-形成的碳酸氢钠，在血液中有缓冲作用。Cl^-与HCO_3^-在血浆和血红细胞之间也有一种平衡，当HCO_3^-从血红细胞渗透出来的时候，血红细胞中阴离子减少，Cl^-就进入血红细胞中，以维持电性的平衡。反之，也是这样。

3. 氯离子在体内参与胃酸的生成

胃液呈强酸性，pH为0.9～1.5，它的主要成分有胃蛋白酶、盐酸和黏液。胃体腺中的壁细胞能够分泌盐酸。壁细胞把HCO_3^-输入血液，而分泌出H^+输入胃液。这时Cl^-从血液中经壁细胞进入胃液，以保持电性平衡。这样强的盐酸在胃里为什么能够不侵蚀胃壁呢？因为胃体腺里有一种黏液细胞，分泌出来的黏液在胃黏膜表面形成一层1～1.5mm厚的黏液层，这黏液层常被称为胃黏膜的屏障，在酸的侵袭下，胃黏膜不致被消化酶所消化而形成溃疡。但饮酒会削弱胃黏膜的屏障作用，往往增加引起胃溃疡的可能性。

此外，食盐在维持神经和肌肉的正常兴奋性上也有作用。当细胞外液大量损失（如流血过多、出汗过多）或食物里缺乏食盐时，体内钠离子的含量减少，钾离子从细胞进入血液，会发生血液变浓、尿少、皮肤变黄等病症。《中国居民膳食指南（2022）》建议11岁以上的中国居民每人每天摄入不超过5克的盐。但实现这一目标还需要相关专家和机构多宣传、多指导。

第三节

中国烹饪历史中代表性人物和著作

谈到烹饪的历史人物，首先想到的是烹饪的祖师爷，我国民间的许多行业都有尊奉祖师的习俗，饮食业自然也不例外。那么，厨者的祖师是谁呢？中国古代厨者的"拜祖师"问题一直有些争议，古往今来有很多不同的说法。

1. 黄帝说

我国饮食文明开始形成时期，有认为是起于厨者的祖师黄帝，连司马迁都说："百家言黄帝，其文不雅训"。陶文台在《中国烹饪史略》中说：黄帝是传说中我国烹饪的祖师爷。理由是他发明了釜甑，教百姓"蒸谷为饭""烹谷为粥"。这一点值得探讨一下，黄帝更多的发明是蚕桑、医药、算术、文字等，釜甑的发明也许是意外所获，而且在之前有火的发明人燧人氏，火发明之后，釜甑的发明完成了烹饪齐备的基本要素。但都是初始的烹饪操作，没有形成系统的烹饪技术和理论，也没有留下什么具体的烹饪方法。仅从烹饪器具的发明上确认烹饪的祖师爷不完全准确。

2. "灶王爷"说

早在周代，灶王被奉为厨者祖师，并被列为五祀之一，这在民间祭祀活动中流传很久，但多少带有神话色彩，这样奉为烹饪的祖师爷也不太合适。

3. 彭祖说

《楚辞·天问》传说："彭铿斟雉帝何飨食"中提到了彭祖，帝尧欣赏他"好和滋味"，野鸡羹做得好吃，封他建立大彭国，旧址在今徐州。彭祖的故乡建有许多寺庙，江苏一带的厨者奉他为祖师爷，每年都要举行一定的仪式，祭礼绵绵。关键是传说提到，彭祖活了800岁，被道教奉为神仙。这就难说彭祖是否真的确有其人了，但并不影响人们去祭拜他。

4. 易牙说

易牙的烹饪技术应该是非常高超的，古人普遍认为"易牙知味，并善调五味，"《孟子·告子上》说："至于味，天下期于易牙。"说易牙是掌握了我们口味上共同嗜好的人，天下的人都期望吃到易牙烹调的菜肴；荀子说"言味者于易牙"；先辨淄渑的典故也介绍易牙是唯一能辨别两河水味道的人。王充《论衡·谴告》说："狄牙之调味也，酸则沃（浇）之以水，淡则加之以咸，水火相变易，故膳无咸淡之失也。"即易牙通过水、咸（盐）、火的调和使用，做出酸咸合宜，美味适口的饭菜来。苏轼的《老饕赋》开头就是"庖丁鼓刀，易牙烹熬。"庖丁，擅长刀功，易牙，擅长烹饪。《战国策·魏策》《荀子·大略》《淮南子·精神训》以及枚乘的《七发》都对易牙的厨艺给予高度肯定。易牙作为雍人，擅长于调味，所以很得齐桓公的欢心。

此外，还有雷祖说、少康说等。目前没有明确的定论，到底谁是烹饪的祖师爷，各人理解和喜好不尽相同，也许都有自己心中的祖师爷。在此不必统一，更没有必要争论出一个明确的答案。笔者只想列举一些自己喜欢的，并且认为是对烹饪做出贡献的，或者有独到见解，值得今人借鉴的一些名人推荐给大家。

一、烹饪始祖——伊尹

商代的伊尹，原本是有莘氏的家奴。主人之女嫁给国王商汤后，他被带去当厨役。伊尹是个既会烹饪又有政治谋略的人，他为了引起新主子的重视，便用鸿雁制作了一道名菜，随即讲了一通"治大国若烹小鲜"的道理。商汤十分高兴，解除了他的奴隶身份，任命他为右相。北京大学王利器教授则认为"烹饪之圣"的桂冠非伊尹莫属了。由于伊尹的故事出自《吕氏春秋·本味篇》，所以介绍伊尹不得不介绍一个人——《吕氏春秋·本味篇》的作者吕不韦。

记载伊尹烹饪理论的正是吕不韦（约公元前292年～约公元前235年），战国末年卫国濮阳（今河南安阳）人。先为阳翟大商人，帮秦襄公从赵国回到秦国登基后被任为秦相。秦王嬴政幼年即位，继任相国，号为"仲父"，掌秦国实权。嬴政亲理政务后，被免职，贬迁蜀郡，忧惧自杀。

吕不韦掌权时，有门客三千、家童万人。他曾组织门客编纂《吕氏春秋》26卷，内计12纪、8鉴、6论，共160篇，为先秦时杂家代表作。内容以儒道思想为主，兼及名、法、墨、农及阴阳家言，汇合先秦各派学说，为当时秦统一天下、治理国家提供理论依据。

《本味篇》为《吕氏春秋》第14卷，记载了伊尹以"至味"说汤的故事。它的本义是说任用贤才，推行仁义之道可得天下成天子，享用人间所有美味佳肴，但在其中却保存了我国，也是世界上最古老的烹饪理论，提出了一份内容很广的食单，记述了商汤时期天下的美食。它是研究我国古代烹饪史的一份很重要的资料。"本味"一词就首见于《吕氏春秋》中的《本味篇》。"本味"两种含义，一是指烹调原料的自然之味；二是指经烹调而出现的美味。《本味篇》中很多论述至今被人们引用和学习，其中最重要的一段是"说汤以至味"。

原文　▼

　　汤得伊尹，祓之于庙，爝以爟火，衅以牺猳。明日，设朝而见之，说汤以至味。汤曰："可对而为乎？"对曰："君之国小，不足以具之，为天子然后可具。夫三群之虫，水居者腥，肉玃者臊，草食者膻。臭恶犹美，皆有所以。凡味之本，水最为始。五味三材，九沸九变，火为之纪。时疾时徐，灭腥去臊除膻，必以其胜，无失其理。调和之事，必以甘、酸、苦、辛、咸。先后多少，其齐甚微，皆有自起。鼎中之变，精妙微纤，口弗能言，志弗能喻。若射御之微，阴阳之化，四时之数。故久而不弊，熟而不烂，甘而不哝，酸而不酷，咸而不减，辛而不烈，淡而不薄，肥而不膘。"

译文　▼

　　汤得到了伊尹，在宗庙为伊尹举行除灾祛邪的仪式，点燃了苇草以驱除不祥，杀牲涂血以消灾辟邪。第二天上朝君臣相见，伊尹与汤说起天下最好的味道。汤说："可以按照方法来制作吗？"伊尹回答说："君的国家小，不可能都具备；如果得到天下当了天子就可以了。说到天下三类动物，水里的味腥；食肉的动物味臊；吃草的动物味膻。无论恶臭还是美味，都是有来由的。味道的根本，水是最重要的。酸、甜、苦、辣、咸五味和水、木、火三材都决定了味道，味道烧煮九次变九次，火很关键。一会儿火大一会儿火小，通过缓急火势可以灭腥去臊除膻，只有这样才能做好，不失去食物的品质。调和味道离不开甘、酸、苦、辛、咸。用多用少用什么，全根据自己的口味来将这些调料调配在一起。至于说锅中的变化，那就非常精妙细微，不是三言两语能表达出来说得明白的了。若要准确地把握食物精微的变化，还要考虑阴阳的转化和四季的影响。所以久放而不腐败，煮熟了又不过烂，甘而不过于甜，酸又不太酸，咸又不咸得发苦，辣又不辣得浓烈，淡却不寡薄，肥又不太腻。"

　　还有几段选料的著名论述，从调料、肉类、鱼类、蔬菜类到主食类、水果类，十分精彩，值得认真一读：

原文　▼

　　肉之美者：猩猩之唇，獾獾之炙，隽燕之翠，述荡之掔，旄象之约，流沙之西，丹山之南，有凤之丸，沃民所食。

译文　▼

　　最美味的肉：猩猩的唇，獾獾的脚掌，燃鸟的尾巴肉，述荡这种野兽的手腕肉，弯曲的旄牛尾巴肉和大象鼻子。流沙的西面，丹山的南面，有凤凰的蛋，沃民所食。

原文

　　鱼之美者：洞庭之鱄，东海之鲕，醴水之鱼，名曰朱鳖，六足，有珠百碧。藋水之鱼，名曰鳐，其状若鲤而有翼，常从西海夜飞，游于东海。

译文

　　最美味的鱼：洞庭的鱄鱼，东海的鲕鱼，醴水有一种鱼，名叫朱鳖，六只脚，能从口中吐出青色珠子。藋水有一种鱼叫鳐，样子像鲤鱼而有翅膀，常在夜间从西海飞游到东海。

原文

　　菜之美者：昆仑之蘋，寿木之华。指姑之东，中容之国，有赤木、玄木之叶焉；徐瞀之南，南极之崖，有菜，其名曰嘉树，其色若碧。阳华之芸；云梦之芹，具区之菁，浸渊之草，名曰土英。

译文

　　最好的蔬菜：昆仑山的蘋；寿木（传说中的不死树）的花；指姑山（传说中的山）东面的中容（传说中的国名）国，有仙树赤木、玄木的叶子；徐瞀山的极南面，山崖上有一种菜叫嘉树，颜色碧绿；华阳山的芸菜；云梦湖的芹菜；太湖的蔓菁；深渊里叫土英的草，都是菜中的佳品。

原文

　　和之美者：阳朴之姜，招摇之桂，越骆之菌，鳝鲔之醢，大夏之盐。宰揭之露，其色如玉。长泽之卵。

译文

　　最好的调料：四川阳朴的姜；桂阳招摇山的桂；越骆（古国）的香菌；鲤鱼和鲔鱼肉做的酱；大夏（古国）国的盐；宰揭山颜色如玉的甘露；长泽的鱼子。

原文

　　饭之美者：玄山之禾，不周之粟，阳山之穄，南海之秬。

译文

　　最好的粮食：玄山的禾，不周山的粟，阳山的穄，南海的黑黍。

原文

　　水之美者：三危之露，昆仑之井，沮江之丘，名曰摇水。曰山之水，高泉之山，其上有涌泉焉，冀州之原。

译文

　　最好的水：三危（传说中的"两极"山名）山的露水；昆仑山的井水；

沮江（古水名）岸边的摇水；曰山（古山名）的水；高泉山上涌泉的水；冀州一带的水等。

原文

果之美者：沙棠之实；常山之北，投渊之上，有百果焉，群帝所食；箕山之东，青鸟之所，有甘栌焉；江浦之橘，云梦之柚，汉上石耳。

译文

最好的水果：沙棠的果实；常山（古地名）的北面，投渊（古地名）的上面，有百果，很多帝王都吃过；箕山的东面，传说中的神鸟青鸟的住所，有甜橙；江浦的橘子；云梦的柚子，汉上的石耳。

笔者尊重伊尹是因为他对烹饪的独到见解和系统的理论。《吕氏春秋·本味篇》中留下一篇伊尹"说汤以至味"的论文，当今饮食文化研究者无一不对其进行深入研究，短短的几句话，被后人拓展成数篇论文乃至著作。其中很多原理至今也在实际中运用，这是非常了不起的。也有一些研究烹饪科学的人批评伊尹说的："鼎中之变，精妙微纤，口弗能言，志弗能喻"的说法已经过时了，认为当时烹饪在锅中的变化是说不清楚的，现代科学已经完全可以说清楚了，其实看看已经有的研究成果，能说清楚的也是一点皮毛而已。伊尹指出："久而不弊，熟而不烂，甘而不哝，酸而不酷，咸而不减，辛而不烈，淡而不薄，肥而不脎。"这个精妙的烹饪质量要求，至今还是厨师必须遵循的原则。三千多年的历史实践，证明了这个理论的强大生命力。

二、贾思勰与最早的烹饪百科全书《齐民要术》

贾思勰，是北朝时期北魏人，曾做过高阳郡太守。他所著的《齐民要术》被誉为中国历史上第一本农业百科全书，是我国现存最早的一部农业科学著作，也是世界农业科学史上不可多得的珍贵典籍。此书成于公元533年—544年。全书共10卷，92篇，11万字。其内容从农业生产到民间生活，从耕作技术到烹调方法等无所不包，无所不有。若按性质分类，则有谷物种植法、蔬菜瓜果种植法、种树法、养牛羊、家禽及养鱼法、酿酒法、烹调技术等。

《齐民要术》的主体内容是关于农业生产的，他认为"以农为本"是关系国计民生的大事，治国者首先应注重衣食："人之情不能无衣食，衣食之道，必始于耕织。"他把有利于国计民生的农业、手工业生产技术看作是富国济民、安定社会的根本之法。贾思勰著《齐民要术》一书并不是单纯地就农桑而论农桑，而是把农桑同强国富民，稳定社会及巩固政权的大事紧密联系在一起。《齐民要术》在中国古代饮食史上同样占有重要的地位，它是我国保存完整而分量最重、时代最早的饮食著作，它奠定了后世饮食学的基础和撰写模式。从饮食烹饪的角度看，堪称我国古代的烹饪百科全书，价值极高。

最值得一提的是，《齐民要术》共92篇，其中涉及饮食烹饪的内容占25篇，包括造曲、酿酒、制盐、做酱、造醋、做豆豉、做齑、做鱼鲊、做脯腊、做乳酪、做菜肴和点心。列举的食品、菜点品种达三百种。在汉魏南北朝时期的饮食烹饪著作基本亡佚的情况下，《齐民要术》中的这些食品、菜点资料就更加珍贵了。

《齐民要术》中有几个食品属于开创性的贡献，一是开创了霉菌深层培养法的先河，它可以提高酒的酒精浓度，在我国酿酒史上具有重要的意义。书中记载由曹操所献的"九酝酒法"，其连续投料的酿造方法，为酿酒工艺带来了新思路。二是发明了最具中国特色的烹饪方法"炒"，这种旺火速成的方法已明确在做菜中应用，这在中国烹饪史上的意义是十分重大的。除炒以外，还系统介绍了30多种烹饪方法，如鲊、酱、菹、羹、汤、蒸、炸、煲、炙、炒、煎、糟、蜜、醉、拌、冻等。而且比较详细地说明了制作流程、调味方法、刀工处理等。三是发明了大量发酵调味品，特别是对酱、醋、豉、菌、醉、酪等微生物发酵食品的加工制作方法做了详尽的介绍，可以说是食品发酵技术应用最典型的代表。四是书中详细记录的两种面点发酵法，在我国面点史上也占有重要一席。书中还特地介绍了素食，讲述了11道素菜的烹饪方法，包括各种腌菜、酱菜、酸菜的品种和制作方法。

三、超级美食家——苏轼

苏轼（1037年1月8日—1101年8月24日），字子瞻，号东坡居士，人们大多习惯称他为苏东坡。苏东坡是北宋最为重要的文人，诗词能力卓越，可以说是千年难遇的大文豪，而且他还是唐宋八大家之一。他对美食的热爱和贡献是笔者最为关注的，在此笔者想引用林语堂的一段话："苏轼传记有那么多，我再写也没有什么意义，而且我也没有那么坚实的文化素养，很容易误导民众，那不妨谈一谈苏轼的'周边'，那些苏氏美食吧。"

苏轼曾经这样说过："世人之所共嗜者，美饮食，华衣服，好声色而已。"美食也是人对美的一种爱好，爱好美食是人的天性。在古代的文人中，苏轼以好吃、会吃扬名，他自嘲为"老饕"，被现代人誉为古代的超级美食家。苏轼虽然是诗人、书法家，但在历代诗人、书法家中他是写美食最多的人。而且和其他诗人不一样，不仅仅是赞美吃过的某种食物，而且有独到的烹饪见解，还有很多实践的经验。苏轼在《老饕赋》《菜羹赋》《鳆鱼行》《豆粥》中对美食的记述很详细，涉及的菜品也很丰富。

他对美食的贡献可以归纳为以下几点。

（一）亲自实践，见解独到

《猪肉颂》："洗净锅，少著水，柴头罨烟焰不起。待他自熟莫催他，火候足时他自美。"少放水、慢火炖，只要火候到了，肉质自然而然就美了。他把红烧肉的火候、调味作了精彩的总结。

他在《鱼蛮子》一诗中记述了做鲤鱼的方法："擘水取鲂鲤，易如拾诸途。破釜不著盐，雪鳞芼青蔬。"苏东坡在黄州时，曾写有《煮鱼法》一文："在黄州，好自煮鱼，其法：以鲜鲫或鲤鱼治斫，冷水下。入盐如常法，以菘菜芼之，仍入浑。葱白数茎，不得搅，半熟入生姜、萝卜汁及酒各少许，三物相等，调匀乃下。临熟，入橘皮线，乃食之。"过程严谨、火候精确、调味独特。

他还是羊蝎子的发明人，"买时，嘱屠者，买其脊骨耳。骨间亦有微肉，熟煮热漉出。不乘热出，则抱水不干。渍酒中，点薄盐炙微燋食之。终日抉剔，得铢两于青紫之间，意甚喜之，如食蟹螯"。意思是说：苏轼私下嘱咐杀羊人，给他留些没人要的羊脊骨，毕竟骨头之间还有一点点羊肉。取回家后，先将羊脊骨彻底煮透，再用酒浇在骨头上，点盐少许，用火烘烤，等待骨肉微焦，便可食用。他呢，终日在羊脊骨间摘剔碎肉，自称就像吃海鲜虾蟹的感觉和味道。

《东坡羹颂》云：东坡羹，盖东坡居士所煮菜羹也。不用鱼肉五味，有自然之甘。其法以菘若蔓菁、若芦菔、若荠，皆揉洗数过，去辛苦汁。先以生油少许涂釜缘及瓷碗，下菜汤中。入生米为糁，及少生姜，以油碗覆之，不得触，触则生油气，至熟不除。意思是：将各种蔬菜反复揉洗干净，除去菜蔬中的苦汁儿；在大锅和大平口瓷碗的四周涂抹生油；将米和切碎的蔬菜及少许生姜放入锅中煮菜羹，用油碗覆盖但不触碰菜羹，否则会有生油味，很难去除。

《豆粥》中他写北方豆粥的加工制作："地碓春秔光似玉，沙瓶煮豆软如酥。"粳稻一定要用地碓春，豆子一定要用沙瓶煮，这样做出来的豆粥才会美味。惠州土芋虽然普通，却是难得的好食材，然而惠州人却不会吃。他说："今惠人皆和皮水煮冷啖，坚顽少味，其发瘴固宜。"惠州加工和食用土芋的方法是连皮水煮，凉了再吃，过于简单粗暴了，致使土芋"坚顽少味"。不仅不美味，而且容易生瘴气。苏轼探索出来的惠州土芋的加工与食用方法是："芋当去皮，湿纸包，煨之火，过熟，乃热啖之，则松而腻，乃能益气充饥。"他强调土芋一定要去皮，用湿纸包，用火煨，而且趁热吃，这样才会松软细腻。土芋香甜，令人回味无穷，而且还具养身的功能。

苏轼总结烹饪实践的文章还有很多，其中大多是他原创的烹饪技法，都有自己对菜品的理解。他对美食理念和饮食思想也提出了独到的见解，一些知名的词句至今被大家引用。

苏轼对于食物的味，追求自然清鲜，《浣溪沙·细雨斜风作晓寒》一词中，不仅描写了很多美食，更表达了他的美食理念。

细雨斜风作晓寒，淡烟疏柳媚晴滩。入淮清洛渐漫漫。

雪沫乳花浮午盏，蓼茸蒿笋试春盘。人间有味是清欢。

他的"人间有味是清欢"既是描写这些食物的清淡，也是他对人生的慨叹。

在《和蒋夔寄茶》一诗中，诗歌描写的是美食与茶。诗中所写的美食包括各地美食风味，特别值得说的是，苏轼将美食的视觉美和味觉美进行了对比和交融。

他描绘江南美食与茶的形状之美："金齑玉脍饭炊雪，海螯江柱初脱泉。临风饱食甘寝罢，一瓯花乳浮轻圆。""金齑玉脍"写的是鲈鱼脍之类的美食。所谓"金齑玉脍"，是对美食色彩的描述，表示晶莹剔透，洁白无瑕。"海螯江柱"是指海鲜与河鲜之类的美味。"初脱泉"说它们是刚刚从泉水中捕捞上来的，味道极为鲜美。"海螯"是指海蟹一类的食物，"江柱"是指江瑶柱之类的贝类河鲜。苏轼描写冲茶的情形："一瓯花乳浮轻圆。""花乳"，从字面理解是花的乳汁，描绘的是冲茶时茶水上浮起的乳白色的泡沫。把菜品的色彩、形态、感觉都生动地描写出来，"花乳""轻圆""金齑玉脍""初脱泉"这几个词用得真是太美了。

《初到黄州》："自笑平生为口忙，老来事业转荒唐。长江绕郭知鱼美，好竹连山觉笋香。逐客不妨员外置，诗人例作水曹郎。只惭无补丝毫事，尚费官家压酒囊。"饮食虽为本能，但享受也自在其中。"长江绕郭知鱼美，好竹连山觉笋香。"长江的鲜鱼、山野中的竹笋，既是美景的呼应，也是味觉的绝配。

《超然台记》中他曾经这样说过："凡物皆有可观。苟有可观，皆有可乐，非必怪奇伟丽者也。哺糟啜醨皆可以醉，果蔬草木皆可以饱。"表明一切顺其自然，心情好，吃什么都可以很舒服，是生活的心态，也是饮食的境界。

（二）各地游历，收获美食

苏轼一生，颠沛流离、坎坷飘零，却始终幽默风趣、豁达乐观。虽仕途波折、数次贬谪，却从未失去对生活和美食的乐观追求。苏轼一生旅居过很多地方，品尝、制作过无数美食。对此，他自己留下很多有趣而美妙的记述。既描写了各地的美食风情，又比较完整地呈现出他高雅的艺术趣味和高尚的生活品位。苏轼成为各地美食文化的传播使者，所记食物大都成为各地的传世美食，成为经典的文化记忆，也成为旅游打卡的目的地。

江南一带的美食游历，"乌菱白芡不论钱，乱系青菰裹绿盘。忽忆尝新会灵观，滞留江海得加餐。"乌菱、白芡在夏秋季节的杭州西湖里到处都是，根本不用花钱买，然而却美味无比。

描写吴中的橘之味美："香雾噀人惊半破，清泉流齿怯初尝。吴姬三日手犹香。"

苏轼在常州品尝了江南的河豚等美食，写下了著名诗句："竹外桃花三两枝，春江水暖鸭先知。蒌蒿满地芦芽短，正是河豚欲上时。"现在是介绍河豚的必用词句，也是河豚店家流行的广告语。

苏轼在密州或徐州地区为官时写了一首《寒具》，徐州及黄淮一带称之为"馓子"。不仅描写了馓子制作的过程，还表达了馓子的特点，让人浮想联翩。

纤手搓成玉数寻，碧油轻蘸嫩黄深。

夜来春睡浓于酒，压褊佳人缠臂金。

被贬到岭南地区后，虽然生活很艰苦，但追求美食的乐趣一点没有动摇。其中写荔枝的一首特别有名，做美食的、卖荔枝的人都经常引用，就连画家在画荔枝题材的作品时，常常作为提款词。

罗浮山下四时春，卢橘杨梅次第新。

日啖荔枝三百颗，不辞长作岭南人。

他到了廉州（今属广西），吃了当地产的龙眼，他写诗赞美都不顾及诗题的含蓄了。《廉州龙眼质味殊绝可敌荔枝》形容廉州的龙眼味美，还将龙眼与荔枝作了对比。

龙眼与荔枝，异出同父祖。

端如甘与橘，未易相可否。

异哉西海滨，琪树罗玄圃。

累累似桃李，——流膏乳。

苏轼到海南以后，开始对海鲜有兴趣了，其中写的《食蚝》最为有趣，他说："海蛮献蚝，剖之，得数升，肉与浆入水与酒并煮，食之甚美，未始有也。"有趣的不是做蚝，而是食完生蚝以后，给儿子写了一封信，信曰："无令中朝士大夫知，恐争谋南徙，以分此味。"意思是我在这里发现一个超级美味的食物，你有时间一定要来尝一尝，我只告诉你一个人，千万别让那些大臣们知道了，不然他们就会争先恐后地来分享这个美食，我们就无法独享美味了。

（三）美食专著，永世流传

苏轼的美食诗文、美食赋实在太多，其中著名的有《老饕赋》《撷菜》《鳆鱼行》《豆粥》等。只选《老饕赋》和大家分享，对选料、季节、火候、调味等都作了精彩的描述，值得认真研读。

原文

　　庖丁鼓刀，易牙烹熬。水欲新而釜欲洁，火恶陈而薪恶劳。九蒸暴而日燥，百上下而汤鏖。尝项上之一脔，嚼霜前之两螯。烂樱珠之煎蜜，潋杏酪之蒸羔。蛤半熟而含酒，蟹微生而带糟。盖聚物之夭美，以养吾之老饕。婉彼姬姜，颜如李桃。弹湘妃之玉瑟，鼓帝子之云璈。命仙人之萼绿华，舞古曲之郁轮袍。引南海之玻黎，酌凉州之葡萄。愿先生之耆寿，分余沥与两髦。候红潮于玉颊，敬暖响于檀槽。忽累珠之妙唱，抽独茧之长缲。闵手倦而少休，疑吻燥而当膏。倒一缸之雪乳，列百柁之琼艘。各眼滟于秋水，咸骨醉于春醪。美人告去已而云散，先生方兀然而禅逃。响松风于蟹眼，浮雪花于兔毫。先生一笑而起，渺海阔而天高。

译文 ─────────────────────────────▼

　　庖丁来操刀、易牙来烹调。烹调用的水要新鲜，镗碗等用具一定要洁净，柴火也要烧得恰到好处。有时候要把食物经过多次蒸煮后再晒干待用，有时则要在锅中慢慢地文火煎熬。吃肉只选小猪颈后部那一小块最好的肉，吃螃蟹只选霜冻前最肥美的螃蟹的两只大螯。把樱桃放在锅中煮烂煎成蜜，用杏仁浆蒸成精美的糕点。蛤蜊要半熟时就着酒吃，蟹则要和着酒糟蒸，稍微生些吃。天下这些精美的食品，都是我这个老食客所喜欢的。筵席上来后，还要由端庄大方、艳如桃李的大国美女弹奏湘妃用过的玉瑟和尧帝的女儿用过的云璈傲。并请仙女萼绿华就着《郁轮袍》优美的曲子翩翩起舞。要用珍贵的南海玻璃杯斟上凉州的葡萄美酒。愿先生六十岁的高寿分享一些给我。喝酒红了两颊，却被乐器惊醒。忽然又听到落珠、抽丝般的绝妙歌唱。可怜手已经疲惫却很少休息，怀疑酒性燥烈却把它当成膏粱。倒一缸雪乳般的香茗，摆一艘装满百酒的酒船。大家的醉眼都欣赏潋滟的秋水，大家的骨头都被春醪酥醉了。美人的歌舞都解散了，先生才觉醒而离去。趁着（水）煮出松风的韵律，冒出蟹眼大小的气泡时，冲泡用兔毫盏盛的雪花茶。先生大笑着起身，顿觉海阔天空。

四、袁枚与《随园食单》

　　袁枚不仅是一位远近闻名的园林艺术家，在美食上也颇有建树。袁枚每次去朋友家做客都要带上自己家的厨师，如果遇到心仪的美食一定要让自己的厨师去学习。袁枚还特别喜欢收集菜谱，为求得一份心仪的食谱甚至不惜身份给人鞠躬。《随园诗话·点心菜》中记载："偶食新明府馒头，白细如雪……请其庖人来教，学之卒不能松散。"他还喜欢结交天下名厨，南京名厨王小余厨艺高超，为袁枚所折服，拒绝了很多富豪盐商的邀请，甚至是做御厨的机会，也要在随园里做饭。王小余去世后袁枚久久不能平静，每到吃饭的时候都会想起这个美食知己，有时还会潸然泪下。还为他专门写了传记《厨者王小余传》流传至今。33岁时，袁枚辞官归隐，除吟诗作对、游山玩水外，袁枚潜心研究饮食文化和烹饪规律。他写的须知单、戒单，就是烹饪规律的总结和归纳。

袁枚最大的美食贡献是和家厨王小余共同完成的《随园食单》。《随园食单》中详细记载了各式各样的美食，系统地讲述了烹饪技术和南北菜点的制作，全书分须知单、戒单、海鲜单、杂素菜单、点心单、饭粥单、茶酒单等十四个方面，可见从选材到搭配颇有讲究。

随园食单的来历：乾隆十三年（1748年）秋天，步入仕途十年的袁枚偶然了解金陵小仓山下的"隋园"出售，隋园乃是康熙年间江宁织造曹寅家族园林的一部分，曹寅被抄家后由接任江宁织造的隋赫德接手改名隋园，隋园也是《红楼梦》中大观园的原型，地理位置极佳，虽然尘封荒废已久，但是袁枚却觉得可以改造成一片属于自己的清净之地，随即斥重金三百两银子购下，改名"随园"，取随心所欲、返璞归真之意，为辞官埋好了伏笔。次年，三十三岁的袁枚在朝廷刚提拔他的时候选择急流勇退，开启了他探索美食的人生之旅。《随园食单》也由此得名。

《随园食单》是被翻译为外文最多的一部美食巨著，成为中国饮食烹饪文化史上一部最为体大思精的重要著作。日本学者高度评价《随园食单》，称该书为"中华烹饪的圣书"，烹调师必须了解须知单和戒单举出的三十四项有关烹饪方面的注意事项，"不论作为中国的饮食，还是日本饮食、西洋饮食的基础教养，都是通用的。"其中关于上菜次序、美食美器、戒目食等独特的见解至今被烹饪行业所采用。

第四节
饮食的时令文化

一、不时不食的内涵

"不时，不食"在不同时期的概念是不同的，人们对它的理解也是不完全相同的。主要有三个时期，一个是孔子时期提出的不时不食，一个是袁枚时期提出的不时不食，另一个就是现代提出的不时不食。

我们先来分析孔子提出的不时不食，《论语·乡党第十》："食不厌精，脍不厌细，食饐而餲，鱼馁而肉败不食。色恶不食，臭恶不食。失饪不食，不时不食。割不正不食，不得其酱不食。"这里面的不时不食，很多人解释为吃东西要应时令、按季节，到什么时候吃什么东西。包括很多知名的饮食文化专家，如王子辉先生也认为：孔子说的不时不食，是指不是时候成熟的动植物就不要吃。但笔者觉得不应该这样理解，因为那个时期的人都是按照季节去吃东西的，也只能按照季节自然生长规律去吃东西，那时没有并且不会种植反季节食物，更不可能在食物还没有成熟就吃的，这个基本常识人们早已熟知了。也许在极其贫困饥饿的情况下才会吃还没有成熟的食物，但孔子的这段里开头就是"食不厌精，脍不厌细"，可见，不是描述极其饥饿状态的饮食。笔者查了一些资料，也有人认为孔子的不时不食，是指不是进餐的正常时间不可以吃东西。也就是说，早餐一般几点、午餐一般几点，按一定时间规律进食。这个观点笔者比较认同。因为从那个时期有关时节的论述来分析，基本上都是围绕养生来论述的。

《黄帝内经》："智者之养也，必须四时而适寒暑，和喜怒而安居处，节阴阳而调刚柔。如是刚辟邪不至，长生久视。"也就是说，真正会养生的智者，必须顺守四季变化，适用寒暑交替规律，调和喜怒，安定居处，调节阴阳刚柔，使之达到和谐平衡状态，如此辟邪不正之病便不会产生，可保延年益寿。最早的时节饮食就是从养身出发的。

有一段经常被大家引用的时节名句，是《礼记·内则》中的："凡和，春多酸，夏多苦，秋多辛，冬多咸。调以滑甘。"笔者查了很多资料，包括网上的解释，绝大多数都是说，食物的调味，春天多用酸味，夏天多用苦味，秋天多用辛辣，冬天多用咸味，以调入滑润甜美的食物。看到好几本饮食文化和饮食哲学类的专著，都持有这样的观点，而且还作了解释和分析。这个解释正确吗？为了写"不时不食"这个章节，笔者也看了很多季节养生的书，发现矛盾很多，如孙思邈认为：春少酸增甘，夏少苦增辛，秋少辛增酸，冬少咸增苦，四季少甘增咸。两者看来完全对立。《黄帝内经·素问·藏气法时论》云："肝主春……肝苦急，急食甘以缓之……肝欲散，急食辛以散之，用辛补之，酸泻之。"在五脏与五味的关系中，酸味入肝，具收敛之性，不利于阳气的生发和肝气的疏泄，所以饮食调养方面要考虑春季阳气初生，宜食辛甘发散之品，不宜食酸收之味。还有很多中医养生典籍都认为春少酸增甘，夏少苦增辛，秋少辛增酸，冬少咸增苦。是《礼记·内则》错了，还是孙思邈的观点错了呢？其实《礼记·内则》和孙思邈的说法都没有错，而是应用和理解的人错了。春多酸，夏多苦，秋多辛，冬多咸，到底是什么意思？也许表示春天体内或环境多酸、夏天体内或环境多苦的意思。但可以肯定的是，春多酸，夏多苦绝对不是春天要多吃酸味、夏天要多吃苦味，反而是春天不能多酸，要少酸增甘，中医的表述是意在扶衰。

袁枚《随园食单·须知单》时节须知："夏日长而热，宰杀太早，则肉败矣。冬日短而寒，烹饪稍迟，则物生矣。冬宜食牛羊，移之于夏，非其时也。夏宜食干腊，移之于冬，非其时也。辅佐之物，夏宜用芥末，冬宜用胡椒。当三伏天而得冬腌菜，贱物也，而竟成至宝矣。当秋凉时，而得行鞭笋，亦贱物也，而视若珍馐矣。有先时而见好者，三月食鲥鱼是也。有后时而见好者，四月食芋艿是也。其他亦可类推。有过时而不可吃者，萝卜过时则心空，山笋过时则味苦，刀鲚过时则骨硬。所谓四时之序，成功者退，精华已竭，褰裳去之也。"

这段话从加工、调味、食材几个方面论述了饮食与时节的关系。可以看出也不是按照季节生长规律来吃东西的意思，袁枚的《随园食单》主要理念是如何让食物更好、更精。他的时节理念不仅仅是按照季节生长来吃食物，而是要求在某个时间段食物最好吃的时候选用。牛羊四季都有，但冬季吃更好（江南一带的习惯）。特别是对加工的时间节点要求非常严格，是在追求食物的完美状态。

袁枚在《随园诗话》写道："凡菱笋、鱼虾，从水中采得，过半个时辰，则色味俱变"。鲜嫩多汁的菱笋一经采摘，鱼虾一经捕捞，不过一个小时，色香味俱变。菱笋、鱼虾看似形态不变，实则味道早已变质，无法再食用了。《随园食单》还记述了"炒蟹粉"，说现剥现炒的蟹粉为佳，过两个时辰，则肉干而味失。所以袁枚的不时不食，是指在最好的加工时机和最好的生长时间选择食材，追求菜品风味的最佳效果。

当然也有观点不同的，同光体诗派代表人物陈衍，他在1915年出版的一本《烹饪教科书》中，就在"食物不能分时令"一节中，与《随园食单》的说法相异。

陈衍说："食品不能分时令，猪羊鸡鸭，四时皆有，不能强派定某时食猪、某时食羊、某时食鸡、某时食鸭也。惟鱼与蔬菜，四时不同，有此时所有，为彼时所无者。然南北亦各不同，如南边鸡四时皆有，鸭则夏秋间新鸭方出；北边鸭四时皆有，鸡则夏季新鸡方出。鲥鱼上市，南边自春末至夏初，北边则五六月尚有。海螃蟹南边冬季上市，北边则上市两次，一春夏之交，一秋季，冬季无有。蔬菜则北边地冷，上市迟于南边，且北边冬季无生菜，惟有大白菜。其余鱼类，有北边所有，南边所无者，如鳊鱼、鲢鱼（南边呼胖头鱼）；北方甚罕，黄鱼无大者，铁道通后，始有之耳。故食品不能断定某为春季，某为夏季，某为秋季，某为冬季。只有预备多品，分门别类，以待随时随地酌用之耳。"

其实也不矛盾，袁枚更多的是从江南地区的时节角度出发，陈衍是从全国的角度考虑的，不同的地区，温度、气候、上市时间会有差别，不同区域应该有自己的时节要求。

现代人的不时不食，要求远没有袁枚那么高，就是指不吃不是当季自然生长的食物，因为交通、物流发达了，食物打破了时间和空间的界限。正如上面陈衍所说的，南方的蔬菜已经上市了，北方蔬菜还没有上市，通过物流可以让北方提前吃到南方的蔬菜。据说江南地区春天吃的西瓜都是南方运来的，南方天气热，西瓜比江南提前几个月就成熟了。但为了保证运输到江南地区不变质、不过熟，一般在西瓜还没有完全成熟的时候就摘下来，这种就没有西瓜特有的香甜味道。现代种植和养殖技术十分发达，什么季节的蔬菜都可以全年供应，虽然给市场带来了丰富的食材品种，但风味问题、营养问题都还没有完全解决。现在的小孩都不知道西瓜、黄瓜应该是哪个季节的产物了。这还算比较好的，使用催熟剂、保鲜剂等种植和运输的食材已经很难找到原有的风味，所以我们能吃到自然生长的应时应季的食材已经是很奢侈的事情了。现代人理解的不时不食还包含了大家对季节养身的关注，而人们似乎对于螃蟹拆肉2小时内食用最佳、挖出来的笋3小时内食用最佳等最佳时机的把握已经没有过多讲究了。

二、时令饮食与养生

1. 春季饮食与养生

赵建新《〈黄帝内经〉十二时辰和二十四节气养生》根据"春夏养阳"的养生原则："春日宜省酸，增甘，以养脾气"。脾属土，土性敦厚，是万物生化的基础，中医学又称脾胃为"水谷之海""气血之源"。甘味食物有滋养、补脾、润燥、补气血、解毒及缓解肌肉紧张的作用，有助于脾的运化。

惊蛰、春分同属仲春，此时肝气旺，肾气弱，而且此时雨水多，湿气重，要健脾，并多食用温补阳气的食物，忌讳以热补助长阳气。而春分时节大量气血外行，讲究饮食的均衡，宜清补不宜浊补，所以要多吃新鲜蔬菜、水果，可多食用豆苗、莴笋、春笋、韭菜、桑葚、樱桃等时令蔬果。春天木旺，耗费的水分相对大，因此要多喝水、粥、汤，以清除肝热，补充体内流失的水分，忌食大热、大寒的食物。

2. 夏季饮食与养生

夏季是阳气最盛的季节，气候炎热而生机旺盛。此时是新陈代谢的时期，阳气外发，伏阴在内，气血运行也相应地旺盛起来，活跃于机体表面。夏天的特点是燥热，"热"以"凉"克之，"燥"以"清"驱之。

中医认为"心与夏气相通应"，心的阳气在夏季最为旺盛，所以夏季更要注意心脏的养生保健。夏季养生重在精神调节，保持愉快而稳定的情绪，心静自然凉，可达到养生的目的。

《千金要方》中就提出："夏七十二日，省苦增辛，以养肺气"。

省苦增辛，即少食苦味，多进辛味。中医五行学说认为，夏时心火当令，而苦味食物尽管有清热泻火、定喘泻下等功用，却会助心气而制肺气，因此不建议夏季多吃，以免心火过旺。由于心火能够克肺金，而辛味归肺经，所以夏季尽管天气热，人们可以适当多吃些辛味的东西，如辣一些的萝卜以及葱白、姜、蒜等，其有发散、行气、活血、通窍、化湿等功用，可补益肺气，尤其是肺气虚的人更应如此。

归纳一下夏天饮食应清热、杀菌、清淡，清热的食物，例如红豆粥、荷叶粥、绿豆粥、冬瓜、黄瓜等。夏季也是肠胃疾病高发的季节，多吃一些杀菌蔬菜，可以预防疾病，例如洋葱、大蒜、大葱等。夏天总体口味不佳，所以食物口味以清淡为主。

3. 秋季饮食与养生

秋天乃由热转凉之交接，饮食以养、收为原则，要多吃些滋阴润燥的食物，宜收不宜散，所以要尽量少吃葱、姜等辛味之品，适当多食酸味果蔬。《饮膳正要》云："秋气燥，宜食麻以润其燥，禁寒饮。"霜降是秋冬气候的转折点，也是阳气由收到藏的过渡，因此"补冬不如补霜降"，应以平补为原则，"润燥、固表、益气"。

秋天少吃一些辛味的食物，这是因为肺属金，通气于秋，肺气盛于秋。少吃辛味，是要防肺气太盛。中医认为，金克木，即肺气太盛可损伤肝的功能，故在秋天要"增酸"，以增加肝脏的功能，抵御过剩肺气之侵入。根据中医营养学这一原则，要多吃一些酸味的水果和蔬菜。秋天吃葡萄好，葡萄还富含矿物质和类黄酮，可抗衰老。秋天吃秋梨好，梨具有清热解毒、生津润燥、清心降火的作用。对肺、支气管及上呼吸道有相当好的滋润功效，还可帮助消化、促进食欲，并有良好的解热利尿作用。

酸味的水果有苹果、石榴、葡萄、柚子、柠檬、山楂等。总之，秋天要适当多吃酸的食物，从而达到养肺同时养肝的目的。

4. 冬季饮食与养生

中医认为，冬季在五行为水，在五味为咸，在五色为黑，在五脏为肾。例如黑色食物黑米、黑豆、黑芝麻、黑枸杞、黑枣、黑木耳、黑荞麦等；自身带有淡咸味的食物如海蜇、海带、紫菜、墨鱼、海参等，也具有养肾的功效；莲藕、莲子、荸荠等水中的食物也有补肾的功效。除符合以上特征的食物以外，保暖、防寒也都是冬季的食物选择。羊肉能补中益气，开胃健脾，性热味甘，具有暖中祛寒、温补气血、补阴衰、壮阳肾、增精血的功效，在冬季食用羊肉对身体更为有益。冬季多食用大枣，可以弥补人体维生素的不足。

根据养生原则，冬天少食咸，以防肾水过旺，多吃苦的食物，增强肾功能，如红茶等。

三、时令饮食与食俗

二十四节气起源于黄河流域，最开始以黄河流域的天文物候为依据，地理条件复杂，各地物候悬殊。所谓十里不同风，百里不同俗，但在传承与扩散的过程中，二十四节气不断与各地风土相适应，构建出广泛适用于全国的时序观念，饮食差异也非常大。所以不可能把各地的时节饮食风俗具体和全面描述，每个季节选择一些代表性的节气食俗作简单介绍。

1. 春季食俗

立春，此时很多地方都有吃春饼（称为"咬春"）的习俗，可以追溯到晋代。潘岳《关中记》载："于立春日做春饼，以春蒿、黄韭、蓼芽包之。"而据汉代崔寔《四民月令》记载，我国很早就有"立春日食生菜……取迎新之意"的饮食习俗。到了明清以后，所谓的"咬春"主要是指在立春日吃萝卜。明代刘若愚《酌中志·饮食好尚纪略》载："至次日立春之时，无贵贱皆嚼萝卜，曰'咬春'。"旧时立春日吃春饼这一习俗不仅普遍流行于民间，在皇宫中春饼也经常作为节庆食品颁赐给近臣。陈元靓《岁时广记》载："立春前一日，大内出春盘并酒，以赐近臣。盘中生菜染萝卜为之装饰，置篏中。"萝卜正是辛甘发散的食物。清代诗人蒋耀宗和范来宗《咏春饼》联句对此有精彩生动的描写："匀平霜雪白，熨帖火炉红。薄本裁圆月，柔还卷细筒。纷藏丝缕缕，馋嚼味融融。"从立春到清明，大地渐暖，清气上升。《黄帝内经·素问·阴阳应象大论》："寒气生浊，热气生清。"清明，乃上清下明之意，即天空清而大地明，饮食起居要顺应自然。清明节气前后是高血压的易发期，应当减轻和消除异常的情志反应，怡情养性，多吃荠菜、韭菜等时令蔬菜，并以萝卜、红薯、芋头、白菜等温胃除湿，以银耳等甘平、润肺生津之食物柔肝养肺。

2. 夏季食俗

立夏之后天气渐热，植物繁盛，是养护心脏的最好时机。江苏有的地方有立夏吃甜酒酿，尝三鲜（蚕豆、苋菜、蒜苗），吃咸鸭蛋和立夏饼的习俗。旧时用丝线编成

"蛋络子"，内放咸鸭蛋，挂在小孩胸前，祈求不"疰夏"。家家户户还用面粉做成各种馅的麦饼，称之为立夏饼（《望亭镇志》）。

夏至又称"夏至节"，是阳气最旺的时节，民间有吃面条、吃粽子、吃馄饨等习俗。因汗多耗损心气，饮食以清淡为主，注意营养均衡而有节制，应侧重健脾、消暑、化湿。立夏正是进入三伏天的开始，应当减少外出以避暑气。俗话说"头伏饺子，二伏面，三伏烙饼摊鸡蛋"，这种吃法便是为了使身体多出汗，排出体内的各种毒素。无锡夏至早晨吃麦粥，中午吃馄饨，取混沌和合之意，谚语云："夏至馄饨冬至团，四季安康人团圆。"山东各地夏至日普遍喜食凉面，并配以生黄瓜、大葱、煮鸡蛋。

3. 秋季食俗

立秋，是阳气渐收，阴气渐长，由阳盛逐渐转变为阴盛的转折。在自然界，万物开始从繁茂成长趋向萧瑟成熟。在南方有"立秋啃秋瓜"的习俗，在入秋的这一天多吃西瓜，以防秋燥，久之形成习俗。民国时期出版的《首都志》记载："立秋前一日，食西瓜，谓之啃秋。"

民间还有立秋贴秋膘的习俗，民间流行在立秋这天以悬秤称人，将体重与立夏时对比来检验肥瘦，体重减轻叫"苦夏"。那时人们对健康的评判，往往只以胖瘦做标准。瘦了当然需要"补"，补的办法就是"贴秋膘"，吃味厚的美食佳肴，当然首选吃肉，"以肉贴膘"。从中医角度看，春夏养阳、秋冬养阴的原理，秋冬是需要进补的。秋季适当进补是恢复和调节人体各脏器机能的最佳时机，但以时令的食物平补为好，肉贴膘不一定是最好的进补方式。时令的山药、花生、胡桃、百合、莲子、红枣、扁豆、藕等都是秋季的佳品。更不建议用各种药物补品来强补，"有病治病，无病强身"的理念不可取。

4. 冬季食俗

冬至，古代被认为是朝野重要的节日，有"冬至大如年"之说，俗称"过冬""正冬""交九"，"过了冬至，一天长一绳子""冬至饺子夏至面"，北方民间有吃饺子防冻耳朵的习俗。南方冬至很多地方吃汤圆，寓意"圆满""团圆"。潮汕民谚"冬节丸，一食就过年"，他们将汤圆称作甜丸，又叫"冬节丸"。而冬至前后，客家人习惯要蒸糯米粿、做圆粄祭祖，叫作"团冬"。家家户户要在冬至日酿"冬至酒"，做"冬至肉"，做"冬至菜"。《石窟一征》载："俗以冬至制酒名冬至酒，谓冬至则水味厚可以久藏，故谓之'冬至老酒'。"民谚"冬至羊，如参汤，夏至狗，吃了满山走"，指的是冬至用红枣、糯米蒸羊肉，吃了很补身体。因此，冬至前后市场上羊肉生意特别兴隆，各家各户都要买些回来煮酒"补冬"（《蕉岭文史》）。山东民间有"蒸冬"的习俗，即把五谷杂粮磨成面粉，蒸成窝头，作为全天的食物，以兆丰年。农谚还有"蒸冬蒸冬，扬场有风"的说法（《莱阳县志》）。

四、时令饮食与食材

厨师选择食材是一门学问，除了前面所讲的养生、食俗的知识需要了解，更重要的还有季节食材的风味特征。文惠太子问颙曰："菜食何味最胜？"颙曰："春初早韭，秋末晚菘。"意思是，文惠太子问手下的人：菜什么时候吃最佳呢？手下回答，初春的时候吃头茬的韭菜，秋末吃打过霜的成熟白菜。袁枚也说过，我们不仅了解食材的应市季节，还要清楚哪个时间段食用最美味。笔者记得以前遇到捕捉螃蟹的人，偶尔发现一只刚脱壳的软壳蟹，赶快跑步回家，用最快的时间烹饪，确保软壳蟹的鲜美和口感。

民间有句谚语，"春吃芽、夏吃瓜、秋吃果、冬吃根"。春季是各种植物嫩芽食用的最好季节，如豌豆苗、韭菜苗、香椿芽、荠菜芽等。夏季是食用瓜类的最好季节，如黄瓜、苦瓜、西葫芦、冬瓜、佛手瓜、丝瓜等。秋天上市的果实有板栗、花生、核桃、榛子等。冬天根茎类食材丰富，如红薯、萝卜、马铃薯、山药、竹笋、莲藕等。

除上面的植物性原料外，动物性原料也有最佳时节选择，以鱼为例，如春天，"桃花流水鳜鱼肥"，鳜鱼就是当之无愧的"春令时鲜"，以三月份桃花盛开时最为肥美。郑板桥："扬州鲜笋趁鲥鱼，烂煮春风三月初。吩咐厨人休斫尽，清光留此照摊书。"说明春笋上市的三月，鲥鱼最鲜。夏天，民间有"小暑黄鳝赛人参"之说，说明小暑季节吃鳝鱼最补人。秋天，张翰："秋风起兮木叶飞，吴江水兮鲈正肥。三千里兮家未归，恨难禁兮仰天悲。"是说秋天的鲈鱼最肥美。冬天，明代《嘉靖太仓州志》更有记载："鲫，至冬味肥美，故吴俗有冬鲫夏鲤之谚，此盖小鲜之佳者。"民间有冬吃鲫鱼夏吃鲤的说法。

江南人有一张"吃鱼时间表"：正月鲈鱼、二月刀鱼、三月鳜鱼、四月鲥鱼、五月白鱼、六月鳊鱼、七月鳗鱼、八月鲃鱼、九月鲫鱼、十月草鱼、十一月鲢鱼、十二月青鱼。

古代也有一些书籍专门介绍了不同时节应季的食材，包括动物性原料最肥美的季节特征。如《明史·志·礼五》的记载是：

正月，韭、荠、生菜、鸡子、鸭子。二月，水芹、蒌蒿、薹菜、子鹅。三月，茶、笋、鲤鱼、鲎鱼。四月，樱桃、梅、杏、鲥鱼、雉。五月，新麦、王瓜、桃、李、来禽、嫩鸡。六月，西瓜、甜瓜、莲子、冬瓜。七月，菱、梨、红枣、葡萄。八月，芡、新米、藕、茭白、姜、鳜鱼。九月，小红豆、栗、柿、橙、蟹、鳊鱼。十月，木瓜、柑、橘、芦菔、兔、雁。十一月，荞麦、甘蔗、天鹅、鸬鹚、鹿。十二月，芥菜、菠菜、白鱼、鲫鱼。

清代《清史稿·志·礼四》的记述，大体为：

正月鲤鱼、青韭、鸭卵，二月莴苣、菠菜、小葱、芹素、鳜鱼，三月王瓜、蒌蒿、芸薹、茼蒿、萝菖，四月樱桃、茄子、雏鸡，五月桃、杏、李、桑葚、蕨香、瓜子、鹅，六月杜梨、西瓜、葡萄、苹果，七月梨、莲子、菱、藕、榛仁、野鸡，八月山药、栗实、野鸭，九月柿、雁，十月松仁、软枣、蘑菇、木耳，十一月银鱼、鹿肉，十二月蓼芽、绿豆芽、兔、蟫蝗鱼。其豌豆、大麦、文官果诸鲜品，或廷旨特荐者，随时内监献之。

第五节

饮食的礼仪文化

我国是礼仪之邦，数千年来礼仪一直被传承和延续。但近年来，礼仪逐渐淡化，特别是饮食礼仪，很多家庭都不重视长幼之礼，一切都以孩子为重，当然从健康的角度说，给孩子补充营养是无可厚非的，但在聚餐或正规宴会时，一些孩子满桌子找自己喜欢的东西，或有些家长夹一块食物追着小孩喂食，实在有失饮食之礼。现在很多国家在中小学推行烹饪教育，其实也应该学一些饮食礼仪，对孩子的饮食行为规范有很好的引导作用。

2005年，日本公布《食育基本法》，将饮食正式纳入教育大纲之中，在智育、德育和体育之外，饮食教育成为国家未来主人翁成长过程中的重要课程之一。饮食教育不是坐在教室中背诵知识，而是一套了解饮食、自然与身体的课程，包含去农家参观时令农作物的生长、了解食物送进厨房之后的处理过程和回收、了解身体机能与代谢，还包含了解国家粮食的供应机制。他们重视培养孩子的"食育精神"，让小朋友得知食物从产地到餐桌的过程，进一步认识食物与人的关系。

著名哲学教授张起钧说："日本蕞耳三岛！竟在近代崛起东亚蔚为强国，绝非偶然；除了他们人民勤奋努力外，而其社会教育非常好，乃使全国上下无不长幼有序，整饬有纪，奠立良好的社会基础。这种社会教育，并不在学校，而是存在于各行各业实际生活中。日本人什么事都爱讲个'道'，书道、茶道、棋道等，不一而足。从中国人的观点看来，这实在是小题大做，笨得可怜。譬如茶道吧！在中国人看来喝茶就喝茶，爱怎么喝怎么喝，你有三分考究，我有八分调排，各适其情各尽其妙就是了，为什么要如此复杂？我有一次看日本的茶道表演，实在忍不住想笑，架势很大，节目更多，可惜既不懂茶叶好坏又不懂得喝茶。但是日本人之了不起的地方，乃是就在这啰唆认真小题大做中，展开了极有价值的社会教育。每一个'道'不仅学习技术，并且都有许多洒扫应对做人应有的训练。一个人活着总会因某些兴趣而学一点玩艺，只要你学任何一种玩艺，便涉入了一种'道'，因之而学习了许多社会共处的礼，试问这个社会怎么不井然有序？这种社会教育，并不是日本人发明的高招，实际就是我们中国的礼乐之治的'礼'，不过日本人能维持不堕、有效施行而已。即拿我们现在谈的烹调饮食之事来说吧！一向就是我们推行社会教育、伦理教育的一件异常重要的事情，不过古人只做不说，而今人又不察罢了。

我们今天不仅要振兴这些家庭与社会上的饮宴礼教，并且还要'礼失而求诸野'，参酌日本的'道'风，拟定一套配合现代社会，切实可行的'吃道'，使我们不仅能发展烹调，人民享受到最好的饮食，同时就在这讲餐享用过程中，接受良好的教育。我们希望在这吃道大行中，人人都能受到做人的熏陶、科学的训练和艺术的陶冶。"

几十年前张起钧教授就提出了这个观点，目前国家也开始在学校中推行美食教育，其实不仅是做菜的方法，用餐的礼仪、相互的沟通、尊重，都应该是美食教育的内容，希望在社会层面都能传播这种食育文化。

一、祭祀中的饮食礼仪

中国最早的礼和最普泛、最重要的礼，可以说就是食礼。《礼记》："夫礼之初，始诸饮食"。人类最原始的礼就是食礼，食礼是诸礼源始，是中国历史上具有规范性的最重要的礼。祭祀礼仪是在食礼的基础上制度化的规范之礼。用食来敬神，是起源很早的礼仪形式。早期人类的饮食活动，当然只是一种果腹充饥的手段，食礼也是十分简单的，随着人类文化的发展，特别是有了社会意识以后，饮食礼仪就成了人类早期生活规范的重要内容。《管子·牧民》："仓廪实则知礼节，衣食足则知荣辱。"简单地说就是"衣食足则知礼节"。而这些饮食礼仪中第一个能统治人们思想形式的便是原始的祭祀活动。以我国来说，无论是从地下发掘的早期礼器和流传的神话传说及民间习俗，还是在现存的文献古籍上，都充分证明了这个论断的正确，历史上早已有人对此作了研究。《礼记》"夫礼之初，始诸饮食"的原句是："夫礼之初，始诸饮食，其燔黍捭豚，污尊而抔饮，蒉桴而土鼓，犹若可以致其敬于鬼神。"原文本义是蒙昧时代的先民极其尊重进食活动，食前必行对庇佑自身"鬼神"的感恩礼仪。赵荣光教授认为早期食礼固然十分简陋，然而却极其郑重。祭礼虽源于食礼，但规范化的祭礼形成以后，食礼不能等同祭礼，祭礼的内容和形式更为丰富，食物只是祭礼的道具和信物。如"酒"就是古代祭礼中珍贵的礼物之一，为了保证祭礼的严肃性和规范化，在祭礼活动中有严格的饮酒戒律："唯酒无量，不及乱"。还有"牺牲制作"，就是各种祭礼食物要选最好的，并且经过精心制作的。这种情况，在世界的其他地方也同样如此，柴尔德所著的《远古文化史》一书中有许多类似的记载，祭祀活动所用之牺牲，是经过成熟和精心加工的。因为这些食物最后都是被祭礼者享用的。贝尔纳在《历史上的科学》一书中：人们理想中的神祇天地等只能享受其精神要素，而部落首领和祭司僧侣等特权阶层则享受其物质要素，在文明时期到来以后（即奴隶国家产生以后），这便成了天经地义的了，而且随着最高统治人物的神化，这种活动便合二为一了。

这样，便导致了另一种类型饮食礼仪的产生。在我国古代，历代帝王的政府机构中，都有相应的专门机构料理这些事，《周礼》的"天官"就是负责天子祭礼的官员，有几千人负责皇宫的饮食和祭祀活动。《左传·成公十三年》记载："国之大事，在祀与戎。"祭祀仪式的重要表现之一就是荐献饮食祭品，行过祭礼后，周王室及其随从聚宴一处，享受这罗列百味的美食和来自内心的慰藉。

通过以上所述可知，在人类历史上，最神圣的饮食活动，先是用于祭祀，然后便是帝王的消费。不仅如此，专门生产食物的厨房，也是因为祭礼的需要而诞生的。

二、宫廷饮食中的君臣之礼

我国在原始社会时期，即传说中的三皇五帝时期，还谈不上宫廷御膳。那时的氏族首领大多生活俭朴。先秦时期的饮食礼政已经相当完备了。从肴馔品类到烹饪品位，从进食方式到筵席宴飨，等等，都对等级之别有着严格的规定。据《周礼》所载，当时的周王宫内便已经形成了一套完整而又分工细致的饮食备办班子。其主要工作人员有膳夫、庖人、食医等，膳夫为膳食机构的长官。周王对这套班子的职能作了明确定义："掌王之食饮膳馐，以养王及后世子。"

古代的皇宫宴饮礼仪不同于民间，等级森严、礼节繁缛，清宫廷宴更为突出。乾隆年间一次鹿鸣宴，主考以下各官员及贡生等，要向皇帝不断谢恩，诸如皇帝赐茶，众人要跪叩，将茶饮毕，又要叩头；臣至御前祝酒，还要三拜九叩。有人统计过，整个宴会众官员要向皇上跪拜三十三次，叩头九十九回。古代人吃顿饭也确实不容易，估计回家后还要补充点夜宵方能将息。

1. 食物和餐具的等级之别

周代盛行的青铜饮食器具——鼎，便是衡量社会身份等级的标志物：国君用九鼎，卿用七鼎，大夫用五鼎，士用一鼎或三鼎。豆也是如此（豆为古代食物的礼器），《礼记·礼器》载天子之豆三十有六，诸公十有六，诸侯十有二，上大夫八，下大夫六。食品的消费也是有严格限制的，《国语·楚语下》载观射父语："天子举以大牢，祀以会；诸侯举以特牛，祀以大牢；卿举以少牢，祀以特牛；大夫举以特牲，祀以少牢；士食鱼炙，祀以特牲；庶人食菜，祀以鱼。"从以上食物类别、多少和食器的数量看，君臣之间差异很大，表明君臣、士庶之间严格的差别。

直至清代，这种等级上的饮食规定依然十分严格，甚至有过之而无不及。以皇家宴会为例，皇帝宴桌有菜肴40品；皇后的头等宴桌膳品减少为32品；妃嫔的二等宴桌每桌2人，三等宴桌每桌3人，每桌菜肴则递减为15品。皇帝皇后吃不完的菜则往往赐给大臣们吃。

据文献记载，清皇宫大宴所用的宴桌、式样、桌面摆设及所用碗箸餐具形状名称，均有严格规定和区别。用箸方面也分等级，例如嘉庆元年（1796年）举行的千叟宴，宴席分一等桌，桌设殿内和廊下两旁，有资格入座者，乃王公和一二品大臣，还有外国使臣。除上火锅为银制外，进膳用的是四棱乌木箸。次等桌设在丹墀甬路和丹墀下，入席者三品至九品小官员，火锅为铜制，所用之箸虽为乌木，但较一等桌稍短，为圆柱形。

清代皇上一般用的是金箸、银箸、玉箸、紫檀嵌玛瑙筷，慈禧用的是翡翠镶金筷、象牙镶金箸等。可以说，皇帝即使在小小的餐具上，也要显示皇家的"尊""威""富""贵"的权势和荣耀。即使是世袭衍圣公的孔府，虽"位列文臣之首"，仅能用银箸、象牙筷。金筷不是买不起，而是不敢犯忌。金质餐具为皇家所独占，谁敢和真龙天子比显赫，那"潜越僭越""违制"的罪名是谁都担待不起的。

清代皇帝所用的金或玉已不足为奇，将金、银、象牙、玛瑙、紫檀等最贵重的材料于一身，集镶嵌工艺、微雕工艺于一体，这样似乎才能显出皇权登峰造极的威风尊荣。

2. 进食的礼仪规程

《礼记·玉藻》规定："若赐之食而君客之，则命之祭，然后祭；先饭辩尝馐，饮而俟。若有尝馐者，则俟君之食，然后食，饭，饮而俟。君命之馐，馐近者，命之品尝之，然后唯所欲。凡尝远食，必顺近食。君未覆手，不敢飧；君既食，又饭飧，饭飧者，三饭也。君既彻，执饭与酱，乃出，授从者。凡侑食，不尽食；食于人不饱。唯水浆不祭，若祭为已侪卑。君若赐之爵，则越席再拜稽首受，登席祭之，饮卒爵而俟君卒爵，然后授虚爵。君子之饮酒也，受一爵而色洒如也，二爵而言言斯，礼已三爵而油油，以退，退则坐取屦，隐辟而后屦，坐左纳右，坐右纳左。凡尊必上玄酒，唯君面尊，唯飨野人皆酒，大夫侧尊用棜，士侧尊用禁。"

意思是如果君王赐臣子吃饭，而且是以客礼对待臣子，那么臣子在进食之前要祭食，但也要先奉君命，然后再祭。祭过之后，臣子要先遍尝各种食品，然后慢慢地喝汤，以等候君王先吃。如果有膳宰尝食，则臣子既不须祭，也不须尝，而是等候君王吃过之后再吃，在等候君王吃饭时，自己可以喝点汤。君王命令臣子吃菜，臣子应该先吃就近的菜。君王命令臣子遍尝各种菜，然后臣子才可以想吃什么菜就吃什么菜。不论君王是否以客礼相待，凡是想取用远处的菜肴，一定要从近处开始，按照顺序，由近及远。臣子陪侍君王吃饭，在君王没有表示吃饱之前，臣子不敢先饱。在君王表示吃饱以后，臣子还要向君王劝食。劝食的礼数是臣子用汤浇饭吃，但以吃三口为限。君王吃完退席之后，侍食的臣子就可以携带吃剩的饭与酱，出门授给自己的随从以带回家，因为这是君王的恩赐。

凡是陪侍尊者吃饭，不可自己尽兴地吃。凡是做客吃饭，不可吃饱。在地位相等的人家吃饭，所有食品都应先祭，只有水和浆不祭，因为水、浆并非盛馔，如果也祭，就显得太降低自己身份了。

臣子侍饮君王，君若赐之饮酒，臣子就应离开座席，向君王行再拜稽首之礼，恭恭敬敬地接过酒杯，然后回到自己的座席，先祭酒，然后干杯。干杯之后，等待君王干杯，然后将空杯交给赞者。君子饮酒，饮第一杯时神色庄重，饮第二杯时神色和气恭敬；臣侍君饮，按礼是三杯为止，所以喝罢第三杯后，就应高高兴兴、恭恭敬敬地退下。退下以后要跪着取鞋，而且到堂下隐蔽处去穿。穿右脚时要左腿跪下，穿左脚时要右腿跪下。凡陈设酒樽，盛放玄酒的酒樽要放在上位，这是表示重古。君王宴其臣子，只有君王正对着酒樽，这表示此酒乃君王所赐。只有在款待下人时全部用一般酒，不用玄酒的礼数。大夫在宴请客人时，酒樽不能正对着主人，而要设于旁侧，放在撇上，以表示主客共有此酒。士在宴请客人时，酒樽的设置与大夫同，不同的只是改淤为禁罢了。

古代宫廷饭前必祭，用餐过程礼仪非常严格，特别是举行正规的皇家宴会，必须要明显地反映出君臣之别，突显皇权的威严。列举一个宫廷宴会的案例，就可以看出饮食礼仪的规范和复杂。

清宫"千叟宴"

这是清廷为年老重臣和社会贤达举办的盛大国宴，因为与宴者都是60岁以上的男子，并超过1000人而得名。该宴共举办过4次。第一次是康熙五十二年（1713年）康熙花甲大寿时举行，赴宴者2800余人，意在"享祚绵长，与民同乐"。第二次是康熙六十一年（1722年）康熙亲政60载时举办，赴宴者1000余人，席上康熙作《千叟宴诗》以纪盛况，群臣奉和。第三次是乾隆五十年（1785年）《四库全书》编成、已过七旬的乾隆喜得五世元孙时举行，赴宴者3000余人，还有少数民族和属国使节中的耆老参加，均得赏赐。第四次是嘉庆元年（1796年）年逾八旬的乾隆举行"归政大典"前夕举行，赴宴者3056人，106岁的熊国沛和100岁的邱成龙被赏六品顶戴，8名90岁以上的乡民被赏七品顶戴。

4次"千叟宴"都由礼部主持，光禄寺供置，精膳司部署，准备工作烦冗。首先各地申报名单，逐层审批和通传；其次要准备大量的物质，动用数万两白银；再次需调集数万厨役、民夫和军丁担任宴会服务、安全保卫等工作，前后忙碌年余。

"千叟宴"首重在"礼"，不仅事前严格操练程序、筹办礼品，而且筵分二等，由始至终仪礼井然。先后有肃立静候、高奏韶乐、皇帝升座、三跪九叩、就位进茶、展揭宴幕、奉觞上寿、御赐卮酒、执盒上膳、一跪三叩、皇帝回宫、垂首恭送、领赏谢恩、辞京回乡等程序，展示出敬老、养老的古风。我国历朝历代都有类似的主题宴会，如汉明帝的"养老礼"、元宫的"寿庆礼"、明宫的"万寿节宴"等，"千叟宴"是在它们基础上发展和延续的。"千叟宴"既反映宫廷宴会的食礼，也反映中国传统的敬老文化。

三、家庭饮食中的长幼之礼

《礼记·内则》记载："子能食食，教以右手"，家庭启蒙礼教的第一课便是食礼。家庭饮食礼仪是日常生活中应用最多的，虽然没有宫廷宴会那样严格和复杂，但礼仪的程序和内容也很丰富。

1. 长幼尊卑，以长为先

《册府元龟》说："先王之作酒醴，所以奉明祀、养高年而已。"古人造酒，主要用于祭祀、养老两种重大场合。古代民间大型饮食活动都兼有祭祀、宴席两种功用。但古代祭祀之后的宴席，绝不是家族的聚集，而首先是养老的礼仪。养老与祭祀并列，也是"礼"的重要组成部分。养老仪式，主要就是用酒肉招待老者，让他们在美酒佳肴中感受到社会对老人的尊重。《礼记》中的礼仪规范不只对长幼年龄作了详细界定，而且规定养老从五十岁养起，主要对象是有功于国者（称为"国老"）、孤独困难者（称为"庶老"）。朝廷的养老目的，主要就是"化万民于慈顺，导万民于孝悌"，在全社会形成一个尊老崇贤的风尚。移之于家庭，体现在"养老母"之礼上。《孟子》说"曾元养曾子，必有酒肉。"曾元成为中国人赡养父母的楷模。

先秦以后，养老之礼一直未废，除养老宴、乡饮酒礼和祭祀场合外，一般酒礼场合，其长幼之礼也很讲究。

2. 敬酒之礼

《礼记》规定，少者幼者陪长者饮，进酒时，少者幼者必须站起对置尊的方位实行拜礼，然后受酒；少者敬老者酒，长者辞，少者必须回到席位饮酒；长者酒给少者喝，少者不能辞，必须接受，也不能辞后再受，否则是把自己抬到与长者同等位置上。

我国很多地方在敬酒礼仪上传承得比较好，山东、徐州等地的敬酒礼仪至今还可以体验到。韩国也还保留一些这样的敬酒礼仪，晚辈敬酒长者时，长者先喝，然后自己才能背过身饮下。

3. 进食之礼

《礼记》规定，少者、贱者与尊者、长者同席，不要离尊者、长者太远，必须靠近，以便聆听应对；晚宴，要是火烛来了，酒菜上了，尊者、长者来了，少者、贱者必须起立致敬，不能坐着不动，以免失礼；火烛燃尽以前，少者、贱者必须及时收拾余烛，点燃新烛，以免让尊者、长者产生烛尽夜尽而欲散席的感觉。另外，在尊客面前不能叱狗，以免尊者产生并非叱狗而是叱人的错觉；即便是作为客人也不要乱吐食物，以免有怀疑、轻视主人酒菜之嫌。

四、宴客饮食中的主宾之礼

宴客的饮食礼仪相比家庭聚会要严谨和规范一点，如座位安排、食物摆放等。一般客人就座后，主人方能就座。当然这里面仍然有长幼之礼，如有长者，必长者先坐，然后其他人才能坐下。无论是进食，还是敬酒，在没有长者参与的情况下，客人优先，如有长者参加的话，必须长者为先。古代宾客之礼的规定大多是对客人提出来的，对主人的礼仪要求并不多。

1. 进食礼仪

《礼记》明文规定："主人未辩，客不虚口。侍食于长者，主人亲馈则拜而食，主人不亲馈则不拜而食，共食不饱，共饭不泽手。毋抟饭，毋放饭，毋流歠，毋咤食，毋啮骨，毋反鱼肉，毋投与狗骨，毋固获，毋扬饭，饭黍毋以箸，毋嚃羹，毋絮羹，毋刺齿，毋歠醢，客絮羹，主人辞不能亨；客歠醢，主人辞以窭。濡肉齿决，干肉不齿决，毋嘬炙。"这里涉及主客之间共席而食时的限制行为，竟有二十来个"毋"（即"不"）字。这些规定，主要是对做客的人提出的礼仪要求，做到这些"不"就是对主人的尊重。无论从卫生角度还是从礼仪角度来讲，都基本合乎规定。宴会菜肴的摆放和设备的陈设，在宴会上也很讲究，《礼记·曲礼上》："凡进食之礼，左殽右胾。食居人之左，羹居人之右。脍炙处外，醢酱处内。葱渫处末，酒浆处右。以脯脩置者，左朐右末。"意思是：凡陈设餐食，带骨的菜肴必须放在左边，切大块肉的放在右边，主食应该靠着人的左手方，羹汤放在右手方。细切烧烤的肉类放远些，醋和酱放近处，葱等佐料放旁边，酒和羹汤放同一方向。如果另要陈设干肉、牛脯等物，则弯曲的在左，直的在右等。《礼记·曲礼》："虚坐尽后，食坐尽前"。在一般情况下，要坐得比尊者长者靠后一些，以示谦恭；"食坐尽前"，是指进餐时要尽量坐得靠前一些，以免食物掉落到座席上。"食至起，上客起。……让食不唾"。宴饮开始，馔品端上来时，做客人的要起立。在有贵客到来时，其他客人都要起立，以示恭敬。主人让食，要热情取用，不可没有反应。

礼的核心是人的社会行为规范，是中国民众已经习惯和风俗化了的社会性行为准则、道德尺度与各种礼节。饮食礼仪丰富了传统饮食文化的内涵，养成了中国的饮食习惯，当代的中国人，继承了一部分古代食礼的传统，但远远不够。虽然不需要那么烦琐，但饮食礼仪之风还需要我们继续传承。"不学礼，无以立"，礼是以个人的文化学识与心性修养为基础的，宴会聚餐就是检验一个人修养的最好场合。

2. 饮食礼仪中的座位安排

中国宴会繁缛食礼的基本规程和核心环节，还表现在宴席的座次之礼上。宴席排座次、定方位，最能反映出上下尊卑的差别，从古至今也最为人重视。《礼记》规定："诸侯燕礼之义：君立阼阶之东南，南乡尔卿，大夫皆少进，定位也；君席阼阶之上，居主位也；君独升立席上，西面特立，莫敢适之义也。"阼，东西的台阶，即主人迎宾的地方君王居主位，所谓"践阼"是不能超越的。古代宴会无论是君臣之间，还是宾客之间，座位的排序和朝向都是非常讲究的。

（1）坐西面东为尊之说　两汉时期，当时的宴会还是"席地而坐"，两汉以前，"席南向北向，以西方为上"，即以面朝东坐为上。《史记·项羽本纪》中鸿门宴会的座次是一规范："项王、项伯东向坐，亚父南向坐。亚父者，范增也。沛公北向坐，张良西向侍"。司马迁之所以不惜笔墨一一写出每个人的座次，就是通过项羽对座次的安排，突出表现项羽鄙视刘邦，以尊者自居的骄傲心理。

以东向为尊，在史书中有充分的反映。《史记·魏其武安侯列传》载"尝召客饮，坐其兄盖侯南向，自坐东向"，田蚡以为自己是丞相，不可因为哥哥在场而申私敬，免得屈辱了丞相之尊。《史记·绛侯周勃世家》载周勃不好文学，每召诸生说士，自居东向的座位，很不客气地跟儒生们谈话。《汉书·王陵传》载项羽取王陵母置军中，王陵的使者来，项羽让王陵的母亲东向而坐，打算用对王母的这种礼遇来招降王陵。

（2）坐北面南为尊之说　在甲骨文中，"南"这个字最初是指一种类似于编钟的乐器，后来人们在建筑房屋的时候，发现坐北朝南可以充分享受阳光，这个朝向是最好的，因而就以南向的座位为最尊。至于古代帝王在召见群臣时，一定要面向南而坐，则与《易经》中的记载有关：圣人南面而听天下过。其中的"南面"后来便泛指帝王的统治，这也是"南面之尊"（指天子之位），"南面称孤"（指自立为王）的由来。关于南面为尊还有另一种说法，那就是在中国的神话中，南方在五行中属火德，代表的颜色为红色，代表的君王是炎帝，也被称为赤帝。

后来开创汉朝的汉高祖刘邦，又以赤帝侄子自居，南方以及其所代表的红色从此便与帝王产生了千丝万缕的联系，所以秦汉以后（秦朝末年还没成为主流），正南成了皇帝的"专属"，帝王所居住的宫殿，如故宫便是正南正北的走向，而老百姓盖房子往往会稍微偏东或偏西一些，避免犯忌讳，当然也有地方官府或富豪的房子是正南方向的，估计当时对房子的朝向管控得不是很严。

有人认为，古人如果是在厅堂举办筵席，南向为尊，主要是会客或接见下属的场合，也包括宫廷在朝堂的宴请活动。如果是在居室或者帐下等场合举办筵席，以坐西面东为尊。在位于宫室主要建筑物前部中央坐北朝南的"堂"上，则是以南向为最尊，次为西向，再次为东向。顾炎武认为："古人之坐，以东向为尊。"这是指的"室"内设宴的座礼。清代学者凌廷堪在他的礼学名著《礼经释例》更为确切地提出"室中以东向为尊，堂上以南向为尊"的说法。

晋朝以后，北方少数民族南下，也将弧长椅子、凳子带入中原饮食文化当中，这些家具的普及和应用，让饮食习惯发生了很大变化，人们不再需要跪在席子上吃饭，而是改为坐在椅子上，面对桌子吃饭。

唐代乡饮酒礼的主人多是刺史，对于席位有新的规定：宾处于最尊贵的南向，主人西向，介为东向，众宾位于堂下西南处，面向东北。此时由于科举大兴，乡饮酒礼常常成为地方官欢送进京赴考的乡贡，或者是款待新举人的盛宴。

隋唐以后，开始了由坐床向垂足高坐起居方式的转变，方形、矩形诸种形制餐桌均已齐备，座次关系也因此有新的改变。方桌以边长92.5厘米、高87.5厘米的"八仙桌"为代表，贵客专桌，等而下之可2人、3人、4人、6人或8人一桌。除专桌以外，2人以上者，一般为1∶1主陪客制。

宋朝以后，伴随中国的生产力水平不断提高，以及饮食文化的不断发展，人们在一餐中能够获取的食物变得空前丰富，这个时候原先的分餐制便不适用了，取而代之的是合餐制。在合餐制中人们围在一张大桌子周围，可以十分方便地与大家一起享用丰富的美食。在合餐制中，人们围坐在长方桌或八仙桌周围，这时出现了将几张八仙桌拼成一张大方桌或长方形的桌子，大家围坐四周，并无高低贵贱之分。由于桌子比较大，一张桌子上的就餐人数也可以调整，更加灵活多变，这种形式的就餐看上去比较自由和平等，在最初实行的时候，有一些讲究礼仪礼规的人还很不适应，比如清朝的美食家袁枚就曾在《园几》一诗中写道："让处不知谁首席，坐时只觉可添宾。"不分尊位和次位，座位还可以随时添加。

总的来讲，饮食的座次"室中宴请尚左尊东"或"堂中宴请面南为尊"。家宴首席为辈分最高的长者，末席为最低者；宾客宴请，首席为地位最尊的客人，请客主人则居末席。

知识拓展

曾经有一道考题，考核内容比较全面，既考礼仪又考历史，题目是苏家宴请客人黄庭坚吃饭，座位如何排。主人是一家三口苏洵（父）、苏轼（长子）、苏辙（次子），客人是黄庭坚。有答案认为：排位顺序应该是苏洵、黄庭坚、苏轼、苏辙，理由是黄庭坚与苏轼兄弟是至交，平辈，而与长辈苏洵没那么多交情。显然，这是客人黄庭坚去苏家拜访苏轼兄弟，结果朋友的父亲在家，请出长辈，应该以长辈为尊。

还有一个答案是：顺序应该为苏洵、苏轼、苏辙、黄庭坚。理由是，苏轼比黄庭坚大8岁，黄庭坚比苏辙还要年幼，按照古代长者为尊的礼仪，黄庭坚应该排最后。两个排位都有一定的道理，一个从主宾关系出发，以客为上，同时考虑长者为先，符合情理。另一个严格按照长者为先的礼仪规范执行，也合理。当然当时到底怎么排位谁也不能确定，也许本身就是一个考题而已。有专家研究认为，苏轼和黄庭坚第一次见面的时候，苏轼的父亲已经去世了。就算苏洵已经去世了，苏轼、苏辙、黄庭坚的座位估计也是很难排序的。

现代中餐的餐桌主要以圆桌为主，座位的排序也有一定的规矩。虽然主人位没有明确的东向或南向之说，一般主人位是朝门或面对景色最好的位置，当然背景有屏风或案几的位置也是主人位的一种选择。为了让客人准确找到主人位置，酒店都在主人位上做出明显的标志，如口布比其他人的都高一些，或颜色特别一点。也有的是座椅和其他人不一样。主宾的位置一般在客人的右手边，副主宾在客人的左手边。如果宴请的主宾比较年长或级别很高，可以直接坐主人位。正规的宴会更简单，每个座位上直接摆设客人的台签，对号入座。长条桌在中餐的一些宴会中也逐步被采用，特别是一些品鉴活动、新菜发布活动等应用的比较多。长条桌的主人位一般在中间的位置，对面是主宾位。也有把主宾位放在主人右手边，副主宾在主人的左手边，主人位的对面是副主人位，把圆桌的排位运用到长条桌上。虽然现代人没有古代那种严格的座位和饮食的礼仪规范，但正规宴会还必须懂得最基本的餐桌礼仪。

3. 值得改进的劝菜、劝酒之风

（1）劝菜之风 主人为了表示热情，劝客人多吃一点是餐桌的传统礼仪文化。不知道劝菜习俗是如何形成的，可能因为贫困年代，主人把好吃的东西让客人先吃饱，这也体现主人待人接客的真诚美德。也可能在那个年代，人与人之间没有什么社交活动，请客吃饭是人们日常交往中最重要的一种形式，让客人吃饱、吃好自然也就是最重要的事情。主人因为担心客人太谦虚、太拘束而吃不饱，不仅劝，而且动手搛菜，或放入盘中，或直接放入碗中。当然，来而不往非礼也，搛到碗里的菜又被谦让到左右客人的碗里，最可怕的是一块菜周游列国之后，又回到了自己的碗中。首先肯定，劝菜的动机是好的，但随着时代的变化，劝菜的形式也应该有所变化。

语言学大师王力在《劝菜》中说："劝菜的风俗处处皆有，但是素来著名的礼让之乡如江浙一带尤为盛行。男人劝得马虎些，搛了菜放在你的碟子里就算了；妇女界最为殷勤，非把菜送到你的饭碗里去不可。"在一次赴宴之时，王力先生写道："我未坐席就留心观察，主人是一个津液丰富的人。他说话除了喷出若干唾沫之外，上齿和下齿之间常有津液像蜘蛛网般弥缝着。入席以后，主人的一双筷子就在这蜘蛛网里冲进冲出，后来他劝我吃菜，也就拿他那一双曾在这蜘蛛网里冲进冲出的筷子，撮了菜，恭恭敬敬地送到我的碟子里。"

《随园食单·戒单·戒强让》提出，劝菜、劝酒等强让行为，大可不必也。原文如此描述："治具宴客，礼也。然一看既上，理宜凭客举箸，精肥整碎，各有所好，听从客便，方是道理，何必强勉让之？常见主人以箸夹取，堆置客前，污盘没碗，令人生厌。须知客非无手无目之人，又非儿童新妇，怕羞忍饿，何必以村姬小家子之见解待之，其慢客也至矣！近日倡家尤多此种恶习，以箸取菜，硬入人口，有类强奸，殊为可恶。长安有甚好请客而菜不佳者。一客问曰：'我与君算相好乎？'主人曰：'相好！'客踞而请曰：'果然相好，我有所求，必允许而后起。'主人惊问'何求。'曰：'此后君家宴客，求免见招'合坐。"为之大笑。

翻译成白话文：设宴待客，是一种礼仪。然而菜既上桌，理应让客人随便举筷选择，肥瘦整碎，各取所好，主随客便，才是最好的待客之道，何必强劝客人？常见主人以筷夹菜，堆放在客人面前，弄脏了盘子堆满了碗，令人生厌。须知客人既非无手无眼之人，又不是儿童、新媳妇因害羞而忍饥挨饿，何必以村妇乡民之道待客？这才是极度怠慢客人！近来歌伎中此种恶习尤盛，用筷撮菜硬塞入别人口中，有点像强奸，特别可恶。长安有位非常好客之人，但菜品并不好。一客人问："我与您算是好友吧？"主人说："当然是好友！"客人便跪下请求说："如果真是好朋友的话，我有个请求，您答应后我才起来。"主人惊问："有何请求？"客人答："以后您家请客千万不要再邀请我了。"主人听了为之大笑。

（2）劝酒之风　劝酒是传统的饮食礼仪习俗，唐代诗人于武陵专门创作一首《劝酒》五绝："劝君金屈卮，满酌不须辞。花发多风雨，人生足别离。"意思是高举弯把金杯为您敬酒，满满斟上请您不要推辞。花儿开放历经多少风雨，人的一生更会历尽别离。听完以后一般人确实难以推辞。

酒在宴会中确实有渲染气氛、表达情感的作用，俗话说：无酒不成席。中国人敬酒时，往往都想对方多喝点酒，以表示自己尽到了主人之谊，客人喝得越多，主人就越高兴，说明客人看得起自己，如果客人不喝酒，主人就会觉得有失面子。劝人饮酒有如下几种常用的方式："文敬""武敬""罚敬"。这些做法有其淳朴民风遗存的一面。

其中文劝最具杀伤力，一般动之以情、晓之以理，让人难以推辞。明代高明《汲古阁本琵琶记》中的名句"酒逢知己千杯少"意指酒桌上遇到知己，喝一千杯酒都还嫌少。这句话很经典，至今也是劝酒常用的词语。"遥知湖上一樽酒，能忆天涯万里人。"这种情感的表达，不喝一杯自己都觉得对不起敬酒之人。

王维在《送二元使安西》中道了一句："劝君更尽一杯酒，西出阳关无故人"，这是王维送朋友去西北边疆时作的诗，意思是我们喝一杯吧，出了阳关就没有熟悉和亲近的人了。如果好朋友给你送行，说出这句话，不喝一杯是不能表达离别之情的。

民间的劝酒虽没有文人那样优雅，但也直接朴实，直中要害。如"感情深一口闷，感情浅舔一舔"等。

其实敬酒、劝酒都是餐桌的一种礼仪文化，至于如何做到既表达情感，又做到酒不乱性、酒不伤身，关键还要自己把控。

第六节
茶、酒和餐的配合

饮食，作名词讲就是吃的东西和喝的东西。作动词讲就是吃东西和喝东西。所以饮食中，饮是重要的组成部分，茶和酒又是饮当中的代表。

一、茶和餐的配合

关于茶的历史和文化，大家也许都比较熟悉了，也有很多专门的书籍介绍茶的文化和功能，在此就不重复这些内容了，此处重点讨论茶配餐的问题。笔者查阅了很多茶的资料，关于茶配食的内容确实比较少。但古人对茶和食物的搭配还是很讲究，重在场面和多样化方面，至于什么茶配什么食物最佳却几乎没有论述。也许正如焦桐所说的，酒与茶对食物搭配的功能是不同的。美食家焦桐说："吃油腻的食物后喝茶，是清除浓浊的味道，这动作我管它叫味觉归零。法国料理的葡萄酒并无这种用意，而是品尝，佳肴和美酒相遇，彼此协调、衬托，强调相辅相成，令菜肴更加美味，令好酒更加美妙。"可见，茶和餐的配合主要是去除油腻，为更好地品尝下一道菜做准备。

（一）古代的茶餐搭配

古人介绍茶也多以解腻、消食为主，据唐朝的《茶赋》载，茶"滋饭蔬之精素，攻肉食之膻腻"。明朝谈修在《滴露漫录》中指出，茶叶是中国边疆少数民族的必需品："以其腥肉之食，非茶不消；青稞之热，非茶不解。"北宋大文豪苏东坡喜好肥肉，吃了肥肉，不喝茶不行，于是苏东坡写下了"初缘厌粱肉，假此雪昏滞"的诗句。1907年美国哈金森（Hutchinson）说："茶为辅助食物。饮茶助消化，增强食欲。"纽约市健康委员会说："餐后饮茶最为合宜，能助消化。"

真正从风味的角度考虑茶与餐配合的论述虽然并不多，但也有一些，如：屠隆《考槃余事》里有一段话，对茶应该配什么食物作了分析，应该是茶配餐的经典描述。他说："茶有真香，有佳味，有正色。烹点之际，不宜以珍果香草夺之。夺其香者，松子、柑橙、木香、梅花、茉莉、蔷薇、木樨之类是也。夺其味者，番桃、杨梅之类是也。凡饮佳茶，去果方觉清绝，杂之则无辨矣。若必曰所宜，核桃、榛子、杏仁、榄仁、菱米、栗子、鸡豆、银杏、新笋、莲肉之类，精制或可用也。"这个观点重点突出茶的风味，为保证茶的风味不受影响，应该选择合适的食物。

唐宋以后，茶逐渐发展成为独立的饮料，没有食物时，也可以单独饮茶，而且饮茶的仪式感也不断完善，品茶成为一个独特的聚会形式。原来佐茶的食物虽然还保留着"茶食"这个名称，但什么时候都可以吃，也未必一定要搭配茶了。后来人们把几乎所有的点心都称为茶食，说明人们对于茶与食的搭配要求越来越模糊了。

我们先总结一些古人茶和食物搭配的几种形式，据学者研究认为，起初搭配茶的食物多为果品，有新鲜的水果，也有果脯和果干。其次是茶和点心的搭配为多，配茶的点心比一般售卖的点心品种更多，做工更精致。最后才是茶和菜品的搭配，曾有学者就认为中国茶起源于羹，汉晋时期的茶也称为"茗粥"，可以想象它的稠度，在煮茶粥时还要加入葱、姜、茱萸、盐等调料，现在中国有些地方还可以找到类似的食法。唐代以后，点心和果品可以同时配茶，甚至包括一些小菜都可以呈现在一个茶会上，茶配食物的内容已经没有明显划分。

1. 茶配果品

《晋书》载，桓温"每宴饮，唯下七奠，拌茶果而已。"从后来的资料看，晋代用来佐茶的果应是各种水果，陆游《七月十日到故山削瓜瀹茗翛然自适》诗中所写的饮茶的情景："瓜冷霜刀开碧玉，茶香铜碾破苍龙。"陆游诗中瓜应为西瓜、甜瓜之类。白居易《谢恩赐茶果等状》中有这样一段话："今日高品杜文清奉宣进旨，以臣等在院进撰制问，赐茶果梨脯等。"这里果脯和水果同时出现，说明当时茶与果品的搭配有了新的内容。唐代的《宫乐图》就曾描绘了宫中茶道的情景，其中海棠造型的小碟中就放有核桃仁。陆羽《茶经》中引用晋代弘君举的《食檄》："寒温既毕，应下霜华之茗。三爵而终，应下诸蔗、木瓜、元李、杨梅、五味、橄榄、悬豹、葵羹各一杯。"这里记录了有以橄榄为茶果的，说明干果也进入茶果的范畴，唐代茶果内容已经很丰富了。后来茶果的内容越来越多，做法也越来越讲究了。明朝《竹屿山房杂部·卷一》中的茶果有："栗肉（炒熟者，风戾者皆去皮壳）、胡桃仁（钳去壳，汤退去皮）、榛仁（击去壳，汤退去皮）、松仁（击去壳，汤退去皮）、西瓜子仁（槌去壳，微焙）、杨梅核仁（槌去荚）、莲心（去壳微焙）、莲菂（鲜者剖去皮壳，干者水浸去皮薏或煮熟）、乌榄核仁（汤退去皮）、人面核仁、椰子（剖用肉切）、橄榄（南威银石器捣取汁）、银杏（烧熟去皮壳）、梧桐子仁（剪去壳）、芡实（煮熟，钳剥其肉）、菱实（鲜者去皮壳，风戾者煮熟去皮壳）。"可见，各种果品的加工很考究，有的要煮熟，有的要去皮，有的要泡发等。

2. 茶配点心

晋代以后茶配食的内容开始发生变化，除茶果以外，还出现了茶点的萌芽。《世说新语》中有一则故事："褚太傅初渡江，尝入东，至金昌亭，吴中豪右燕集亭中。褚公虽素有重名，于时造次不相识，别敕左右多与茗汁，少著粽，汁尽则益，使终不得食。"在这里佐茶的是粽子。用粽子一类的食物佐茶好像是南方的风俗，五代时，毛文锡在《茶谱》中也有茶和类似粽子搭配的记载："长沙之石楠，其树如棠楠，采其芽谓之茶，湘人以四月摘杨桐叶，捣其汁拌米而蒸，犹蒸糜之类，必啜此茶，乃其风也，尤宜暑月饮之。"唐代的面食制作十分精美，据"韦巨源烧尾宴食单"记载，佐茶的"巨胜奴、七返膏、水晶龙凤糕、玉露团"等，这些名称很诱人的茶点都是精心制作的艺术品。顾闳中的《韩熙载夜宴图》中所绘食桌上有果品，好像是柿子和一些干果、点心、茶碗，也有水碗，但没有摆放搛菜用的筷子，说明不是吃菜的场景，而是品尝茶点的聚会。

清人茹敦和《越言释》说："古者茶必有点，无论其为砲茶为撮泡茶，必择一二佳果点之，谓之点心，谓之点茶。点茶者，必于茶器正中处，故又谓之点心。"这也许就是点心名称的来历吧。

《清稗类钞》中记载，"乾隆末叶，江宁始有……酱干生瓜子、小果碟、酥烧饼、春卷、水晶糕、花猪肉、烧卖、饺儿、糖油馒首，叟叟浮浮，咄嗟立办。"现代经常食用的很多点心都列在其中。

3. 茶配菜

汉晋以后宗教的发展催生了宗教饮食，道教的饮食以保健为目的，称之为"养生服食"，饮食主要是一些野菜与食用菌。大乘佛教传入中国以后，饮食上参考了道教的做法，提倡素食，而茶与宗教的关系又极为密切，因此，宗教的素食就成为茶菜的主要内容之一，而且，这也成为后来茶菜发展的一个重要方向。

白居易有一首诗完整地记载了茶宴的饮食内容，《招韬光禅师》："白屋炊香饭，荤膻不入家。滤泉澄葛粉，洗手摘藤花。青芥除黄叶，红姜带紫芽。命师相伴食，斋罢一瓯茶。"这里的食物都是素食，就反映了当时茶宴的宗教风格。唐章孝标诗《思越州山水寄朱庆余》："藕折莲芽脆，茶挑茗眼鲜。"用来佐茶的也都是莲芽、春笋等素食。还有很多类似的记载，如唐怀素和尚《苦笋帖》："苦笋及茗异常佳，乃可径来。"《竹屿山房杂部》中的茶菜有："芝麻、胡荽、莴苣笋干、豆腐干、芹白、竹笋豆豉、蒌蒿干、木蓼干、香椿芽、竹笋……"，都是以清淡素食为主。可见，这时的茶不是为了解腻和消食，而是一种信念和雅趣。

茶入菜也属于茶配菜品的一种形式，前面介绍的"茗粥"就是茶的起源，其实就是茶入菜的代表。另外，史料还有唐代的《食疗本草》："茶叶利大肠，去热解痰。煮取汁，用煮粥良"，这是用茶叶汁做的茶粥。唐代的《膳夫经手录》中也有类似的茶粥："茶……近晋、宋（南北朝）以降，吴人采其叶煮，是为茗粥"。晋代的郭璞《尔雅注疏》有茶叶："可煮作羹饮……"。均说明当时人们已把茶叶用于入菜了。

（二）现代的茶餐搭配

古代茶和食物的搭配，主要功能有三：一是解腻、消食；二是食物可以缓解空腹时茶对胃的刺激；三是一种氛围和场面的需要。现在已经有人专门开展了茶和食物的搭配研究，什么茶对什么食物解腻效果最好，也逐渐形成了独特的风格，但茶餐搭配的研究还在起步阶段，尚未形成独立的体系。以茶饮配餐食，除了要懂茶，更要懂食物。既要熟悉食材的特性和烹饪菜品的风味，又要明确配茶的目的，才能正确选择合适的茶品。首先要了解茶配餐的基本特性。

1. 红茶和食物

红茶属于发酵茶，以茶树新芽叶为原料，经萎凋、揉捻、发酵、干燥等典型工艺过程精制而成。因其干茶色泽和冲泡的茶汤以红色为主调而得名。加工以后茶多酚减少90%以上，产生了茶黄素、茶红素等新成分。香气物质比鲜叶明显增加。我国红茶以祁门红茶最为著名。

红茶配食物：红茶的风味特点是有天然馥郁的兰花香，滋味甘鲜、甜香、醇厚浓郁、微酸。宜搭配甜、果香、奶香甜品类食物，如甜品、奶冻、水果等，也很适合搭配面包、松饼、蛋挞及各式三明治等。还适合入汤中，作为调料与素食或荤类共炖，具有开胃、去腥、提香的作用。

2. 绿茶和食物

绿茶是中国的主要茶类之一，属于不发酵茶。经杀青、揉捻、干燥等典型工艺过程制成的茶叶。其干茶色泽和冲泡后的茶汤、叶底以绿色为主调，故名。较多地保留了鲜叶内的天然物质。其中茶多酚、咖啡碱保留鲜叶的85%以上，叶绿素保留50%左右，维生素损失也较少，从而形成了绿茶"清汤绿叶，滋味收敛性强"的特点。我国绿茶主要有：西湖龙井、洞庭碧螺春、黄山毛峰、信阳毛尖、庐山云雾、六安瓜片、太平猴魁等。

绿茶搭配食物：绿茶的风味特点是清香、清苦、鲜爽、略有涩味，绿茶的清香不会影响食物本身的味道，所以大多时候作为茶宴上的开餐茶。绿茶还能去除腥味，让菜品透露出雅致的茶香。宜搭配咸、甜、苦香的食物，如绿茶配甜品类的食物，清新去腻又不夺其味，能让人充分体验甜食带来的极致味觉享受。

3. 青茶和食物

青茶，也称乌龙茶，属于半发酵茶，以此茶的创始人而得名，是我国几大茶类中独具鲜明特色的茶叶品类。茶性平和，经过萎凋、做青、炒青、揉捻、干燥等工艺制成，代表茶叶有安溪铁观音、凤凰单枞、武夷岩茶、漳平水仙等，主要产自广东、福建与台湾三省。安溪因出产铁观音遂而成为青茶的著名茶乡。青茶品质介于绿茶和红茶之间，既有红茶浓鲜味，又有绿茶清芳香。品尝后齿颊留香，回味甘鲜。青茶的功效突出表现在分解脂肪、减肥健美等方面。

青茶搭配食物：青茶的风味特点是清香、火香、甘滑、微酸，宜搭配咸甜、干香类食物，如烤类菜品、煎类菜品、熘类菜品等。

4. 黄茶和食物

黄茶是中国的特产，其按鲜叶老嫩、芽叶大小又分为黄芽茶、黄小茶和黄大茶。黄芽茶主要有君山银针、蒙顶黄芽和霍山黄芽、远安黄茶；沩山毛尖、平阳黄汤、雅安黄茶等均属黄小茶。三峡库区蓄水以后，秭归山区常年雾气笼罩，形成了独具特色的秭归黄茶，也属于黄小茶。

黄茶搭配食物：黄茶的风味特点是味厚、欠清香，宜搭配咸、油重的食物，如小炒肉、红烧肉、扒蹄等。

5. 黑茶和食物

黑茶因成品茶的外观呈黑色得名，由于原料粗老，黑茶加工制作过程中一般堆积发酵时间较长，叶色多呈暗褐色。黑茶是六大茶类之一，属于后发酵茶，主产区为四川、云南、湖北、湖南、陕西、安徽等地。传统黑茶采用的黑毛茶原料成熟度较高，是压制紧压茶的主要原料。藏族、蒙古族和维吾尔族群众喜好饮黑茶，是日常生活中的必需品。

黑茶搭配食物：黑茶的特点是醇和、浓厚、无涩感、有仓味，宜搭配咸、腊香、酸辣类食物，如腊肉、风干羊肉、酸汤鱼、酸辣牛肉等。

6. 白茶和食物

白茶属于微发酵茶，是中国茶类中的特殊珍品，因其成品茶多为芽头，满披白毫，如银似雪而得名。白茶是一种采摘后，不经杀青或揉捻，只经过晒或文火干燥后加工而成的茶。具有外形芽毫完整，毫香清鲜，汤色黄绿清澈，滋味清淡回甘的特点。

白茶搭配食物：白茶的风味特点是清甜、鲜爽，宜搭配甜、果香类食物，烧烤、煎炸类食物。白茶有很好的清火功效，所以吃烧烤、火锅、煎炸食物，适合搭配白茶，但是白茶发酵度不高，刺激性较大，所以配餐的时候最好选用3年以上的白茶，并注意不要冲泡得太浓。

从食材的种类看，也有一些配合的技巧，此处列举一些仅作为参考。

贝类、虾蟹等海鲜类、清淡的蔬菜类一般可配绿茶。水果类、奶类甜品可搭配黄茶。烟熏的肉类、较肥的肉类、酸甜的水果类可以搭配乌龙茶。牛肉、羊肉类搭配红茶。鱼类、乳制品、蔬菜等搭配白茶。动物内脏类、牛筋、猪蹄类搭配黑茶。

（三）国外的茶餐搭配

国外的茶文化也十分丰富，典型的代表就是英国下午茶。茶传入英国，据说是英王查理二世时代。王后凯瑟琳出身于葡萄牙的布拉干萨家族，出嫁那年，从东印度公司买了50千克中国红茶作为陪嫁带到英国。最初喝茶只是一种宫廷乐趣，不久大家纷纷仿效，至17世纪30年代，即乔治一世时期逐渐形成风尚，后来形成"下午茶"的时兴礼仪。

最值得一提的是日本的茶文化，不仅有仪式感很强的日本茶道，还有茶餐融合的代表"怀石料理"。茶文化来源于中国，甚至可以说中国茶叶哺育了日本的茶道文化。在茶道和茶配餐方面日本都发展得非常迅速，日本学者森本司朗在《茶史漫话》中说："很可能在奈良时代（710—794年），至少是在奈良时代的末期，作为唐朝文化一环的吃茶，就已传入了我国。"唐代中国茶主要传播者是中国高僧鉴真和尚和日本高僧最澄法师，历经近千年之后的日本安土桃山时代（1522—1591年）名千利休者，上学茶祖荣西禅师，下集茶道大成，被时人誉为"茶道天才"。千利休把茶道精神总结为"和、敬、清、寂"，释言之，即酷爱和平，清心宁静，人与人互敬互爱，人与自然和谐。

怀石料理的餐单起初很简单，其重点在于后面的"品茗"。配餐的目的是茶席主人为了不让客人空腹饮茶而做的铺陈。怀石料理的配酒仅限小酌，并非配餐的重点。高雅的器皿、季节性食材小品是怀石料理的主要特征。日本的"会席"料理指的是正式的酒席，重点在于"喝酒"，且不管会席料理的形式有多华丽、手法有多复杂，其共同的原则是"下酒"。

《和食古早味：你不知道的日本料理故事》："从历史的发展来看，日本上层阶级料理可以分为四种：官家（贵族）食用的大飨料理、武士食用的本膳料理、在寺院品尝的精进料理、茶会提供的怀石料理。""怀石"一词本来与料理或茶并没有关系。"怀"乃胸怀之意，"怀石"是将温热的石头藏于衣服之中，是日本禅宗的修行方式之一，主要为了驱赶饥饿感。之后渐渐搭配甜食——和果子一起享用，但仍具有修行的意味，所以怀石料理从一开始就与和果子相互搭配。16世纪的茶道大师千利休也主张搭配一些餐点，以免空腹喝茶伤胃。餐点很简单，只是一碗味噌汤和三盘小菜。日本战国时代（1467—1600年或1615年）的武家大名们虽然欣赏千利休的茶道，但丰臣秀吉与织田信长等将军们，个个都是喜好荣华富贵之人，因而料理的食材也渐渐丰富、奢华。战国和德川幕府时代（1603—1868年），将军拜访各大名的封地，地方大名为了招待他们，把当地最好的食材以怀石料理的形式呈现，连盛放食物的器具也相当讲究。怀石料理源自禅宗的"一期一会"的理念，因为珍惜会面的缘分，故别出心裁地表现料理的特色，例如季节感、地方特色、食物在盘中的色彩、上菜时机等，让用餐除是一种美食体验外，更是令人难忘的时刻。百年老铺"菊乃井"的怀石料理以千利休的哲学为基础，是充满禅意的料理，"始于一酌、终于一茶"的上菜方式，器皿的风格与空间布置基本上都继承了千利休的茶道风格。当然，作为一家餐厅，食物美味与否还是被关注的重点。人们所享用的是睦月的午间怀石料理，一开始就上了一杯冰凉微辣的清酒，这是怀石料理上菜前的礼仪——"始于一酌"。接下来的顺序是：八寸、先付、向付、盖物、烧物、强肴、米饭和味噌汤。餐后，女将不忘送上抹茶。年纪已过中年的女将在整场用餐仪式中利落大方、收放自如，上茶的时候带着小心谨慎的神情，将茶碗转了几圈，最后恭敬地呈在客人的面前。客人拿起宛如艺术品的茶碗，希望可以将这次"始于一酌、终于一茶"的美好经历收入记忆的深处。

现在有一些中餐的特色餐厅，很注重茶和餐的搭配，形式也很多。笔者认为不一定每道菜都需要配茶，可以根据菜品和节奏的需要，适当地搭配不同风味的茶。如传统的三道茶，餐前水果、小点心，配一款茶，餐中遇到油腻或味重的菜品，配一款解腻的茶，甜品之后，配一款清口消食的茶，足矣！

笔者个人比较喜欢的几家餐厅，在茶配餐方面作了一些探索，并在餐厅得以应用，效果很好，可以把几款菜单和大家分享。

上海·逸道

餐前茶	**正山小种**
	琥珀色茶汤，干净剔透
	入口很顺，把舌苔唤醒
餐中茶	**安溪铁观音**
	清澈，青色，解腻
餐后茶	**桂花牡丹王**
	桂花的甜，沁人心脾
	入口带点涩，回口甘香
	花草茶的特色，在于绵长的香味

南京锦上雅集·山中的茶宴

迎客茶	**金陵雨花茶佐茶食**
前菜雅集四味	**脆皮牛油果沙拉、老醋莲子、富贵石榴包、低温椒麻澳带**
配茶	**兰花银针冷萃，香槟杯呈现**

热菜	莲藕狮子头、文火小牛肉、茶香百合、麻婆豆腐烧海参
配茶	玫瑰红茶，红酒杯呈现
	桂花炒海虎翅
	金汤芙蓉蒸花胶
蔬菜	脆肉丝瓜
点心	绿豆糕
主食	鸡丝线面
甜品	茶味冰激凌
敬茶礼	马头岩肉桂

南京锦上雅集 · 桂花蟹宴

闻一缕馨香，品一盏清茶
餐前场景茶桂花乌龙

前菜雅集四拼	牛油果蟹肉沙拉、云南树番茄、酒香蟹肉冻、石榴包
暖胃汤品	文思蟹肉羹
主菜	桂花炒金钩、麻辣蟹味烩鱼脸
配茶	兰花银针冷萃
	香烤芝士蟹斗蟹粉狮子头、金华火腿蒸簖蟹
配茶	姜丝普洱
时蔬	蟹腿炒芦笋
主食	秃黄油拌面
甜品	桂花鸡头米
茶品	餐后解腻的陈皮红茶

一次盛夏时节，在锦上雅集餐厅吃完香辣牛肉以后，餐厅给客人配了一道冰镇的红茶，喝完以后感觉特别舒服，可见，配茶是有明显效果的，但需要实验和研究。

二、酒和餐的配合

中国的酒文化非常丰富，但酒配餐的研究还不够深入，没有对酒的风味成分与菜品的风味特点进行科学系统的研究，也没有形成像西餐那样的酒配餐文化。

（一）酒与饮食的情趣

在古代，酒的功能更多是突出氛围的需要，是情趣和情感的表达，如送别酒、消愁酒、开心酒、祝贺酒等，助兴成为宴会饮酒的主要目的。无论是洞房花烛、金榜题名，还是升官发财，都要用酒庆贺。无论宴会还是家庭小聚，酒都能让现场的气氛瞬间提升，在酒精和氛围的熏陶下，人们心旷神怡，舒坦自如。焦桐《暴食江湖》："古人重酒而轻食，而餐桌上饮酒的目的纯为热闹、助兴，席间并无真正爱酒、品酒者。"

"酒仙"李白在酒后作了流传至今的祝酒诗词《将进酒》："人生得意须尽欢，莫使金樽空对月。……将进酒，杯莫停。"不仅李白能够斗酒诗百篇，苏轼、杜甫，甚至宋代才女李清照等著名诗人，都是能把酒变成诗词的大神："得酒诗自成""醉里诗成觉有神""东篱把酒黄昏后"等就是他们的代表作。白居易"绿蚁新醅酒，红泥小火炉。晚来天欲雪，能饮一杯无？"是描写冬季夜晚，喝新酒、吃火锅、开怀畅饮的生动画面的。袁宏道《觞政·四之宜》："凡醉有所宜，醉花宜昼，袭其光也；醉雪宜夜，消其洁也；醉得意宜唱，导其和也，醉将离宜击钵，壮其神也……"这些都是古人对饮酒场景的描述和意趣追求。

酒文化在中国有着悠久的历史，诗人洛夫曾经说过："要是把唐诗拿去压榨，至少会淌出半斤酒来。"如果没有酒，王羲之可能就写不出流传后世的书法作品《兰亭序》，没有酒，苏东坡、李白、杜甫的作品也许会缺少一点情趣和豪迈。对于诗人来说，不论是与人对饮，还是花下独酌，他们都能通过一杯酒描绘出无限可能。

（二）酒与餐的搭配

关于酒配餐古人也有一些记载，虽然把酒和食物做了结合，但一半是酒配餐，一半仍然是情趣。如晋代，有位因饮酒成名的官吏叫毕卓，把酒与蟹相佐上升到精神层面，他说："得酒满数百斛船，四时甘味置两头，右手持酒杯，左手持蟹螯，拍浮酒船中，便足了一生矣。"既说明晋代已经时兴吃蟹佐酒，也道出了逍遥自在的人生。

李白在《月下独酌》附和道："蟹螯即金液，糟丘是蓬莱。"苏东坡《饮酒四首》有云："未看黄山徒对目，不吃螃蟹空负腹。"南宋江湖诗人戴复古《饮中》出诗："腹有别肠能贮酒，天生左手惯持蟹。"李渔在《闲情偶寄》里亢奋地说蟹："独于河蟹一物，心能嗜之，口能甘之，无论终身一日，皆不能忘之。"以蟹佐酒，以景寄情。

李白在《梁园吟》写道："人生达命岂暇愁，且饮美酒登高楼。平头奴子摇大扇，五月不热疑清秋。玉盘杨梅为君设，吴盐如花皎白雪。持盐把酒但饮之，莫学夷齐事高洁。"李白在这首诗中说到了两个下酒菜，一个是杨梅，一个就是盐！杨梅味酸，食盐味咸。可见诗人下酒菜可以很简单，但心境很重要。

真正记载酒配餐的是明代文学家袁宏道，他的酒文化专著《觞政》论及"饮储"时解释道："下酒物色，谓之饮储"，他将酒肴分为五类，一是清品，如鲜蛤、糟腊、酒蟹之类；二是异品，像熊白、西施乳（即河豚白）之类；三是腻品，包括羔羊、子鹅炙之类；四是果品，松子、杏仁之类；五是蔬品，如鲜笋、早韭之类。"以上二款，聊具色目。下邑贫土，安从办此。政使瓦贫蔬具，亦何损其高致也。"袁宏道总结了酒与不同类型的食物搭配技巧，但关键是没有说用的什么酒，最后一段也说，即使没有好菜相配，一样也可以达到饮酒的高雅情趣。

既说明酒的种类，又说明配什么菜的是这样一段记载：古代有南酒馆和北酒馆之分，南酒馆，"所售者女贞、花雕、绍兴及竹叶青，肴核则火腿、糟鱼、蟹、松花蛋、蜜糕之属"。此种酒馆经营江南一带酒，配江南菜品。另一种为北酒馆，"则山左人所设，所售之酒为雪酒、冬酒……其佐酒者，则煮咸栗肉、干落花生、核桃、榛仁、蜜枣、山楂、鸭蛋、酥鱼、兔脯"。这种酒肆，从经营的酒类和佐酒之食来看，完全是地地道道的北方风味、京师风味，故饮者以北人居多。这段描述的主要观点是什么地方的酒配什么地方的菜肯定是和谐的。

随着人们生活水平越来越高，特别是西餐中配酒文化的输入，加上米其林餐厅评选对酒单的关注，国内很多餐厅开始重视酒餐的搭配。焦桐《暴食江湖》"酒能增添宴会的逸兴，美馔若不配佳酿，则酒、食宛如怨偶，各自的优点互相抵触，反而凸显彼此的缺点。中餐尚未建立一定规模的酒食文化，食和酒各自独立，互不相涉，各自芬芳。"

酒与菜品应该可以完美配合，这个道理大家都懂，但中国菜品种众多，风味变化复杂，到底如何配餐呢？选中国酒好，还是洋酒好，需要专家们认真研究试验。国外的餐酒搭配比较成熟，一是经过了长时间的研究和实验，总结了一套配餐的规律；二是西餐的菜品和味型远没有中餐那么复杂。中国酒配餐绝对不能照搬这些规律，因为文化背景、菜品味型、饮食氛围不尽相同，那种闷头吃饭、独自享受的格调并不完全适合中餐文化。我们应该建立具有中国特色的酒餐配合体系。

有人总结了一些白酒搭配食物的方法，但笔者感觉还不够成熟，如：清香型白酒，应该搭配一些味道清淡、口感清爽的菜肴，如粤菜、淮扬菜等，不宜搭配太油腻、口味太重的菜肴。浓香型白酒应搭配一些味道重、油水足的菜肴，这样一来菜肴的美味配合酒的浓香，可以相辅相成，比如与川菜搭配较合适。酱香型白酒应该搭配香辣、鲜香、软嫩的菜品，湘菜是比较合适的选择，等等。也有人认为，地方传统名酒配地方菜肯定没问题，因为已经有数百年的磨合期。如江苏的洋河酒、双沟酒配淮扬菜，四川的五粮液配川菜，浙江的黄酒配浙江菜……笔者感觉都缺少依据，严谨地说应该从各种酒的成分和风味特征来分析，酒和餐在风味上是如何互补的。当然，不仅仅是选择酒单方面的问题，菜也要作调整。有人说西餐的宴会，都会提前考虑配酒的需要，菜品的味道并不能做满了，而是给酒留一点空隙，让它们在品尝时达到互补的效果。

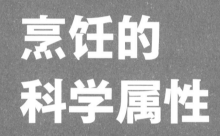

烹饪的
科学属性

烹饪科学的发展是一个艰难历程。

法国让·安泰尔姆·布里亚-萨瓦兰《厨房里的哲学家》："科学并不像神话中的智慧女神，自诞生起就具有神的智慧，科学是时间的产物，形成过程缓慢，先通过收集的经验总结出特定的方法，然后揭示从这些方法的组合中演绎出来的原理。所有科学都是经过无数代人积累而形成的。"

烹饪也是一样，烹饪科学是在烹饪技术的基础上提炼的，最初的烹饪并不是从科学角度出发的，而是经过漫长的历程，形成了具有科学意义的烹饪技术，这个发展历程是非常艰苦的，积累了人类几千年的经验，用勤劳和智慧，甚至是用生命换来的烹饪科学经验。

焦桐《暴食江湖》：先民在选择食物之初，多带着冒险犯难精神，其经验不免艰辛、严肃而壮烈。《淮南子·修务训》记载，神农氏尝百草："古者，民茹草饮水，采树木之实，食蠃蟜之肉，时多疾病毒伤之害。于是神农乃始教民播植五谷……尝百草之滋味，水泉之甘苦，令民知所避就。当此之时，一日而遇七十毒。"可见，古人是冒着生命危险在寻找食物。王子辉先生认为，神农尝百草，最初的动机就是为了食物，草药的发明是其副产品。

野生蘑菇、河豚等各种食材能否食用，都是靠亲身体验得出结果，没有得到结果的估计下场都很悲惨。如河豚，谁是最早吃河豚的没有记载，但结果肯定是悲剧。比如《山海经·北山经》记载，流向雁门这个地方的"敦水"中"多鮿鮿之鱼，食之杀人"，只说了河豚有毒，吃了会死人，这是古人从教训中得到的。三国魏张揖著《博雅》记载，"鯸鮧，鈍也。背青腹白，触物即怒，其肝杀人"，说明对河豚的了解更进一步了，那时候人们已经知道河豚毒性最大的地方是肝脏。宋代赵彦卫在《云麓漫钞》中曰："河豚腹胀而斑状甚丑，腹中有白曰讷，最甘肥，吴人甚珍之，目为西施乳。"宋人薛季宣有《河豚》诗为证："西施乳嫩可奴酪"，是说其嫩胜于乳酪。说明宋代对河豚的认识已经比较成熟，不仅可以处理河豚的毒性，而且发现河豚的精巢是最美味的，之前河豚的内脏是没有人敢碰的。严有翼《艺苑雌黄》说，河豚是水族类味道奇特的鱼，社会上流传它可以毒死人。做丹阳宣城太守时看到当地人家家都吃它，只是用菘菜、蒌蒿、荻芽三样东西煮食，也没看见过死人的。民间已经总结了比较成熟的河豚去毒和调味的技巧，经过数千年的冒险探索，用无数人的生命换来了今天河豚的美味。

鲁迅曾断定初食螃蟹的人是勇士，对其很佩服。沈括《梦溪笔谈》叙述："秦州人家收得一干蟹，土人怖其形状，以为怪物。每人家有病疟者借去挂门户上，往往遂差。不但人不识，鬼亦不识也。"因为螃蟹的造型连鬼怪都不认识，所以挂了也没有达到辟邪的效果。

除了以上提到的特殊食材，在极度贫困的时代，人们还会冒险食用已经变质的食物，从而使我们获得意外的美食。如"臭豆腐"，即使是在极度饥饿的状态下，要接近发出浓烈臭味的东西，甚至还要吃下去，没有勇气是断不可为的。再如：豆瓣酱，最初是人们在迁移的过程中，因随身携带的熟豆瓣发生变质，但食物短缺，不忍心丢弃，吃了以后发现味道很特别，这种食物便流传下来，现在豆瓣酱已经成为川菜的灵魂调味料。当时的人们并不知道这是经过发酵的产物，不仅没有毒，而且产生了新的风味物质。类似这样的情况还很多，臭鳜鱼、毛豆腐、豆豉等。当然肯定也有很多人在食用变质的猪肉、牛肉等动物性食物后，发生严重中毒，甚至死亡，这些食物自然也就被抛弃了。经过漫长的演变，人们开始主动地利用它们、控制它们，美食得以流传，先辈们从尝试到驯化、种植，再到利用发酵等技术创造美食，确实是了不起的科学进步。

传统的烹饪技术中蕴含着科学原理和规律，这些规律都是在经验的基础上发展的，现在人们开始对这些规律和原理进行归纳和总结，形成烹饪科学，同时指导传统的烹饪技术向前发展。

第一节
传统烹饪技术中的科学原理

传统烹饪中蕴含着很多科学原理，涉及面比较广，有物理、化学、生物学、解剖学等，烹饪的一些宝贵经验还为其他科学发展提供了灵感和基础。如烹饪的分档取料技术，厨师可以了解和掌握各种动物的骨骼分布和关节走向，熟练的厨师能用一把刀准确而快速地将动物的骨骼和部位分解得干净利落。庖丁解牛的故事大家都知道，庖丁是分档取料的高手，分解一头牛，不仅对牛的关节部位了如指掌，下刀准确到位，而且动作潇洒飘逸，文惠君看了惊叹不已，问道："你是如何做到的呢？"庖丁回答说："臣之解牛时，所见无非牛者。三年之后，未尝见全牛也。方今之时，臣以神遇而不以目视，官知止而神欲行，依乎天理，批大郤，导大窾，因其固然。技经肯綮之未尝，而况大軱乎。"

意思是最高明的解牛术不会停留在技巧层次，技术熟练之后，更须明白解牛的道理和规律，即明白牛体的骨节筋络，再依循其结构膆理解剖，才能游刃有余。庖丁进一步说明："良庖岁更刀，割也；族庖月更刀，折也。今臣之刀十九年矣，所解数千牛矣，而刀刃若新发于硎。彼节者有间，而刀刃者无厚；以无厚入有间，恢恢乎其于游刃必有余地矣。"庖丁说：好的厨师一年换一次刀，差的厨师一个月换一次刀，我的刀已经用了十九年，因为我知道牛的关节和肌理，所以下刀游刃有余。庖丁认为自己已经超越了技术，达到了"道"的境界，也许这个"道"就是规律、道理吧。庖丁在日本的知名度比较高，日本现在的刀工技术仍然使用"庖丁技法"这个词。

还有更深层次的经验，厨师能熟知不同部位的肉有什么特性，肌肉的纤维如何、水分如何、吸水能力如何等，根据部位的特性决定做什么菜，如猪肉的里脊部位比较嫩，适合炒，肋排部位肥瘦相间，适合烧，前夹部位吸水性强，适合做馅。在切肉的时候，要考虑肉的纤维布局，有横切牛肉、顺切鱼肉、斜切鸡肉的说法。烹饪中挂糊、上浆、蓉胶等烹饪技法的原理都已经涉及细胞和分子科学的层面，尽管我们的行为是无意识的，但却蕴含着深奥的科学道理。值得一提的是《调鼎集》记述了红烧肉的做法，后人惊讶地发现里面用了木瓜酒，为什么用这个酒，传统的用酒都是米酒、黄酒，从现代的科学得知木瓜中含有一种酶，可以嫩化肉类，菠萝、木瓜和无花果所含的特殊酶，分别是菠萝蛋白酶、木瓜蛋白酶和无花果酶，它们有着一种共同的特性，都能导致蛋白质水解，也就是说使蛋白质发生分解。肉由多种蛋白质构成，而使肉质坚韧的胶原也是一种蛋白质。

生物科学就是从人类饮食活动中吸取了营养，构建了组织学、解剖学的基础。也许你不敢相信，但这就是事实。烹饪科学可以利用各种学科的基础理论来分析和研究烹饪规律，同时也可以利用各类学科知识来创新烹饪技法。

烹饪过程中的变化是非常复杂的，尽管现代科学水平很高，但烹饪中的很多现象都还没有得到科学的答案。如用木炭和煤气、电炉烧出来的肉，味道有差别吗？"佛跳墙"的香味成分到底有多少种？日本人认为男人的手做出来的寿司比女人做出来的好吃，中国民间认为女人做的泡菜比男人做出来的更美味，这些有道理吗？听起来很简单，如果真的找出科学原理，对烹饪技术的产业化和传承都有很多帮助。

烹饪过程的各种变化是非常复杂的，特别是烹饪后到底产生了哪些新的物质一直都还没有完全搞清楚。目前，只能把烹饪过程中的变化归纳为物理性变化、化学性变化、生物化学性变化三大类。

费郎·亚德里亚在《烹饪是什么》中讲道：要想进行烹饪，必须使用技术对原产品进行转化，这种转化的发生一般是由物理过程、化学过程和生物化学过程导致的。

1. 引发物理过程的技术

所有这些预加工和制作技术在转化产品或中间制成品的物质时不会引起其分子的任何变化。除了少数例外，在正常情况下，物理过程导致的变化不会改变物质的化学性质，正如清洗、测量、去皮、去除不可食用的部分等。比如冷冻技术，它利用低温对物质进行改变，但是其化学成分并未改变。该类技术还包括为产品或中间制成品赋予或改变形状的技术，例如切割。

2. 引发化学过程的技术

所有这些技术在应用于烹饪产品加工时，都会在其物质中引发改变感官特性的转化。化学过程会发生与产品物质中的分子链相关的化学反应，例如焦糖化、美拉德反应和氧化。无论在何种介质中发生，如煮过、烤过的产品或中间制成品，都是通过加热烹饪引发化学转化得到的。

3. 引发生物化学过程的技术

所有这些技术都会引发影响烹饪产品的化学和生物过程，这些物质反过来又被生物物质或微生物的干预转化。发酵是这类技术的最佳例子，无论是乙酸发酵、酒精发酵还是乳酸发酵。发酵是在生物学水平发生变化的结果，这种变化是存在于处理产品的介质中的微生物导致的。与含有无须加热就能降解（转化）蛋白质、溶解胶原蛋白和软化纤维的酸、碱或酶的产品或制成品相关的所有技术，其中包括腌泡、酸渍、酸化、糖渍、盐浸以及其他技术。

一、发酵对食物风味和营养的影响

发酵食品是人类巧妙地利用有益微生物加工制造的一类食品，不仅自身具有独特的风味，而且也为烹饪调味带来了独具魅力的美味。特色的中餐烹饪几乎都离不开发酵和发酵制品。如黄酒、酱油、食醋、豆豉、乳腐、豆瓣酱、泡菜、酸菜等。发酵一般分谷物发酵制品、豆类发酵制品和乳类发酵制品三大类。

谷物发酵制品包括甜面酱、米醋、米酒等，这些食品中富含苏氨酸等成分，可以防止记忆力减退。另外，醋的主要成分是多种氨基酸及矿物质，有降低血压、血糖及胆固醇的效果。此外，还有馒头、面包、包子、发面饼等。

豆类发酵制品包括豆瓣酱、酱油、豆豉、腐乳等。发酵的大豆含有丰富的抗血栓成分，有预防动脉硬化、降低血压之功效。豆类发酵之后，能参与维生素K合成，防止骨质疏松症的发生。

乳类发酵制品如酸奶、奶酪等，这类发酵含有乳酸菌等成分，能抑制肠道腐败菌的生长，又能刺激机体免疫系统，调动机体的积极因素。影响健康的重要组成部分除碳水化合物含量少的食物外，还有那些经乳酸发酵后保存的食物，如脱脂乳、凝乳、酸奶、奶酪（莫泽瑞拉干酪除外）、酸菜等。

西餐也十分重视发酵技术的应用，世界排名第一的丹麦诺玛餐厅，厨房里有一个不对外的房间，就是自制发酵调味料的恒温房，作为核心调味的秘密武器。西餐把发酵和烤、煮并列为最重要的烹饪技术要素。

美国迈克尔·波伦的《烹：烹饪如何连接自然与文明》提出："所有的烹饪活动都是一种转化过程，客观公正地说，非常神奇，而发酵过程尤为神秘，令人震撼。……过去，人们总是非常肯定地说，发酵就是'沸腾'（'ferment'这个单词的本意就是'沸腾'），但是他们根本不清楚发酵过程是如何开始的，也不清楚这种沸腾为什么触摸起来感觉不到热。其他烹饪类型大多依靠外部能量（主要是加热）使食材发生转变，烹饪过程遵循物理规律和化学规律，处理的对象都是已经死亡的生物。而发酵则不一样，发酵主要遵循生物规律，并且只有利用生物规律才能解释发酵从内部自我产生能量的机理。发酵过程不仅看上去充满活力，而且它本身就是一种生命活动，但是这些生命大多必须借助显微镜才能看见。难怪很多文化中都有主管发酵的神——否则怎么解释这种冷冰冰的'火焰'竟然能烹制出品种多样的美味佳肴呢？"

美国迈克尔·波伦认为，发酵技术与学会用火技能，两者对于人类作为一个物种取得成功所具有的意义旗鼓相当。虽然科学家们认为火和发酵这两个东西都不属于人类的发明，而是大自然赐予的。发酵既是一种普遍的文化现象，更是一种重要的食品加工方法。全世界的食物在生产制造过程中用到发酵的比例多达三分之一，也许发酵在很多种食物加工过程中发挥的作用并不为大家所熟悉，但它们确实在悄悄地发挥作用，让食物产生特殊的风味。例如，咖啡、巧克力、腊肉、泡菜、腐乳、果酒及啤酒、酸奶、番茄酱、醋、酱油、豆瓣酱、酸菜、火腿、香肠等，都依赖发酵技术，发酵技术几乎涉及所有的美味。

发酵食物具有鲜明的区域特色和民族文化。人们很熟悉自己民族的发酵食物，但对其他民族的发酵食物保持一定的距离，需要慢慢适应。发酵食物汇集了不同民族的智慧，经历漫长的时间，甄选出需要的细菌和真菌，让食物能勾起人们的食欲。实践中人们学会保留和培养各种微生物，让发酵得以延续和发展。

《烹：烹饪如何连接自然与文明》提出："尽管发酵在人类文化历程中发挥了重要作用，我们也不能将发酵技术当作人类的一项发明，并因此沾沾自喜。发酵与火一样，是个自然过程，是自然分解有机物质、实现能量循环的一个主要手段。施泰因克劳斯指出，如果没有发酵，'地球将成为永恒存在的巨型垃圾堆'，死去的生物将堆积如山，而活着的生物将饥肠辘辘。人类不是学习研究发酵技术为自己服务的唯一动物：想想松鼠埋藏橡果或者鸟类利用嗉囊酸化种子，这些行为是不是有异曲同工之处。"中国东部的猴会储存一些鲜花与果实，再耐心地等待一些日子，让这些花果发酵，然后再尽情享受发酵的副产品——酒精。但是有的动物会借助植物来完成这项工作。在马来西亚，笔尾树鼩每天都会来到伯特仑棕榈树旁，守在"专门为酵母菌提供栖息之地的花蕾"旁，惬意地啜饮上面汇聚的酒。棕榈树为鼩鼱准备美酒，而作为回报，鼩鼱在为饮用美酒而穿梭于灌木丛中的同时，帮助棕榈树授粉。这样，植物、动物与酵母菌通过这种高明的共同进化活动实现了共赢。

这个例子表明，发酵的作用远不止于食物储存，尽管食物储存是人类掌握发酵工艺的原动力。发酵的初始目的可能是保存食物，但最终用途已经被无限地放大。发酵技术在不同的行业都有应用，医药行业、酿酒行业、食品行业等。经过发酵，很多食材的营养程度大幅度提升。迈克尔·波伦认为，发酵过程还能产生全新的营养成分——啤酒、酱油及多种发酵谷物中合成的多种B族维生素。纳豆由大豆发酵而成，表面黏滑，带有臭味，是深受日本人民喜爱的食品。纳豆能产生一种独特、有治疗效果的化合物——纳豆激酶。很多谷物发酵后能产生一些重要的氨基酸，如赖氨酸。泡菜中含有具有抗癌作用的分解物质，还含有大量维生素C，包括萝卜硫素等多种异硫氰酸盐。烤面包时，发酵过程可以分解对营养吸收有干扰作用的化合物，如肌醇六磷酸，因此烤面包比小麦本身更有营养。发酵还可以分解某些植物中含有的有毒化合物。

发酵可以将身体无法充分吸收的蛋白质、脂肪和碳水化合物长链分解，将之转变成可以吸收的简单、安全的化合物，因此，食物的发酵实际上就是预消化过程。我们可以把泡菜坛看成不断冒泡的辅胃，在身体开始消化食物之前，就帮我们完成了大部分的工作。烹饪也同样如此，可以帮助身体节省能量。不过，发酵与烹饪有一点不同，它不需要燃烧木柴或化石燃料获取能量，而是利用微生物分解基质的新陈代谢过程，自己产生能量。发酵无须用电就可以轻松完成，这个特点深受环保人士的欢迎。

《烹：烹饪如何连接自然与文明》提出："发酵食物的味道常常会给人这样或那样的强烈感觉。卡茨在他的专著中说：'在食物由新鲜变腐坏的过程中，我们有足够的空间，创造出一些诱人的美味。'果实在成熟过程中，口感与气味愈发浓郁，同样如此，许多其他食物在开始腐烂时，也会获得新的强烈的感官特质。为什么会这样呢？可能是出于同一个原因：人类的味蕾对单糖和氨基酸类的敏感程度，要强于复杂的碳水化合物和长链蛋白质。人类已经进化出一些味觉感受器，特别适合这些分子基本单位（鲜味）和简单的能量单元（甜味），因此，通过烹饪或者发酵，把食物分解成不可再分的基本成分，食用时就会产生愉悦的感受。"

最后可以得出一个不言而喻的结论：几千年以来，我们虽然发明了各种各样的食物加工技术，但是无论在口感、多样性、安全性还是营养方面，这些技术都无法与微生物发酵相提并论。

二、中餐中常见的发酵食物

1. 调味神器——豆瓣酱

发酵技术在烹饪中的应用包括调味料、蔬菜类、动物类等，其中酱就是调味料的代表，酱的酿造最早是在西汉。西汉元帝时代的史游在《急就篇》中就记载有："芜荑盐豉醯酢酱"。唐人颜氏注："酱，以豆合面而为之也，以肉曰醢，以骨为臡，酱之为言将也，食之有酱……"。

从古人的记载和注解中可以看出，豆酱是以大豆和面粉为原料酿造而成。究其原因，大豆含蛋白质为主，面粉含淀粉较多。蛋白质和淀粉同时存在，更适宜多种有益霉菌的繁殖，菌体大量产生各种酶，使原料中的各种营养成分，充分分解而生成了风味独特的豆酱。原酱分甜面酱和豆瓣酱两大类，以小麦粉做成的称甜面酱；以黄豆、蚕豆等制成的称豆瓣酱。

豆瓣酱是川菜的灵魂，也是川菜的三大调味料之一，有人说它是川菜最重要的调味料。川菜的豆瓣酱以郫县豆瓣为代表，郫县豆瓣传统制作技艺的"晴天晒，雨天盖，白天翻，夜晚露"，传统的发酵方式历时漫长，周而复始，昼夜8～10℃温差的转换，采用开放式的天然制曲和发酵，主要是依靠创造适合的温度、水分等条件使环境中自然存在的米曲霉孢子在蚕豆瓣上生长繁殖，分泌酿造豆瓣需要的各种酶类。天然制曲是多菌种共同作用的结果，能产生更为丰富的风味物质，例如从空气中落入的酵母和细菌进行繁殖并分泌多种酶类，酵母发酵成酒精，乳酸菌发酵成乳酸，对精氨酸、酪氨酸、组氨酸和天冬氨酸也有分解作用，还对丝氨酸、苏氨酸和苯丙氨酸有特异性脱羰基作用，形成其特有的酱香气。酿成的"郫县豆瓣"无需任何香精、香料就可以做到酱香醇厚浓郁。不添加任何色素、油脂，酱就可以呈现红润油亮、辣而不燥、幽香绵长的特色，完全靠自然的发酵独立完成。

现在的豆瓣酱都是专门的工厂进行加工，餐厅里厨师一般选择加工时间短、易操作的一些发酵制品自己操作，如蔬菜、豆制品的发酵等。

2. 蔬菜发酵

蔬菜的发酵不仅安全而且给食物带来了独特的不可模仿的风味特色，已经成为餐厅调味的秘密武器。美国桑多尔·卡茨《发酵圣经》：所有蔬菜的发酵方法都有个共同的原则："让蔬菜浸没在液体中。这样一来能创造出特殊的择优环境，使霉菌等好氧生物多半无法生长，因此有利于酸化细菌生长。"除了这个简单的原则，其他像是发酵时用什么食材、在哪里发酵、何时发酵以及如何发酵等细节则各有千秋，也是不同地区风味差异的主要原因。有些地方的传统是把蔬菜浸泡在卤水中，或是放在烈阳下曝晒使其凋萎，有些地方则是将新鲜蔬菜捣烂或碾碎。有些人一次只发酵一种蔬菜，有些人则一次混合十几种蔬菜，可能还会再加上香料、水果、鱼、米、马铃薯泥等东西一起发酵。有的人只会让蔬菜发酵几天，有些人则会放上数周、数月甚至数年。有些地区把食材放在密闭的罐子内发酵，有的地区放在缸里或专用的发酵容器中发酵。专门制作发酵食物的店可以把发酵物放在地窖里或把发酵缸埋进地底，家庭则放在阳台或是花园里。一般情况发酵蔬菜需要放在阴暗处，但也有蔬菜则可直接在太阳底下发酵。大多数的传统做法都利用蔬菜上原有的细菌来发酵，但也有些是加入各种酵种来帮助发酵。发酵蔬菜的方法不止一种，各个地区与文化皆有自己的传统技术，各家也都有独特的祖传秘方。这些方法代代相传，却又与时俱进。

若想在生活中体验发酵，那么蔬菜会是很好的起点，因为做法简单，又能快速享用成品。发酵蔬菜营养价值高且有益健康，美味又可拿来搭配各式餐点，而且还非常安全。有时候大家不敢动手制作发酵食物，是因为害怕万一培养出的细菌不对，会害自己和其他人吃出病甚至吃出生命危险。不过这个问题其实并不需要担心，至少发酵生鲜植物时不必。美国农业部专门研究蔬菜发酵的微生物学家布赖特说："据我所知，目前还没有因为吃了发酵蔬菜而引起食源性疾病的记录，我不认为发酵蔬菜有什么风险，这是人类史上最古老而且最安全的发酵技术之一。"

桑多尔·卡茨《发酵圣经》："鉴于全球近年来爆发了多起由菠菜、卷心菜、西红柿和其他生鲜蔬菜引起的食源性中毒案例，我想，说发酵蔬菜比生鲜蔬菜安全应该不为过。即使发酵蔬菜遭到污染，偶然产生的病菌也无法与原有的乳酸菌群竞争，而且发酵蔬菜会快速酸化，因此能摧毁任何幸存的病原体。乳酸菌让所有植物都能有既安全又有效的保存方法。曾有多起报道指出保存在橄榄油中的蒜头会引起肉毒中毒，这使得有些人担心发酵蒜头并不安全。不过，用橄榄油浸渍与用水或蔬菜本身的汁液浸渍大不相同。说得更明确点，以油浸渍的环境对厌氧细菌有利得多。若是把蒜头浸泡在卤水里保存，或是混入其他蔬菜，就不必担心会引发肉毒杆菌中毒。如果你想将蒜头浸渍在橄榄油中保存，有个简单的做法可以确保安全，即先把蒜头泡在醋中使其酸化，形成不利于肉毒杆菌生存的环境，如此便能降低肉毒杆菌毒素生成的可能性。"

3. 神奇的泡菜

泡菜的制作工艺，历史非常悠久，是我国精湛的烹饪技术遗产之一。据汉代许慎《说文解字》解释"菹菜者，酸菜也"。北魏贾思勰的《齐民要术》一书中就有制作泡菜的叙述，可见至少1400多年前，我国就有制作泡菜的历史。

泡菜的制作过程是一种微生物无氧发酵的过程，泡菜靠乳酸菌的发酵生成大量乳酸而不是靠盐的渗透压来抑制腐败微生物的。泡菜使用低浓度的盐水，或用少量食盐来腌渍各种鲜嫩的蔬菜，再经乳酸菌发酵，制成一种带酸味的腌制品，只要乳酸含量达到一定的浓度，并使产品隔绝空气，就可以达到久贮的目的。

通常来说，细菌是泡菜发酵中的主要微生物，泡菜中的细菌数量远高于真菌的数量，且细菌的多样性比真菌更为丰富，在任何情况下，单独一种细菌很难形成泡菜的完整风味。乳酸菌是整个泡菜发酵过程中的重要优势菌群，除细菌外，其他微生物在泡菜发酵过程中也起着重要作用，如子囊菌和担子菌等真菌，其中最重要的是酵母菌。

发酵食物中也有某些微生物菌株，似乎在其他地方就无法存活。这也是泡菜的魅力所在，不同地区气候条件因素的影响较大，所以不同地区制作的泡菜风味是不一样的。

（1）温度　温度是最重要的影响因素。通常来说，温度的变化会影响微生物的生长。发酵开始后，细菌数量开始逐渐增加，并随着温度的升高，细菌的生长速度加快。其中乳酸菌是泡菜发酵过程中的重要菌群，26～30℃范围内乳酸菌生长繁殖速度最快，产酸率最高。

（2）盐的浓度　盐是泡菜咸味的主要组成物质，而且是泡菜发酵过程中影响微生物生长和代谢的最重要因素之一。乳酸菌受盐度影响较大，提高食盐浓度虽然能够抑制部分杂菌的生长，但同时也抑制了乳酸菌的生长，乳酸菌的数量随着盐度的升高而降低；同时，盐度的增加也抑制了部分酵母菌的生长。盐的浓度一般为2%～3%。

（3）氧气　空气会影响泡菜中微生物群落的组成和种类。兼性厌氧乳酸菌是泡菜发酵的主要菌种，而有害菌一般是好氧菌。因此，可通过隔绝空气来抑制有害菌的生长，还可以抑制泡菜中的霉菌等其他杂菌的生长，防止腐败。

从营养价值上来看，泡菜中维生素及钙、铁、磷等矿物质含量丰富，其中豆类还含有丰富的全价蛋白质。在泡制过程中，蔬菜的温度一直保持在常温下，蔬菜中的维生素C和B族维生素不会受到破坏，因此，泡菜比起炒菜来说营养价值更高。

4.火爆的臭豆腐

臭豆腐是用"臭卤水"发酵而成的。"臭卤水"的配方各地也不一样，江浙一带主要以苋菜、芥菜等蔬菜为主要原材料，配上豆腐干中原有的蛋白质，制造出天然且稳定的乳酸菌发酵环境。臭豆腐经过发酵之后，蛋白质分解为各种氨基酸，又产生酵母等物质，具有增进食欲、促进消化的作用。

有"植物性乳酸菌研究之父"之称的日本东京农业大学冈田早苗教授发现，臭豆腐、泡菜等食品当中，含有高浓度的植物杀菌物质，包括单宁酸、植物碱等，而植物性乳酸菌在肠道中的存活率比动物性乳酸菌高。

在臭卤水中检出39种挥发性有机物。臭卤水中的3-甲基吲哚是一种具有强烈臭味的物质，又称粪臭素，是臭豆腐具有特殊臭味的关键。另外，苯酚因其具有特殊香气，能对臭豆腐的气味起到稳定效果。总之，不同产地臭豆腐的独特风味主要归功于各自卤水配方中挥发性有机物含量的差异。

臭豆腐盐分含量高，因而不适合高血压、冠心病、动脉硬化等患者食用。其次，臭豆腐中的生物胺可与亚硝酸盐反应生成有致癌作用的亚硝胺，因此在吃臭豆腐的同时应多吃新鲜蔬菜和水果，其所富含的维生素C可有效阻断亚硝胺的生成。总之，吃臭豆腐要控制好量。

三、熟成技术

有人认为熟成技术是最早的食物保存方法，推测是在旧石器时代的一种偶然。猎人们在某个洞穴囤积了不少食物，有一部分已经开始略微变质，但剔除了看起来有点恼人的霉菌和干硬皮壳之后，他们幸运地发现，里面的肉不仅可以吃，还变得更易咀嚼。经过几代或几十代人的持续观察，发现总是在寒冷、空气流通稳定的储藏空间里，这样的肉才得以复现。这种依靠自然力量改造食物的行为，早于人类学会用盐储存食物之前，实际上，根据玛丽-克莱尔·弗雷德里克的观点，甚至可能早于人类掌握用火之前。

1. 熟成的概念

熟成的概念一直表述不清楚，历史上把肉类经过腌制处理后的，发酵、晾干的过程也称为熟成，公元前160年，古罗马政治家加图在他所著《农业志》中，首次书面记录下用"缸中腌制，洗净，通风，烟熏，抹油"这套程序来制作火腿肉的方法。盐可以使肉快速脱水，抑制霉菌的生长，延长肉的保存期，这个阶段，叫作腌制（curing），而"通风"的原因，是需要让流动的空气带来自然界中的微生物，协助火腿进行发酵，在时间作用下产生更多风味，而这个阶段，人们也称它为熟成（ripening）。《齐民要术》卷八中，贾思勰就详细写出了鱼鲊这种利用盐、米和时间改变肉的组织结构和风味的"熟成"技术。东汉刘熙在《释名》第四卷释饮食一章中，也解读了"鲊"的字意："菹也，以盐米酿之如菹，熟而食之也"。把制作"鲊"的方法也称为熟成。看来这个所谓的"熟成"技术和我们今天认为的熟成好像不是一个概念，目前餐饮行业流行的说法一般特指的是牛肉的熟成技术，有干式熟成和湿式熟成两种。其实上述的技术都属于熟成的技术之一，从"腌制＋利用自然微生物"的火腿，到"腌制＋人工引入微生物"的鲊，再到"不腌制＋利用蛋白酶与可能存在的微生物"的干式熟成。如果准确地描述肉的熟成："利用酶和（或）微生物，通过足够长时间的生化反应和酶反应，改变肉的组织结构和风味的一种加工方法。"干式熟成技术只是熟成的其中一种，虽然从原理上说，它们都是"在特定的储存环境下通过微生物或酶的作用改变食物的质地和风味"，但从制作方法和最终成果来看，它们区别还是很明显的。英文中用不同的词区分，特定到"干式熟成牛排"中的"熟成"，采用的单词是aging，相对合理一些。中文都用"熟成"，包含的内容丰富一些。

目前行业中说的熟成，一般认为都是不需要腌制等前期加工的，实际是指肉类在自然存放过程中的"熟成自溶"阶段。肉的熟成过程一般有以下三个阶段。

（1）僵直期　动物死后，肌肉所发生的最显著的变化是出现僵直现象，即出现肌肉的伸展性消失及硬化的现象。死后僵硬，首先是由于家畜停止呼吸，肌肉中需要氧气的生化反应停止，在没有氧气的状态下进行"无氧糖酵解反应"，分解糖原获取能量，开始积存乳酸。积存乳酸后，肌肉的pH会降低至极限的5.5附近，收缩肌肉的能量源ATP（腺苷三磷酸）也完全消失。然后，与肌肉收缩相关的肌原纤维蛋白质——肌球蛋白，通过和肌动蛋白进行结合形成肌动球蛋白，肌肉就变成收缩后的死后僵硬状态。变成这种状态后，肉不仅会发硬，保水性和结合性也会下降。僵直期的肌肉，咀嚼时有如硬橡胶感，风味低劣，不宜制作烹饪菜肴，特别是肉蓉胶的菜肴，搅烂时不容易上劲，下锅后松散，而且肉香不足。

（2）僵直的解除　肌肉在死后僵直结束以后，其僵直缓慢地解除而变软，这样的变化称之为僵直的解除或解僵。肌肉必须经过僵直、解僵的过程，才能成为作为食品的所谓"肉"。充分解僵的肉，加工后柔嫩且有较好的风味，持水性也有所恢复。

（3）熟成　将解僵期终了的肌肉在低温下存放使风味增加的过程谓之熟成。以熟成为结果的各种变化过程，实际上解僵期即已发生，故而从过程上来讲，解僵期与成熟期不一定要加以区别。在熟成过程中会发生一些变化，对风味有很大的改善作用。如死后的动物肌肉随着pH的降低和组织破坏，组织蛋白质酶被释放出来，而对肌肉蛋白质发生分解作用。变性蛋白质较未变性蛋白质易于受组织蛋白质酶的作用，肌浆蛋白质一部分分解成肽和氨基酸游离出来，这些肽和氨基酸是构成肉浸出物的成分，既参与在加工中肉的香气的形成，又直接与肉的鲜味有关，因而大大改善了肉的风味。

2．牛肉的熟成技术

牛屠宰后，随着时间流逝，肉质会逐渐失去弹性，熟成是为了使肉质变得更加软嫩。牛肉在放置一段时间后开始产生蛋白酶，蛋白酶可分解牛肉的蛋白质，软化牛肉的肌肉纤维，提升牛肉的保水性，并使牛肉的风味更加浓郁。牛肉熟成有干式熟成与湿式熟成两种方法。

美国肉类出口协会这样描述干式熟成："在特定的温度、湿度和风速下，储存整块未包装的牛肉，使其肉质嫩化多汁，风味增强"。对应地，湿式熟成是："把肉用真空包装隔绝氧气的条件下，冷冻储存，主要改善肉的嫩度，几乎不影响风味"。简单来说，干式熟成跟湿式熟成的差别就是，一个在干的环境下熟成，一个在湿的环境下熟成。

熟成的首要目的虽然是让僵硬的肉发生软化，但这一过程还具有恢复死后僵硬时失去的一部分保水性，以及改善肉的鲜味和风味的附加作用。肉的鲜味成分氨基酸或肌苷酸等在熟成过程中会增加，氨基酸是肌肉的蛋白质在各种蛋白质分解酶的作用下分解形成的；肌苷酸是属于核酸类的鲜味成分，ATP在各种酶的作用下，转换成ADP

（腺苷二磷酸）、AMP（腺苷一磷酸）、IMP（肌苷一磷酸），然后再转化成肌苷酸。

肉最理想的质感主要有三点：咬上去能感到适度的软嫩、滑润的口感和丰富的多汁性。肉的软嫩是由构成肉的肌原纤维、结合组织和脂肪组织的状态决定的，肉的滑润与脂肪的熔点有关，肉的多汁性会根据肌原纤维的构造不同而发生变化。

（1）熟成条件如下

①干式熟成条件：将牛肉放置于温度约0℃、相对湿度为50%～80%，并且空气流通的无菌熟成室内21～45天甚至更久。也有放置在1℃熟成35天或3℃熟成28天的方法，各个熟成师的技术不尽相同。干式熟成不需要盐也能让肉脱水是因为有持续流动的冷空气。至于微生物在干式熟成中到底起了什么作用？这一点目前仍旧存在争议。有研究认为某种霉菌会向干式熟成牛肉提供一种胞外酶，能带来嫩度和口感上的改变，但也有人认为不需要霉菌，干式熟成牛肉一样能产生出独特的风味。

②湿式熟成条件：把从牛肢体上切下来的各个部分的肉包装在真空袋中，使牛肉与空气隔绝，减少水分蒸发，然后放在室温为1～3℃的熟成库里保存7～10天，冷藏放置21天以上。

（2）两者口感差异如下

①干式熟成牛肉外皮呈棕褐色，由于脂肪比肌肉保留了更多的水，肌肉部分感觉有收缩，肌肉部分凹陷，肋骨和脂肪部分更突出；如果你看到长时间熟成的牛肉的肋骨，可以发现类似蓝纹奶酪中的斑纹。切除外层干燥的牛肉后，熟成牛肉内里颜色比普通牛排更深，用手指稍微施加压力，就会留下指印。风味变化是由许多生化过程引起的，包括落在表面的酶和细菌的作用。

在味道方面，由于熟成后水分减少，天然酶开始分解蛋白质、脂肪和碳水化合物分子结构，促进产生氨基酸、脂肪酸和糖原。氨基酸中的谷氨酸钠，这些天然的调味剂使得牛肉在熟成的过程中充满强烈且独特的风味。

②湿式熟成经酵素作用，口感比一般牛排软嫩许多，利用真空包熟成，除了减少水分的流失，损耗率也较低。因此湿式熟成价格相比干式熟成要便宜很多，大部分餐厅使用的熟成牛排为湿式熟成牛排。

干式熟成的牛肉比普通牛肉贵得多，除风味特殊以外，成本也会比较高，这就是贵的原因，产生的成本主要有以下几个方面。

一是时间长。为了满足我们对特殊风味的追求，除了熟成师在这些肉上所投入的技术试验，还需要大量的时间，比如分解蛋白质产生鲜味物质、脂肪氧化产生风味物质，以及长达数周的风味浓缩过程等。

二是特殊的环境。能严格稳定控制环境参数的设备，是干式熟成技术的前提条件。干式熟成需要更大的储存空间，防止肉块相互挤压，熟成师会根据肉块的状态选择合适的空气流动速度，用既不会让肉结冰，又能明显减缓细菌生长的持续冷空气，把肉体表面的水分吹干，完成脱水的目的。但要达到这个效果，需要让肉与肉之间，保持足够的距离。选择优质的干式熟成柜可以为熟成提供精准、稳定的环境。

三是损耗大。在持续的风干脱水过程中，肉的外表逐渐收缩，逐渐结成一层硬壳。达到目标天数之后，厨师将肉取出，切去不能食用的部分，把原本大块的肉修整成适合售卖的形状。随着干式熟成的时间越长，损耗率会越高。虽然有实验结果显示，损耗通常在25%～30%。但这并不是一个严格的限定值，它和原料本身的状态以及具体的熟成过程有密切的关系，在不同的参数下，损耗高达50%也是有可能的。

四是成功率难控制。做干式熟成牛排，在某种程度上说有点像开盲盒，肉的品级和来源不同，储存和运输方式的不同，设置的环境参数不同，都会导致熟成结果的不同。熟成师只能尽量凭借经验去引导一块肉经历最适合它的熟成，但必须到熟成结束打开硬壳之后，他才能确定最终的结果，然后再决定是否将这块肉出售给客人。不少饕客追求超长的干式熟成时间（比如3个月以上），想猎奇干式熟成牛排中特有的"更浓的牛肉味""坚果味""奶酪味"，但熟成带来变化的风险也明显增高，甚至是有被丢弃的可能。

目前也有改进的一些办法开始流行，有一种已经推向市场的"熟成干燥袋"，它在阻隔细菌和微生物的同时，也能够让氧气和水分自由出入。基于湿式熟成的技术，但在原理上又向干式熟成靠拢。使用这种干燥袋，就可以相对方便地自制熟成牛肉。也有熟成师采用一种专业的纱布（或纸）包裹肉体，上面自带培养的菌落，能在更短时间内达到相同甚至更好的熟成效果，这其实算是另一种人工引入微生物的熟成技术。当然也有人尝试使用"古法"，比如采用蜂蜡、油脂作为外封壳保护肉体，控制有害细菌的生长，在合适的熟成条件下，也能达到改变肉质和风味的目的。

当然也不要过于迷信干式熟成牛肉带来的风味。钱程在《有些牛排像美酒，放得时间越久越好吃》一文中写道："大部分'老饕'级食客都会认为干式熟成牛排的风味远远超过湿式熟成的牛排，但是，2006年内布拉斯加大学林肯分校的一项研究给出了不同的意见。这个研究是采用单盲测试的，志愿者们并不知道吃下去的是干式熟成还是湿式熟成的牛排，吃完后，志愿者需要为牛排的风味、多汁性、柔软度和总体接受度四个维度打分。结果显示，志愿者对于干式熟成和湿式熟成的牛排满意度其实并没有明显的区别！所以，到底哪种熟成方式更加美味，其实是一种见仁见智的事情，没有必要迷信干式熟成这种方法。但是，干式熟成牛排比湿式熟成的贵很多是真的。"

纽约的美食撰稿人弗朗西斯·林曾预测干式熟成牛排即将成为餐饮的潮流趋势。但从市场现状来说，价格居高不下的干式熟成牛排还没有真正走进大众市场。

3. 鱼类的熟成技术

鱼类熟成技术在中餐中应用的比较少，应用时要根据不同的地区、不同的鱼、不同的烹饪方法，决定是否采用熟成技术。从科学的角度看，刚杀完的鱼新鲜度最高，但这个时候却不一定是最美味的时刻。鱼在死亡后，由于没有供氧，肌肉会陆续出现收缩，变得僵直，这是鱼的死亡僵直期。僵直期的下一个阶段，鱼体内的蛋白质等各种分子会分解出谷氨酸、肌苷酸等，这些物质会让鱼肉变得更加鲜美，此时的鱼肉鲜度和口感达到完美的平衡。但广东地区特别讲究鲜活，特别是清蒸鱼必须现杀、现蒸，强调脆嫩爽滑的口感，即所谓的活肉，不过分追求鲜味的完美。鱼的熟成技术一般在日本料理中用的比较多，主要是寿司中的一些特殊鱼类，特别是一些大型的鱼类。

餐饮行业对牛肉关注的比较多，猪肉、鸡肉在烹饪中也引起了重视，但鱼的熟成效果在中餐里面没有得到更多的关注，一般都认为鱼最好是鲜活的，现杀现烹，肉质弹牙爽嫩的口感已经成为定式。但对于一些生食的鱼类菜品而言，鲜美度是重要的评价指标。

《鱼料理——一种日本艺术》中介绍，在西方，人们很了解肉类熟成所需的时间，但鲜少关注鱼类熟成所需的时间。然而对日本专业料理人而言，这是获取最佳鱼肉的关键。鲔鱼在食用前必须先放置数天，而体积较小的鱼类，如小鳍或竹荚鱼这类"熟成"快速的鱼类，也必须先放置几小时。

处理食材的最后一道步骤，就是将肉放置一段时间，让肉休息。这个阶段的长短由料理人决定，对他们而言，"料理"在这个阶段就已然展开了。真正的日本主厨会想要自己掌控品尝食物的最佳时机。从鱼被捕捞上岸到鱼肉腐败前，大师必须选择最恰当的时机点，也就是肉质及风味达到最美味的平衡点的一刻。跟肉类的最佳品尝时机点相比，这个时机点要更精确，也更难掌握、更巧妙。笔者称之为"时间的料理术"，在自然变化与肉的化学反应这段过程中，时间已对肉进行了"调味"与"烹饪"。

竹荚鱼的品质在进入僵化阶段前与处于僵化阶段时是最好的，肉质紧实，新鲜细嫩，此时我们能获得最好的口感，但是肉越紧实，所含的鲜味越少，两者成反比，最成功的料理则是在二者中取得平衡。这里最大的难题在于鱼肉所呈现的多样性。与肉类相反，鱼肉不用经过"熟成"的步骤即可食用，鲜活的鱼肉给人新鲜以及新奇的印象。对我而言，最美味的鱼肉是捕获之后就马上在炭火上烤熟，或是经由大师精算出最理想静置时间的生鱼。前者带有海洋的新鲜与自然风味，后者带有既复杂又丰富的鲜味，肉质柔软，在口中融化的同时也带着爽弹的口感。时间的烹饪术就如同一个相当出色的乐器，透过大师之手的完美演绎，演奏出超乎常人的优美音乐。

鱼类的熟成时间不尽相同，金枪鱼熟成时间是7～21天，根据体型大小来定，鰤鱼、大竹荚大概是4天，真鲷是12个小时，比目鱼属是5～8个小时。金枪鱼的熟成，必须在极其精确的温度与湿度下进行。低温可以抑制微生物的生长；而适宜的湿度则会慢慢蒸发鱼肉中的水分，使肉质变得更加紧实；在漫长的熟成期中，鱼肉也会发展出更加浓郁的肉味和全新的香气。鱼肉的熟成极其耗材费力，因为水分蒸发，鱼肉会损耗至少20%的重量。

具体操作方法比较简单，鱼杀完过后，用专用的吸水纸将鱼的表面吸干，利用真空袋将鱼真空包装，放入温度为1～4℃的冰箱中，设置好时间就可以了。熟成后的鱼体因部分水分的流失，表面发皱、色泽变暗，所以熟成之后还需切除表面那层，高级寿司店贵的原因之一就是损耗一部分昂贵的原材料，当然为了极致的美味也是值得了。

4．冰点熟成技术

近几年，冰点温度熟成技术开始在日本流行，所谓的冰点温度是零度到食品开始冰冻之间的温度带，在这个温度下放置一段时间经过熟成之后，食品的鲜味和甜味都有所增加。日本就有炸猪排店出售冰点温度熟成猪肉食品，目前最受欢迎的是炸五花肉猪排。猪肉容易腐败，所以熟成难度相对高。具体做法是把猪肉清洗之后在熟成库中熟成2周，其熟成库的温度控制在即将冰冻的临界点温度。冰点温度熟成的关键是温度控制，即必须在食品即将冰冻而还未冰冻的临界温度。在这个临界温度下，细胞为了在即将冰冻的危险中保护自身，细胞内不断蓄积防冻物质，这些物质就是能带来鲜味和甜味的氨基酸、糖类等。经过该熟成处理的猪肉，与普通猪肉相比其谷氨酸含量增高了1～2倍，所以价格是普通猪肉的3～4倍。

第二节

烹饪中水的特性与风味

　　我们知道菜品的味道包括气味、口味、质感，这三个要素其实都和水密切相关。首先看质感，烹饪原料本身的水分含量就是判断质感的重要标准，原料固有水分发生变化都会带来口感、外观、色泽的差异。如胡萝卜应该含水量88%，黄瓜含水量95%，樱桃含水量82%，梨子含水量73%。如果这些食材的水分降低，则口感不脆、外形变小、色泽变暗。炸、煎、烤等烹饪方法，都是油导热成熟的方法，看上去与水没有关系，其实这些方法的关键点还是水，炸的方法就是让外表失去水分，达到酥脆的效果，外表失水的多少决定菜品是否脆或软。挂糊、上浆、拍粉等辅助工艺就是保护原料水分，让菜品达到滑嫩或外脆内嫩的口感层次。炖、焖、煨等烹饪方法，虽然它们软糯的口感与食材水分变化没有直接的关系，但如通过水长时间加热，可以让胶原蛋白变性，达到软糯、绵软等口感。

　　其次看口味，我们都知道呈味物质必须是水溶性的才能被味蕾感知，有水或唾液的情况下才能感知到基本味觉的存在。另外，水还是非常好的溶剂，事实上有时人们将其称为万能溶剂，因为水相比于其他溶剂（包括强酸）能够溶解更多的物质。部分原因在于水分子的极化结构以及氢键的存在。首先，水可以溶解各种调味料，增加调料的扩散、吸附能力，在调味料中食盐、味精、苏打、小苏打等属于离子型化合物，它们在水中具有很大的溶解度。水分子由于结构上的特点，属强极性分子，其偶极矩很大。与离子型化合物作用时，化合物的阳离子与水分子负极一端相吸；阴离子与水分子正极一端相吸引。这样离子型化合物的阳离子和阴离子就分别被水分子团团围住，它们之间的吸引力大大削减，所以离子型化合物在水中具有较大的溶解度。食糖、料酒、酱油和食醋等，虽然属非离子型化合物，但它们在水中也很容易溶解，这是因为上述调味料分子中含有带弧电子对，电负性大而且原子半径小的元素（如氧、氮等），很容易吸引水分子中半径很小、呈正电性的氢原子，从而与水分子形成氢键，增大了它们在水中的溶解度。

　　水还可以溶解原料中的风味物质。原料中的营养成分和呈味物，如水溶性蛋白质、氨基酸、糖类和无机盐等也都能溶解于水，烹饪中的制汤就是利用水具有良好的溶解能力和分散能力，把新鲜味美的动物性原料和水共煮，使原料中的呈味物质溶解或分散在水中，成为美味的鲜汤。

最后看一下气味，水在溶解呈味物质的同时，也有很多香味物质被溶解到汤汁中，随着热气挥发到空气中，刺激嗅觉并让人感觉到各种香气。其实很多菜品香气的挥发都是借助水分进行的。同时，水也能溶解原料中的某些不良气味，原料的焯水处理就是利用水的这一性质，例如，牛、羊肉及动物的内脏等经焯水可排出血污，除去腥膻气味。

一、水的硬度对食物风味的影响

水的种类很多，从来源看有天然泉水、井水、纯净水，还有人们使用最多的自来水。从性质看有硬水和软水，水的软、硬取决于其钙、镁矿物质的含量，我国测定饮水硬度是将水中溶解的钙、镁换算成碳酸钙，以每升水中碳酸钙含量为计量单位，当水中碳酸钙的含量低于150毫克/升时称为软水，达到150～450毫克/升时为硬水，450～714毫克/升时为高硬水，高于714毫克/升时为特硬水。

从健康的角度看，专家建议：饮用硬度在150～450毫克/升的水，是最有利于人体健康的。从烹饪风味的角度看，水的软硬度对其也是有直接影响的。笔者参观过好酒好蔡的厨房，发现很多水龙头上都装有不同的净化装置，根据菜品的需要，净化不同硬度的水。真正好的厨房对水的品质要求应该是很高的。

《现代主义烹调》中对水的品质和纯度有专门论述："由于水能够溶解很多种物质，因此水中会含有许多周围环境中的矿物质，尤其是钙和镁，有时也会包括铜、铝、锰、碳酸氢盐以及硫酸盐等，这取决于水所处的地理位置。硬水就是用来表示含有大量溶解矿物质的水的术语。大多数厨房都利用自来水进行烹调，而且食谱也没有指定要求利用哪一种水。但是自来水的质量和纯度的确会对烹调过程产生非常大的影响。硬水成为流出水龙头的一个烹调变量。例如，由于水中的矿物质可以结合植物细胞壁中的果胶质，因此硬水也会使烹调的蔬菜变得坚硬。硬水还会妨碍胶凝作用以及增稠过程，因为溶解的矿物质都是带电离子，而所使用的凝胶对水中的离子浓度非常敏感。煮沸的硬水中的矿物质也会在咖啡机和万能蒸烤箱这样的烹调设备上留下令人烦恼的沉积物。除了矿物质，世界上各个地区的自来水中还包含一种能够杀灭寄生虫的氯化物，以及一种防止龋齿产生的氟化物。这些化合物也会影响烹调过程，以及食物的风味和质地。

那么，我们应该怎样检测水的品质呢？非常硬的水口感很差，而且摸起来有一种滑腻感。如果你正在使用市政的饮水系统，那么你可以联系供水者获得你所使用的自来水水质的完整分析。如果你拥有私人的供水系统，你也可以带过去检测，或者购买一个试剂盒自己进行检测。一旦你知道了水中各种物质的含量，就可以采取正确的方法来纯化它。软化和净化水的方式有很多种……如果进行测试后水中的污染物仍然很多，你可能会希望水的纯度能够更高。通过把水煮沸能将杂质蒸馏去除，然后在单独的容器中收集冷凝蒸汽。蒸馏水成了比去离子水更好的替代品，但它更加昂贵。反渗透是通过给水施加压强，使其通过一种膜，从而滤出污染物。用这种方法净化的水是非常纯净的，而且比蒸馏水要便宜，但它会产生大量的废水，而且无法去除氯或其他溶解的气体。相反，活性炭过滤是除去氯以及其他在一些地区可能存在健康问题的可溶性有机化合物的最好方法。但它不会使水软化，因此许多家庭的水分处理系统包括了很多方式：加压使水通过碳过滤器和反渗透膜，然后对水进行紫外照射，以杀死其中残存的微生物。……虽然在烹调中最适合处理食物的水可能是非常纯净的水，但制作出的味道未必很好。我们已经习惯了溶解有气体和矿物质的水的风味，而且有些物质还能够带来必要的营养补充。如果没有这些，水的味道将会变得非常平淡。"

中餐烹饪到底需要什么硬度的水，要根据具体菜品和烹饪时间、温度来确定，虽然硬度过高的水对人体和菜品的风味影响比较大，但也绝对不是完全纯净的水就好。

一般煮蔬菜时，软水可以很好地渗入蔬菜中，使蔬菜变得柔软可口。若水的硬度较高，水中含有的钙会使食物纤维变硬，容易煮出苦味来。如果想要去除某些根菜类蔬菜的涩味或不想让菜煮烂时，用偏硬一点的水就比较好。营养专家认为，不少蔬菜都含有草酸，比如菠菜、苋菜等，人吃进肚子后会导致草酸沉积，此时再喝硬水就会导致草酸和钙离子结合，形成结石。但是如果用硬水洗菜，那么草酸就会在洗菜的过程中与水中的钙离子结合，析出草酸钙，那么吃进肚子里的草酸自然减少了。当然，为了保险起见，菠菜这些草酸含量较高的蔬菜，最好还是用开水焯一下再烹饪，可以最大限度去除草酸。水的硬度对煮豆类蔬菜有明显影响，如豌豆等蔬菜富含有机酸物质，能与硬水中的钙、镁离子化合成难溶于水的坚硬的有机酸盐，使成菜风味大减。

如果想煮出柔软的饭就要用软水，可以用纯净水或煮开后冷却的自来水，此时自来水中的氯多已随水蒸气挥发掉了。但如果想做炒饭、意大利海鲜拌饭等，就使用硬度较高的水（450～550毫克/升），因为硬水可以让米饭有弹性，颗粒分明。

在海参、燕窝等干制原料泡发的时候，不能用自来水，因为消毒的氯化物会影响口味，矿泉水也不是最好的选择，这种水在泡发海参、燕窝的时候会严重影响泡发率，经实验：正常燕窝泡发率在6～10倍，而用矿泉水的泡发率仅为3～4倍。涨发高档干制品时最好选用纯净水。

有专家认为用硬水腌制蔬菜或制作泡菜比用软水好，因为钙离子的渗入，把细胞内处于无序排列的果胶酸联结起来，形成有序结构的果胶酸钙，从而增大了腌制品的脆性。

二、水的导热特性对食物风味的影响

水是重要的导热介质之一，水的沸点最高只达100℃，这样的温度区间使水具有独特的性质。比如，水的沸腾和微沸现象，虽然它们的温度都是100℃，可结果是不一样的，沸腾的水只能被加速汽化而不能被提高温度。事实上，沸腾的水比微沸的水在单位时间内能有更多的传热量，是因为沸腾强烈的运动，对流换热系数增大（此时对流为主要传热方式），水从热源吸收的热就多，同时传递的热就多，这样一来，食物在沸腾的水中加热就能更快地成熟，短时间的成熟才能保证食物中的水分不过度流失，使质感软嫩。相反，微沸状态的水可以保证单位时间的传热量少，减少水分的过度蒸发，从长时间加热来看，食物从中获得的总热量并不少，虽然可能使原料中水分流失，但是保证了食物分子间的键断裂，特别是胶原蛋白软化，形成软烂的口感。因此，一般遵循的原则是：要形成口感嫩的菜肴，运用火候时多以沸腾的水短时间加热；要形成口感软烂的菜肴，运用火候时多以微沸的水长时间加热。

水果、乳品等原料在进行水煮加热时，会使原有的香气挥发散失，而且反应生成新的嗅感物质并不多。蔬菜、谷类原料在水煮加热时，除原有香气有部分损失外，也有一定量的新嗅感物质生成。鱼、肉等动物性食物则通过水煮可以形成大量浓郁的香气，特别是一些长时间加热的炖、焖菜肴，可发出诱人的香气。在该条件下发生的非酶反应，主要有羟氨反应、维生素和类胡萝卜素分解、多酚化合物的氧化、含硫化合物的降解等。

三、水的传质能力对食物风味的影响

水是呈味物质与味觉感受器的传质介质，因为食物中的呈味物质，只有溶解在水中或口腔的唾液里，经过刺激舌面的味蕾，再由味觉神经纤维传到味觉中枢，经大脑中枢神经分析，才能产生味觉反应。如果没有水的传质性能，再多的呈味物质也难以产生良好的味感。所以菜肴需要带有一定的水分或汤汁，以利于味觉器官对滋味的感受。

在以水导热的烹调方法中，调味料进入原料内部是由于水的传质而进行的。水由于分子黏度低，具有较强的渗透能力，当调味料溶解在水中之后，调味料的分子成微粒以水为传递媒介，向食物组织中扩散，从而达到入味的目的。例如烧、煮、烩、炖、焖、卤、酱等烹调方法，首先将调味料溶解于水中，然后加热促进传质的速度，使原料充分入味，这时的水既是导热介质，又是传质的介质。

炖汤是烹饪用水较多的一种烹饪方法，炖汤既体现水的导热特性和传质特性，又需要考虑水的硬度。那么我们怎么做才能炖出好汤呢？选择什么水更好呢？有人认为山泉水最好，既没有太多的杂质和异味，又有一定的矿物质，对汤的味道和健康都有益。但不能说所有的山泉水都可以用，环境不同所含的成分也不同，环境是否受到污染等问题都有很多不确定性，而且绝大部分地区都不具备这样的条件，实施起来过于复杂化。其实也真的不需要那么麻烦，可以将自来水烧开，静置一夜后使用，去除氯化物的异味，同时也含有一定的矿物质，口味就能达到预期效果。

　　烹饪中的很多现象需要通过实验来验证，不能凭空想象。就像行业里经常说的炖汤时不能先加盐，因为盐具有渗透作用，会使原料中的水分排出，若食材是肉质，易失水而提前缩紧，导致汤品难以炖出鲜味和香味。还有的人认为，提前加盐，肉会变得很柴、很老。真实情况是这样吗？

　　理论上讲，如果考虑到渗透作用，在盐水中煮肉，肉的风味物质应该比在纯水中煮更容易渗入汤汁中。所以从渗透原理看，不能先加盐的说法是不成立的。还是让实验来证明吧，将两块一样的肉分别放在两个一样的锅中，一个锅里加入纯水，另一个锅里加入饱和的盐水，然后把这两锅肉煮4小时，其中每隔10分钟量一次肉的重量。4小时之后，我们发现两块肉的重量是一样的。说明先加盐与后加盐对肉中的水分是没有影响的。其次我们再分析汤汁中的风味物质，其鲜味物质的含量也基本一样。那么在盐水中煮蔬菜会出现渗透压现象吗？为了了解蔬菜在烹饪中流失的物质，我们把锅盖起来煮，然后每隔一段时间称菜的重量。结果我们发现洋葱在盐水中煮，刚开始确实损失比较多的重量，渗透作用在这里很重要。但是胡萝卜则没有什么影响。不管是洋葱还是胡萝卜，在盐水中煮都烂得比较快，不过如果煮得够久，那蔬菜不管是在盐水还是在纯水中煮，最后都一样。

　　通过在显微镜下看一下就可以知道，植物细胞跟动物细胞并不是由半透膜所组成，所以渗透作用并不能顺利进行。动物肌肉被胶原蛋白所包住，而植物细胞则有一层坚硬的细胞壁。在刚开始煮时，渗透作用可以稍微进行，但是当煮了一段时间之后，细胞结构都被破坏了，这时候食物就像多孔的海绵一样，盐则无法造成什么影响。所以，汤的味道与加盐的时机没有关系，而与加热时间有关系，动物性原料在加热时间超过1小时以后，先加与后加都一样。

　　汤到底是冷水下锅还是热水下锅好的问题，也是各执一词，最好的回答还是实验。我们引用实验结果来说明一下。把一块肉分成两等份，一份放在冷水中加热，另一份放在滚水中加热，每隔固定时间称一下肉的重量。我们发现肉的重量在滚水里快速减少，而在冷水里面减少较慢。然而炖了1小时之后，两块肉重量流失变得几乎一样（差距仅以克计），在接下来几个小时的炖煮里，肉的重量不再改变。除此之外，两种高汤的味道几乎不分薄厚。要用冷水煮高汤这个说法，理论上可疑，操作后更被证实错误。

不过这个实验倒是提供了炖煮过的肉的另一种用法。炖煮过的肉在汁液流尽之后，若继续放在高汤里面冷却足够长的时间，重量会增加约10%，因为肉又把一些液体吸回去。如此一来，可以把卤好或酱好的食物放回到卤汁中，可以吸收更多的卤汁味道。

法国著名食品科学家艾维·蒂斯认为："不管从滚水或从冷水中开始煮，从肉里面流出的精华都是等量的，烹饪食谱里面充满了各种告诫：要得到清澈美味高汤的关键，在于慢慢加热。"为什么要把肉从冷水中开始炖煮呢？这个观念我们可以追溯回1847年，卡汉姆，这位"厨师之王，王之厨师"，曾提出一个解释：高汤从加热到沸腾的过程必须非常缓慢，否则"白蛋白"将凝结变硬，而水则没有时间渗透至肉里，胶状的"肉香质"也因而无法释出。而更早在30年前，布什亚萨瓦杭就已经写过：要做出好的高汤，加热要慢，如此白蛋白才不会在肉里面凝结；同时水要用文火小滚，如此在不同时间被溶解出的分子才可以紧密结合在一起而不至于被打散。这样既可得到肉汁精华，汤也会清澈。我们能同意，肉如果放在热水或冷水炖，会释出不同程度的精华吗？很明显，这应该跟烹饪的时间长短有关。不过古菲曾说过高汤要炖好几个小时，汤煮到最后肉熟透成渣了，这时再也无法释出任何精华或香味。再继续把这完全枯竭的肉留在炖锅里，只有可能糟蹋整锅汤而不会让味道更好。

笔者要说的是，一道牛肉蔬菜锅最多只能炖5小时。炖了5小时以后，不同香味或滋味分子的移动怎么还会跟起始温度有关？从另一个角度讲也许可以理解，滚水的物理碰撞会让肉屑脱离，让高汤混浊，最后不得不过滤高汤，因而减损汤的滋味。

德国化学家李比希也曾研究过这个问题。李比希是以他的高汤跟肉精制作闻名于世。李比希认为肉的营养部分并不在肌纤维里，而是在肉汁中。这些液体在烤肉或制作高汤时都会流失。把肉放入滚水里，表面的白蛋白会凝结而形成一层壳阻止水的渗透。然而热却会继续侵入肉中，让里面的白蛋白慢慢被煮熟。结果肉最主要的滋味就被困在里面了。相反的，他建议要做出好的高汤，不要把肉放在热水里，要避免肉汁被困在里面而做出一锅无味的高汤。

这个教条成为李比希在制造业上冒险的基础。他先用绞好的肉糜，在冷水中煮成一锅高汤，再用真空干燥把水蒸发，得到他所谓的"肉精"。这个肉精，伴随着"用冷水煮高汤"的理论，被推销到全世界。李比希是优秀的化学家，不过在这次他只是重复半个世纪以前布什亚萨瓦杭写过的东西，而布什亚萨瓦杭却既不是科学家更不是厨师！在实践中，我们虽然看到肉在热水中汤汁立刻变白，但实际冷水煮和热水煮从汤汁中萃取的精华是一样的。

汤的色泽确实与水的沸腾有关，沸腾的水可以让脂肪乳化，产生乳白色，不沸腾的水可以炖出比较清澈的汤。如果要想快速炖出白色的汤，可以用沸腾的水加热，但对汤的味道影响不大。

炖汤时间超过2小时，冷水下锅和热水下锅没有差别。从味道的角度来看，炖汤的时间3~4小时比较合适，因为汤中的风味物质已经饱和，再继续加热会使水分蒸发，同时带走香味物质。当汤浓缩到一定的浓度，也就意味着氨基酸的浓度升高了，汤会出现酸味。

行业里还有人认为，水煮鸡蛋时，水中加盐可以避免水因为渗透压进入鸡蛋里面，造成鸡蛋的膨胀而裂开。一项实验结果表明，在纯水跟盐水中各煮了十几颗鸡蛋，以便了解这个渗透压，到底会不会让鸡蛋变重，然后再看两锅鸡蛋里裂了几颗。结果是盐并无法避免让鸡蛋裂开，和纯净水的没有区别。真正有效的方法是用针在蛋壳上戳一个小洞，这样在气室中的空气比较容易溢出，而蛋壳可以保持完整。不过用盐水煮鸡蛋有个好处，让蛋白变得有咸味，比不加盐的鸡蛋美味一点，仅此而已。

四、水的凝固与气化对食物风味的影响

1．水的凝固

当外界温度非常低，甚至低于0℃时，在任何压力下，水都会凝结成冰了。最新科技证实了冰核理论，在水冰转换的过程中，由于水受温度的影响变冷形成冰核微粒，当冰核微粒的大小超过了液体水的大小，那么水就在这一瞬间转换成了冰。

冷冻技术是烹饪中重要的影响因素，但不管是速冻食品还是冷冻食品，它们与新鲜食物相比，口感都会略有差别。如果能掌握科学的冷冻方法，可以最大限度地保持食物原有的风味。冷冻技术的关键是如何解决冰晶的产生，冰晶产生得越少，食物的风味保持得就越好。肌肉在普通的-18℃冷冻保藏时，持水性下降主要是冰晶的形成及生长使细胞膜和组织结构受到机械损害，解冻后水分不能被组织完全吸收，造成汁液流失；同时肌肉中的一些营养成分如小分子肽、氨基酸等会随着持水性下降而流失，肌肉营养品质下降。另外，细胞内的肌原纤维蛋白质变性，冰晶融化的水不能重新与蛋白质分子结合而分离出来，造成汁液流失，表现为持水能力下降。

食物最好采用快速冷冻技术，因为将食物的温度快速降低到远低于水的冰点（通常在-18℃以下），食物中的水分则会进入一个"过冷"的状态。此时食物中形成的"冰晶"很小，小到不会破坏食物的细胞，因此食物细胞中的各种物质不会从细胞中流出，所以，快速冷冻能够最大程度保证食物的营养及口感。快速冷冻一般可以选择-45℃、-75℃的冰箱等，但速冻效果最好的是液氮快速冷冻。液氮快速冷冻在食品行业中是一种历史悠久、技术成熟的冷冻技术。液氮即液态氮气，温度-195.8℃，为无色透明、无味、无毒的透明液体，不导热导电，不自燃助燃，化学性质稳定，不与任何物质起化合作用，液氮是一种冷冻强度极强的制冷媒介。液氮快速冻结，每分钟

可降温7～15℃，冻结速度比一般冻结方法快30～40倍，使产品细胞内几乎没有产生冰晶，可降低细胞破壁和营养液外泄，使食材保持较好的营养和品质，同时破坏少、干耗小。由于液氮的最低工作温度可达到-195.8℃，因此，当海鲜进入液氮速冻机后，捕获的海鲜将在极短时间内降至-5℃，之后更可进一步快速降到-50℃以下，不仅能够有效保护细胞免受损伤，还完美保留了食材的新鲜口感。

用液氮进行低温粉碎处理，可连原料的骨、皮、肉、壳等一次性全部粉碎，使成品颗粒细小并保持其有效营养。如日本将经液氮冻结后的海藻、甲壳素、蔬菜、调味品等，投入粉碎机粉碎，可使成品微细粒度高达100微米以下，且基本保持原有营养价值。此外，用液氮进行低温粉碎，还可粉碎常温下难以粉碎的物料、热敏性及受热易变质、易分解的物质。另外，液氮可以粉碎脂肪多的肉类、水分多的蔬菜等在常温下难以粉碎的食品原料。

最近还有高压冷冻技术在食品行业应用。高压冷冻是在高压条件下将肉品冷冻，水在高压条件下，冰点较低，冰晶尚未形成，然后迅速降低压力，会形成均匀细小的冰晶，冰晶体的体积也不会迅速增大，对肉纤维的机械破损较小。

近期有专家提出了微冻保鲜技术，它是一种新兴的保鲜技术，可降低冻结过程中冰晶对产品造成的机械损伤，细胞的溃解和气体膨胀，而且食用时无需深度解冻，可以减少解冻时的汁液流失，保持食品原有的鲜度。虽然微冻保鲜在保持肌肉品质方面有较大的优势，但是还有很多关键技术尚未解决，有望未来会在烹饪中得到应用。

冷冻食物的解冻技术也同样重要，因为一般的食物在冻结后解冻往往有大量的汁液流出，其主要原因是缓慢冻结后冰的体积比相同质量的水体积增大9%，造成细胞、组织的机械损伤，解冻时，则导致汁液外流，风味改变，不能恢复新鲜食品的组织状态。

目前餐饮业常用的解冻方法有常温自然解冻法、流水解冻法、微波解冻法、外部加热解冻法等。解冻效果各有利弊，如微波解冻，对形状较小的食物效果还不错，但稍微大一点的食物就会出现解冻不均匀的现象。有人通过实验认为，利用流水解冻肉品的品质明显高于传统的自然解冻，流水解冻肉的持水性和色泽较好、菌落总数相对较低。

另外，食物不能反复被解冻、冷冻，否则会产生大量的细菌，危害人体健康。实验证明同一块鲜肉反复解冻、冷冻了4次，并在每次解冻后进行采样，分别检测样品中的菌落总数。结果发现，经过解冻、冷冻的鲜肉菌落总数竟然达到了最初的15倍。

2. 水的气化

随着温度的升高空气中可以容纳更多的蒸汽，这里有一个概念需要明确，蒸汽和水蒸气是不同的，蒸汽是指悬浮在空气中的水滴，而加热后达到120℃的水蒸气是看不见的。我们能看见的水雾其实是与空气接触降温后产生的蒸汽。

烤是最常用的烹饪方法，大家一般都认为，烤是热空气原理让食物成熟，其实烤主要是依靠水蒸气让食物成熟的。一是食物内部的水分产生的水蒸气；二是空气湿度中的水分。在原料表面水分减少的情况下，热空气发挥作用，产生美拉德反应。烤箱里的湿度决定烤的时间，湿度大的烤箱烤制的时间比干燥的烤箱时间短，因为水蒸气的传热效率比热空气要高。

水蒸气是沸腾的水气化而成的，温度比沸腾的水要高，达到120℃，按照常规分析，蒸一条鱼应该比煮一条同样的鱼要快，但实验证明，同样大小的鱼，煮的时间比蒸的时间短，这是因为比热介质的差异造成的，也就是上面说到的传热效率不同，水＞水蒸气＞热空气，就像我们把手放进200℃的烤箱中并不觉得很烫，但放到100℃的水中就很容易烫伤。

第三节

阳光和空气对食物风味的影响

一、阳光对食物风味的影响

晒干是最古老、最简单的干制方法，其实也就是让食物脱水的过程。前面说过，原料失去部分水分，会使原料口感发生不好的变化，但水分失去到一定的界限，又会产生新的风味变化，有很多成了特色的调料或食材。新鲜食材的鲜味在干制过程中被锁住，通过酶的作用，风味分子互相反应，丰富的蛋白质、氨基酸和鸟苷酸钠等生成了更多的鲜味，荤食中的己酸乙酯等挥发物质形成了醇厚的脂香，鲜甜味也更加凝聚，浓缩出精华，因此干货会比鲜货还鲜美，在烹饪时更加能激发出食材的多种香味。虽然干制需要漫长的时间，但其独特的风味值得等待。

霉干菜、萝卜干、豇豆干、笋干、香菇等干制品，都是人们十分喜爱的干制食物，经过晒干以后，它们在口感和香味上发生了很大的变化。如新鲜的香菇闻起来是没什么味道的，煮熟了的新鲜香菇也没有很香，但是晒成干之后，香味变得非常浓郁。因为干制香菇经过泡发后，核酸更容易释放并进一步水解出鲜味物质5′-鸟苷酸，鲜味更加丰富。同时香菇在干制过程中氨基酸产生发酵的效果，生成香菇精，这是香菇所含的一种特有香味物质，所以干香菇的香气更加浓郁。同时晒干的香菇中有其他蔬菜所没有的物质——麦角固醇，这种物质在阳光的照射下能够转化为维生素D，促进钙的吸收，所以吃晒干的香菇还能补钙。

1. 越久越好的老陈皮

李时珍《本草纲目》载："南宋医学家陶弘景谓，橘皮疗气大胜，须陈久者良"。宋代苏颂也说，"以陈久者入药良"。从中医药传统经验来看，陈皮之所以越陈越好，大都认为香气更纯正，气味更香醇。陈皮主要的化学成分为挥发油和黄酮类两大类，因此新会陈皮的主要药用功效也源于这两大成分。陈皮为什么越老越好，其实很大程度上跟不同年份陈皮的这两大成分变化有很大关系。研究发现，经过长期存放后，挥发性成分的种类没有变化，总量会有所降低。挥发油所含主要成分中，随年份增加α-蒎烯、β-蒎烯含量有所增加，散花烃的含量几乎以成倍的速率增长，而β-月桂烯、D-柠檬烯、γ-松油烯的含量却在减少，但香气质量提高。因此年份老的陈皮往往香气纯正、气味香醇。

除挥发油外，陈皮中主含黄酮类成分，陈皮中黄酮类成分除了有抗氧化作用，还有一定的抗衰老作用。实验显示，随着陈皮储存年份的增加，总黄酮和橙皮苷的含量均呈增长趋势。

另外，中山大学药学院相关研究者也对不同年份的陈皮中黄酮类成分的变化进行了分析，结果发现，10批不同年份的陈皮中，橙皮苷含量均在35毫克/克以上，符合中国药典标准。其中，5种黄酮类成分的含量随贮藏年限的延长有一定增加趋势。研究者认为，黄酮类物质含量增加的原因比较复杂，既可能与药材存储过程中相关酶的活性变化有关，还有可能与药材所含挥发性成分的散失有关，另外有诸多资料文献表明，植物本身的内生菌可产生并促进药材活性成分的累积。

总体而言，古人所说的陈皮"陈久者良"这一说法，是有一定道理的。随着年份的增长，新会陈皮挥发油成分在前3年变化缓慢，超过3年的陈皮挥发油成分含量逐渐加强了变化趋势，说明年份的改变直接影响着新会陈皮的成分，年份越久这种改变越显著，药性越佳。如果是存放3～8年的陈皮闻起来是带刺鼻的香气，并且带果酸味，甜中带酸；9～20年的陈皮闻起来清香扑鼻，醒神怡人，没有果酸味；而20～40年的陈皮则是纯香味，甘香醇厚；50年以上的陈皮弥足珍贵，随手拈起一片一观一闻，陈化脱囊，超凡脱俗。

陈皮的代表产地是广东新会，新会处于银洲湖和西江、潭江，"三水相汇"后连接南海，咸水和淡水交界处，灌溉用水能够利用既有海水成分，又有不断的淡水补充的特殊水质，咸淡度适宜，海水矿物质元素丰富，微生物也非常丰富，是新会陈皮品质独一无二的一个重要因素。

2. 鲍鱼溏心的形成

溏心已经成为体现鲍鱼品质的一个标志。"溏心"是指鲍鱼经干制、涨发后，将其煮至中心部分黏黏软软、呈不凝结的半流体状态，入口时质感柔软有韧度，有软心糖一般的口感，每一口咬下去都带有少许黏着牙齿的感觉。鲜鲍鱼并没有溏心一说，只有经过干制加工才能具备。但经过干制的鲍鱼并不都能形成溏心。

关于溏心的形成，目前有多种说法，一种是自溶说，因其内部尚未完全干透，在贮藏过程中，组织逐渐酶化自溶而形成溏心。另一种是认为干鲍的"溏心"是因为鲍鱼富含胶原蛋白，经过涨发加热调味，胶原蛋白变性软化，形成了溏心。还有人认为溏心主要是在涨发和烹饪过程中形成的。还有一种说法是蛋白质变性说，干鲍制作分为生晒和熟晒两种，一般认为熟晒的品质要高于生晒，熟晒在晾晒前经过浸煮的步骤，让鲍肉中被盐溶解的肌球蛋白在加热后变性为变性蛋白质，适当的升温速率下，变性蛋白质分子之间会有序聚集，继而形成凝胶，这种凝胶体系才是"溏心"的原因。

笔者听有经验的鲍鱼师傅说，鲍鱼溏心的形成与干制、涨发、调味都有关系。鲍鱼溏心形成的过程不是单一因素，而是多重因素形成的。鲍鱼是糖含量较高的生物，肌肉部位的糖以葡萄糖为主，晾晒过程中，鲍鱼内部会发酵，小部分葡萄糖被分解代谢，大部分会转化成乳酸，使鲍肉pH降低。鲍鱼浸煮后在残留盐分的共同作用下，部分鲍肉蛋白质进一步转化为凝胶，促进"溏心"的形成。形成口感好的溏心鲍鱼，还需要高超的烹饪技术进行配合，涨发过程也很关键，一般的浸泡和水煮达不到完美的溏心效果，需要加料并在中火沸腾的状态下经过长时间的受热，才能制作出真正的溏心鲍鱼。当然干制过程是鲍鱼溏心形成的核心。

溏心干鲍色泽较深，呈棕褐色，有浓郁的糖味和鲍鱼香味，足干的溏心干鲍存放一段时间，表面会出现一层白霜，这是鲍身蛋白质泛出表面所致，其不但不损鲍鱼质量，反而是上品鲍鱼的重要标志之一。选择鲍鱼时用灯泡照一下鲍鱼通不通透，如果中间有黑点的，定是死鲍鱼，很难发软的。然后闻一闻，好的鲍鱼有一股微微的鲍香味，发臭的一定不能买。

3. 三伏酱油

所谓的三伏酱油，就是经过三伏天暴晒的酱油，袁枚在《随园食单》中记载："酱油要用秋油"，也就是经过夏天太阳暴晒后的酱油。实验证明天然晒露酱油比不经过晒露的其他方法酿造酱油全氮含量增加3.4%，氨基态氮下降4.4%，还原糖下降5.3%，总酸增加2.3%，总酯增加5.9%。

无盐发酵酱油、多菌种发酵酱油经过晒露浓缩后，其质量均比不经过晒露的酱油有不同程度的提高，特别是无盐发酵酱油的总酯含量有了显著的提高。比较晒露前后多种成分的变化可以看出，酱油经过晒露后，氨基酸和还原糖的下降幅度较大。这说明酱油晒露过程中非酶褐变反应是十分显著的。此外，晒露后酱油中的总酸含量增加了，可见晒露过程的乳酸发酵也是十分显著的。

从感官风味上看，速酿酱油存在着口味淡、香气差等缺陷。但经过晒露后，速酿酱油的这些缺陷得到了有效的改善。晒露后的酱油色泽鲜艳、有光泽，酱香、酯香浓郁，滋味鲜美，无其他不良气味，而且质地澄清、无沉淀物。

综上所述，酱油经过晒露后，由于各种物理化学、生物化学及菌体自溶等作用，促进了酱油中各种化学变化，如非酶褐变反应、乳酸发酵、生香酵母代谢等的进行。结果使构成酱油的各种成分发生了明显的变化，使得酱油的风味得到了改善。

我国传统的特色食材中有不少都是需要经过阳光洗礼的，如香肠、咸肉等经过晾晒、昼夜的温差变化，更有利于香肠、咸肉的风味形成。有的地区制作面条、米粉，几乎就是和太阳赛跑，根据太阳的时间决定面条生产的时间。

二、空气对食物风味的影响

空气的湿度、温度，以及海拔对食物的风味都有明显的影响。如紫秋葡萄，在海拔240米时酿酒最好，涩葡萄在海拔700米时酿酒最好。紫色土豆的可溶性糖类的含量，在海拔800米时比2500米的地方含量要高，而淀粉含量在海拔2500米的地方比800米的要高得多。大家熟悉的松茸，在云南松茸的产地平均气温13.6℃，年平均降雨量是858.7毫米，著名产区德钦县，平均气温只有4.7℃。四川著名产区康定松茸的产地平均气温是7.1℃，东北松茸产地的平均温度是4.3℃。松茸的品质主要指标是碱解氮、有效磷、速效钾、交换性铁、交换性铜等，除温度、湿度、植被、土壤等因素之外，影响这些指标的主要因素就是海拔。西南地区一般松茸的产地海拔都比较高，这个高度也是松茸的共生植物高山栎、松的最合适生长的海拔。松茸一般在一年中温度较高的时候出产，这时的降雨量丰富，适合松茸生长。云南的这个气候时间段最长，所以松茸产量相对较大。

第四节
时间和温度对食物风味的影响

一、时间和温度对肉的质感影响

我们在烹饪红烧牛肉时一般都有这样的经验，刚下锅几分钟的时候，牛肉是嫩的，继续加热肉变老、变硬，当加热到90分钟后肉又变得软烂，猪肉、鸡肉等食材都有同样的现象。有人认为是原料中水分发生了变化，导致肉质嫩度的变化，其实也不完全和水分有关，而是和蛋白质变性直接相关。加热的开始阶段，肌原纤维蛋白变性，肌肉收缩，特别是胶原蛋白变性，导致肉质结构发生变化，部分水分排出，肉质变硬。随着温度变化，肉质又变得软烂，这就和水分无关了，还是胶原蛋白变化引起的。动物原料的蛋白质一般包括肌原纤维蛋白（主要包括原肌球蛋白、肌原蛋白、肌动球蛋白等几类。肌原纤维蛋白占猪肉中总蛋白含量的50%～55%，占鱼肉中总蛋白含量的55%～60%。）、肌浆蛋白、结缔组织蛋白（主要有胶原蛋白和弹性蛋白构成）。结缔组织蛋白是肉质感的重要因素。食物加热后各种蛋白质开始受热变性，在30～32℃时，肌原纤维蛋白失去高级结构并开始溶解，随着温度升到36～40℃时，形成蛋白-蛋白聚合体，在55～65℃时，关键的胶原蛋白开始变性，胶原纤维收缩，随着温度继续升高，胶原蛋白克服分子间的束缚，逐步溶解并最终凝胶化。不同原料胶原蛋白的变性温度不一样，鸡肉的胶原蛋白变性温度是65.3℃，牛肉的胶原蛋白变性温度是69.2℃。大量研究表明，肉的口感与胶原蛋白的变性水解有直接的关系。炖煮肉时，65℃之前胶原蛋白未发生或部分发生变性，到65℃时胶原蛋白完全变性，此时变性的蛋白张力变大，肉质变硬，但是随着温度持续升高且经过一定时间后，胶原蛋白开始软化并形成软烂的口感。

我们做炒牛肉片、炒鸡肉片、炒猪肉片时，一般选择胶原蛋白含量少的部位，同时也要控制好时间，才能保持肉质嫩滑的口感，肉的内部温度超过60℃时也会变老。也就是在肌原纤维蛋白中的肌球蛋白变性以后，肌动蛋白变性之前的温度是最佳的口感效果，"变性的肌球蛋白＝美味；变性的肌动蛋白＝难吃"。炖牛肉、猪肉时多选择胶原蛋白多的部位，炖焖的菜品就是利用胶原蛋白高温加热后凝聚化所产生的口感。必须提醒的是，胶原蛋白含量少的肉类部位，尽管加热很长时间，口感也比不上胶原蛋白高的原料。

说到胶原蛋白，顺便提一下餐厅经常使用的胶冻。在汤包、水晶肴肉、牛肉冻等菜品中都是利用胶原蛋白的凝胶原理。在熬制肉胶冻时，热量和水分子的动荡会令胶原组织离解，即令三重螺旋体中的三条螺旋线分解开，变成三条彼此分离又渴望重新聚合的长线。让明胶溶液冷却，结构中的三条长线会自然而然地重新聚合，再度构成三重螺旋体，一个连续的网络包裹住整个溶液，使其凝结成一团，形成凝胶，就是胶冻。其中有两个主要的点需要关注，一是低温环境下形成的凝胶比常温形成的要快而且结实，究其原因，长时间维持的较高温度使螺旋线拥有较大的自由，减弱他们的重新聚合力。二是在凝胶过程中不能晃动，因为在凝胶最终成形之前，其分子团虽然巨大，但连接还比较微弱，使得此时的凝胶状态还相当脆弱；如果摇晃容器，会打散分子团，使聚合的进程几乎得从头开始，凝胶的形成会大大延缓。

关于质感，我们会联想到嫩、脆、酥、软等，一直都认为是食物表现出来的物理特性。其实质地应该跟咀嚼肉品时，物理与化学刺激造成的心理反应有关。依据感官感受器接收到的刺激，我们会调整咀嚼食物的机械动作，在不断地咀嚼之后，肉的结构被改变了，质地也才会显现出来。关于肉的弹性、嫩度与硬度，最好的指标是咀嚼的次数。

所谓的嫩度，至今没有一个准确的定义标准，表示肉含水多少还是在咀嚼时口中水分的多少？还是脂肪多少？抑或是咀嚼时引起口水分泌多少？都还没有明确的标准。但有一些是可以确定的，就是不同的原料有不同的嫩度指标，如鱼肉和牛肉相比，一般都认为鱼肉的嫩度比牛肉的要高，但鱼肉自身也有嫩度要求，蒸8分钟和蒸15分钟的鱼肉嫩度是不同的，15分钟的鱼肉认为是老的，尽管蒸制15分钟的鱼肉比牛肉还要嫩。

时间是烹饪技术把控的关键要素，无论是加热还是非加热的食物，时间都是十分重要的技术要点。当然在很多时候，时间和温度是需要同时考虑的两个变量，它们之间是相互关联的。

二、烹饪的最佳温度

不同食材和菜品对烹饪的最佳温度要求不尽相同。如融化巧克力时，其水浴的温度必须不能超过49～60℃。反复的搅拌会加快巧克力的融化，并使巧克力更软滑细腻，光泽度好，超过这个温度，巧克力就会出现脱脂现象。

对于鱼类菜品来说，中心温度在40～60℃最佳，对于肉类菜品来说，中心温度在50～60℃最佳，在66～73℃口感变老，效果最差。对于鱿鱼、章鱼、鲍鱼等胶原蛋白含量高的食物来说，对烹饪的温度和时间是非常敏感的，对它们的烹饪只有两种选择，一种是保持食物胶原蛋白的天然状态，就是短时间快速加热，不让胶原蛋白变性；另一种是在85℃左右或以上的温度长时间加热，让胶原蛋白水解（加一点酸可以帮助水解）。这两种都可以产生美味，不能接受的是让胶原蛋白处于变性的温度范围。

对于植物原料来说，60℃时叶绿素中的细胞膜开始破裂，66～70℃时植物的某些半纤维素分解，如菠菜等绿叶蔬菜。马铃薯淀粉的糊化温度平均为56℃，玉米淀粉是64℃，小麦淀粉是69℃，木薯淀粉是59℃，甘薯淀粉是79℃，整块的非谷物淀粉糊化温度需要升高，如整块土豆，在80℃水煮时才能完全糊化。93～105℃时整粒谷物淀粉才能完全糊化。如米等谷物，一般不能采用真空料理技术，因为这些谷物的水分含量不足以使其糊化，必须加水，而且温度必须在93～105℃时才能使其完全糊化。

154℃时可以发生美拉德反应，让食物产生焦香和诱人色泽；168℃时糖发生轻微的褐变，但味道没有变化；177℃时烤制食物时发生轻度的褐变；180℃时发生轻微的焦糖化反应，出现琥珀色或金黄色，风味开始改变；186℃时纯蔗糖开始熔化（果糖在103℃熔化、葡萄糖在146℃熔化）；188℃时中度焦糖化，呈现栗棕色；190℃时发生明显的褐变反应。

每个菜品都有最佳的成熟时间和温度，有的表现得非常敏感，有的表现得比较迟钝。如炒猪肝、炒腰花、清蒸鱼等对时间非常敏感，相差10秒就变老、变柴。鲜鲍鱼、鱿鱼等，相差几秒，口感或脆嫩或如牛皮筋。红烧肉、炖汤、煮牛肉等，虽然也有时间要求，但相差10分钟也是允许的范围。冬天和夏天的烹饪时间也有微小的差异，如发酵的包子、馒头对冬夏烹饪时间就比较敏感，需要根据具体情况灵活掌握。

三、烹饪的危险温度

危险温度是食品行业的专业术语，从烹饪的角度看，可以包含两个方面：一是影响风味的危险温度；二是影响安全的危险温度。

前面在讨论最佳温度时已经涉及一些风味的危险温度，如胶原蛋白变性到胶原蛋白软化之间的温度就是危险温度，因为这个温度范围肉质老、柴、硬。再如鱼肉蓉胶，也就是常用的鱼圆，50～60℃的温度是鱼肉的凝胶劣化的危险温度。鱼圆在这个温度停留的时间越长，鱼圆的弹性就越差。在粉碎鱼肉时温度很重要，特别是夏天，如果用机器粉碎很容易达到50℃以上，这个温度粉碎的鱼肉不容易搅打上劲，下锅后会松散。可以加入冰水或将鱼肉冷藏后再进行粉碎，总之不能超过50℃的危险温度。在鱼圆加热时同样要考虑这个温度，鱼圆如果冷水下锅，应大火加热快速度过50～60℃的温度范围，然后保持80℃加热，让鱼圆成熟。所以小火慢煮鱼圆是错误的。

危险温度更多的是指食品安全的温度，大多数与食源性疾病有关的微小生物在超过4℃时就开始繁殖，某些种类甚至在55℃时还很活跃。所以把4℃至60℃之间的温度被定义为"危险区域"。细菌和寄生虫在冰箱里仍然可以保持活性，但通常无法繁殖（也有例外）；高于60℃，也活不了太久。然而，在这两个温度点之间的区域，它们过得可"滋润"了。相关数据得出将肉煮至60～65℃时能获得最佳质地，这就需要把控好安全和美味的温度点。厨师遇到的挑战是既要加热到足够高的温度以杀死病原体，又不能温度太高以至于将肉里的蛋白质煮老。

生食鱼类或肉类的要求非常高。首先是鱼的品种和安全性的选择，如某些类型的金枪鱼和养殖的鱼类，它们只吃精饲料，不会有活的寄生虫，因为在它们身上没有发现过寄生虫。其次就是要采取适当的处理，在绝大多数情况下，生食的鱼类需要预先经过冷冻处理。美国FDA实际上并未定义过'鱼生寿司级'，但明确规定吃这些不能完全煮熟的鱼之前必须经过冷冻杀菌处理，日本的生食鱼类一般在海上就进行冷冻杀菌处理。

分子料理是现在比较流行的烹饪方法，其中笔者认为低温慢煮是最有发展前景的，因为它是相对环保、健康的烹饪方法。低温慢煮的原理就是控制原料蛋白质变性的温度，保持肉的嫩度，但如何处理好安全与口感的矛盾是很关键的。在选择原料，特别是肉类原料时，除新鲜以外，最好选择"完整的全肉"，也就是完整的、没有经过切割、内部未暴露的肉，肉没有经过任何机械切割或嫩化处理。完整的牛肉、猪肉、小牛肉和羔羊肉，污染仅限于表面，快速的煎炙或用沸水氽烫就能保证安全，这时肉的内部却几乎还是生的，不影响烹饪的口感。鱼类也是一样，大多数鱼类由于处理不当所带来的细菌都存在于表面，所以只要煎一煎，就能很快消灭。建议经过低温慢煮的食物，成熟以后再煎一下，既可以消灭细菌，也可以提升香味。

海鲜里绝大多数的寄生虫都不会感染人类，并且在烹饪过程中也会被杀死。但是简单异尖线虫和绦虫这两种寄生虫必须引起重视，如果内部温度达到63℃，寄生虫就都被消灭了。

第五节

油脂对食物风味的影响

　　油脂多曾经是食物美味的评判标准之一。在物资匮乏的年代，油脂是最好的"调味品"，二十世纪五六十年代以前出生的人对红烧肉多情有独钟，这就是那个年代对油脂留下的美好记忆。也可能我们的身体会无意识地记忆饥饿时的感受，所以为了应对饥饿，会自然而然地储备一些油脂吧。因此，这自然会导致一种结果，就是觉得油脂好吃，而且越吃越想吃。

一、油脂具有阻隔味道的功能

　　油脂阻隔味觉的产生。日常的生活经验告诉我们，油脂会减弱甚至短暂地改变食品的味道。因为一般食品的呈味物质都是水溶性的，油脂在口腔内形成的薄膜能够屏蔽或阻碍水溶性呈味物质与味觉器官的接触。食品的味是以水溶液形成传导到味觉器官末端的，在有油脂存在时，会改变或减弱食品的味道，有人曾经做过这样的实验，先将3%食盐水溶液与色拉油按1∶1制成乳化液，再用3.3%的食盐水溶液与色拉油按1∶1制成乳化液，让尝评员识别哪种乳化液盐浓度高，结果65%的人回答正确，35%的人回答错误，而3%和3.3%的纯食盐水溶液任何人都能分辨出来。可见乳化剂可以降低人的味觉识别能力。再如乳状食品蛋黄酱与黄油比较，由于乳化类型不同，食味也明显不同，蛋黄酱属O/W型（水包油），食用时水溶性呈味物质直接作用于舌头，因此，用舌头一舔，便会感到明显的酸味，而黄油属W/O型（油包水），食用时是油面作用于舌头，总的感觉是油性大，然后才感到咸味。在四种基本味中，以咸味表现最明显，其他味次之。油脂除对呈味阈值上升有影响外，同时也可以使食品的口味更加柔和、协调。

二、油脂是食物风味的来源

虽然从理论上讲油脂可以阻隔味觉，但是实际菜品都不只是油脂和味觉，食物的水分和人的唾液会同时发生作用。在咀嚼时油脂膜不可能将口腔内所有味觉器官全部覆盖住，而且油脂膜也在受到唾液的动态冲刷作用，所以在有油脂存在时人的感官对各种呈味成分的感知是不同的，是动态变化的，让食物风味有很好的层次感和立体感。油脂的这种作用缓和了呈味物质的刺激强度，使食品的味更加可口。另外，可通过油脂的不同程度的香化处理，强化、延长和协调油溶性风味成分的刺激，使食品风味产生所希望的丰厚感和香与味的协调。

（一）油脂形成食物美好的口感

肉的嫩度是指肉被咀嚼或切割时所需要的剪切力的大小，是评判肉质优劣及影响消费的关键因素，也是评价肉类食用品质的重要指标之一。肌纤维和结缔组织中胶原纤维的分布及结构决定了肉的嫩度。此外，影响肉嫩度的因素还有很多如肌肉中脂肪、皮下脂肪的含量、结缔组织的含量等。肌间脂肪可使肌纤维间密度降低，合适的脂肪含量还维持了肌肉的保水性和嫩滑的口感。有研究发现，肌内脂肪含量在2.0%～3.0%的肉类其食用品质最好。脂肪影响肉嫩度的另一个方面是降低肌肉中结缔组织的物理强度，剪断了肌束纤维间的交联结构，使得肌纤维在咀嚼过程中更易断裂。此外，一些学者认为肌肉中脂肪的含量与肉品的多汁性也有一定相关性，对肉品多汁性的评定主要由两个方面组成，一是初次咀嚼时肉品所释放出的汁液多少，二是继续咀嚼时肉品中脂肪刺激唾液腺产生唾液的程度。因此肉品的保水性和脂肪含量对多汁性都有着很大的影响，肌肉中脂肪既提高了肉品的保水能力，又增加了烹饪过程中的润泽度，从多个方面提升了肉品的多汁性和嫩度。

雪花牛肉美味的根源在于脂质，从生物学角度看，牛肉的脂质是由脂肪组织和支撑它的结合组织构成的，而脂肪组织是内部的脂肪滴增大后形成的脂肪细胞聚集而成的。构成骨骼肌的肌纤维束之间积蓄的肌肉内脂肪叫作"脂肪交杂"，牛肉中脂肪的交杂程度，即"雪花"状态是决定牛肉质量的重要因素。

脂质中的主要分子——甘油三酯是三分子的脂肪酸和一分子的甘油结合形成的。研究发现，软脂酸等饱和脂肪酸的含量相对较多的肉，其脂肪的熔点比较高；而油酸或亚油酸等不饱和脂肪酸含量较多的肉，其熔点比较低。熔点低，意味着食用的时候在舌头上容易熔化。橄榄或杏仁等干果类富含不饱和脂肪酸，研究发现，家畜吃了富含这类不饱和脂肪酸的食物后，果仁中的脂质转移到家畜的肉中，肉质会变得更加肥嫩。吃橡树果实长大的伊比利亚黑猪被认为是最高级猪肉的原因之一，就是橡实中的油酸转移到了猪肉中。

（二）油脂形成食物美好的口味

肉食中本来就含有的脂肪酶加热后会被激活，使甘油三酯发生分解，从而产生甘油。甘油分子尝起来是甜的，吃脂肪含量高的"和牛"（日本牛）牛排时会感觉甜，就是甘油三酯分解产生的甘油的甜味造成的。

1. 脂肪含量直接影响肉类食物的香味

特别是经过很好的熟成处理后的生牛肉，会发出一种类似乳香味的、内酯那样的甜香味。这种香味是含有一定量脂质的瘦肉，在有氧条件下熟成后产生的。目前认为这是在瘦肉中繁殖的低温兼性厌氧菌（不论有没有氧气都能繁殖且喜好低温的细菌）作用于棕榈油酸和油酸后产生的。此外，用雪花牛肉做日式牛肉火锅或涮牛肉时，也会产生一种独特的油脂甜香味。这种香味是脂肪交杂度较高的和牛牛肉放在有氧环境中，经过熟成处理后，用100℃以上的温度加热常会产生的一种香味。研究认为，这是因为熟成处理过程中产生的香味的前体物质，在加热处理时通过氧化反应转换成了香气成分。也就是说，作为脂质主体分子的甘油三酯，对牛排的质感、味道以及香味等多方面都有影响。

实验表明，当加热脂肪含量低于1%的牛肉时，能够品尝和闻出是牛肉的比率仅为45.2%，但如果加热含10%脂肪的牛肉时，能够品尝和闻出是牛肉的比率增至90.2%。在加热不含脂肪的牛、羊、猪肉进行比较时，发现所产生的肉香成分非常类似，但加热含有脂肪的原料时，却产生了明显的风味差别。牛肉的香味成分很多，其中以硫化物为主，因为在牛肉加热所得的挥发物质中除去硫化物后，牛肉香气几乎完全消失。在所含硫化物中以噻吩类化合物为主，另有噻唑类、硫醇类、硫醚类、二硫化物等多种成分，此外呋喃类物质也在牛肉香味中起一定的作用。猪肉香气成分以4（或5）-羟基脂肪酸为前提而生成的 γ-或 β-内酯较多，而且猪脂肪中的 $C_6 \sim C_{12}$ 脂肪酸的热分解产物与牛肉有所不同，尤其不饱和的羰化物和呋喃类化合物在猪肉的肉香成分中含量较多。羊肉受热后的香气与脂肪的关系更为密切，羊的脂肪比起牛、猪肉脂肪，其中游离脂肪酸的含量要少得多，不饱和脂肪酸的含量也少，因此羊肉加热时产生的香气成分中，羰化物的含量比牛肉还少，从而形成了羊肉的特别肉香。

如果有办法将肉质中的脂肪全部去除干净的话，那么不同种类的肉之间便没有味道的区别，只有不同的肉质之间纤维粗细等口感的区别。但是现实烹饪中是做不到的，这只是实验室的一种分析结果，何况现在还没有设备能够完全将脂肪分离出来。

2. 烹饪原料的风味与脂肪在原料中的分布状况有直接关系

如果选择花生、鳝鱼、蛋黄等常见原料进行比较，发现实际的油脂含量与食用的油腻感觉正相反，落花生油含量为46.6%，鳝鱼18%，蛋黄32.5%。而食用时的油腻感是鳝鱼＞蛋黄＞落花生。此外，有许多鱼鳔实际很肥，但并不使人感到油的存在，这都是由于脂质很合理地分布在肌肉蛋白质中的原因。金枪鱼、河豚鱼的美味可能与此都有关系。

3. 油脂成分的构成对原料风味也产生直接影响

每种动物内的脂肪内容物会随着动物的品种不同而不同，同时也受体内的微生物的影响。牛肉、羊肉、猪肉和鸡肉的独特风味，也多来自脂肪内的内容物，这些风味细分后则是由许多不同的香味分子构成。比起吃谷物或者精饲料长大的牲畜，吃草的牲畜会更具有风味，因为植物中有丰富多样的香味物质，活跃的不饱和脂肪酸和叶绿素等物质，这些都会经过微生物的转化溶于脂肪，组成风味的一部分。至于食用谷物饲料长大的牲畜，动物的腥味会更重。这也解释了，为什么在国内生长在内蒙古或者草原上的牛肉或羊肉会没有那么大的膻味儿，甚至有一丝甜味儿。而且随着动物年岁的增长，脂肪中积累的气味化合物就越多，因此肉的味道也会更重，所以年岁小的羊肉比成年羊肉更受欢迎。

除不同的原料有风味差异外，同一种原料因油脂成分的微小差异，也会引起风味变化，例如人工养殖的鳝鱼脂质虽少，但脂味浓厚，有油腻感，而天然鳝鱼含油虽多却味道清淡。原因就是油脂性质的不同，从鳝鱼油的碘价来看，天然鳝鱼为10左右，而人工养殖鳝鱼为130～150。再从其油的脂肪酸组成来看，人工养殖鳝鱼中含有很多的戊烯酸、乙烯酸等的高不饱和酸，而天然鳝鱼中则基本没有。所以，目前养殖技术和种植技术都很发达，打破时空的限制，但风味问题一直困扰大家，应该都与脂肪构成有一定的关系。

当然，油脂对健康的影响也不能忽视，如何把控好"量"是一个关键点，有专家认为脂肪的量可以自动调节和提醒消费者，油脂在高浓度的时候，其发出的信号能够阻止人们吃下味道难闻、油腻的食物；但在浓度较低的时候，它能使食物的味道更丰富，增加食物的吸引力。就像单独品尝苦味会令人不快，而适当的浓度则会使红酒和巧克力更诱人。对健康而言脂肪的利弊本书不做深入研究，就美味而言，想回避脂肪是不可能的。

三、油脂风味可能成为新的基本味觉

对于脂肪是否属于新的味觉，关键是要找到味觉感受器，2005年11月，一组研究人员对鼠类进行试验后声称发现了存在第六种基本味道——脂肪类味道的证据，并且预测人类也可能有相同的感受器。2005年，有研究发现啮齿类动物的舌头上发现了长链脂肪酸的感觉器官，后来一系列研究表明，人类对脂肪的味觉感受可能与一种叫作CD36的蛋白质受体有关。这是一种脂类结合蛋白，与长链脂肪酸（LCFA）具有高度亲和力，研究表明这种蛋白质受体在口腔的脂类感受中起着至关重要的作用。

　　在美国普渡大学（Purdue University）中有一个摄食行为研究中心，这个中心的主任理查德·马特教授发现，有一种神秘味道隐藏在已知的五种味道之中，这种味道的发现和应用甚至可以影响我们的饮食和健康。

　　这种味道被命名为*Oleogustus*，这是一个拉丁语词汇，意思是油或脂肪的味道，目前还没有对应的中文名，但可以近似地理解为"油脂味"，或者干脆简单点，暂且称之为"肥"味吧。

　　马特教授与同事们把不同味道分类让参与者品尝、分类和辨别，64%的受试者能够分辨出"肥"味，不同于鲜，更不同于酸甜苦咸，其中不少人还感觉这种味道很刺激。此项研究已经发表在美国的学术期刊*Chemical Sensation*。

　　"肥"味符合基础味觉的特征，与其他已知的五种味觉之间没有重合，不是任何其他味觉可以混搭出来的味道，而是一种独特的、可以剥离出来的味道，这就是第六味。

　　目前科学界还没有确认脂肪在味觉中的合法地位，但丝毫不影响脂肪能给菜品带来美味的现实。

第六节

烹饪中的褐变反应

褐变反应在日常生活中无处不在，褐变的食物可以非常美味也可以让人无法接受。例如，烧烤会产生一种水煮无法与之匹敌的美味，而苹果切片后的棕色则让人们不愿接近，其实这都属于褐变反应。褐变反应这一术语其实并不十分准确，因为褐变反应的许多产物并不都是褐色的，还可能是黄色的，甚至是无色的。褐变反应可以通过多种不同的路径发生：焦糖化反应、美拉德反应、抗坏血酸褐变以及果实褐变等。仔细观察你就会发现，每种类型的褐变反应都是一种化学变化。因此我们将褐变反应分为两种类型：酶促褐变（蔬菜和水果的褐变）和非酶褐变。这些反应具体又包括美拉德反应、焦糖化反应、抗坏血酸褐变等。

一、美拉德反应

在1908年，就有科学家发现，当把糖和氨基酸放在一起加热的时候，会产生一系列复杂的化学反应，在这一系列的化学反应之后，新生成的分子数量达到了上千种，而这数以千计的新分子就与食物的香气和色泽有着密切的联系。

在美拉德发现这种复杂化学反应的40多年后，人们正式将这种糖与氨基酸和蛋白质发生的一系列化学反应命名为美拉德反应。美拉德反应主要分为三个阶段：第一阶段是羰氨缩合与分子重排；在第二阶段，分子重排产物会进一步降解，生成羧甲基糠醛等物质；第三阶段，羧甲基糠醛等物质会进一步缩合，形成复杂的高分子色素。这听起来是不是有些难懂？这很正常，因为美拉德反应是非常复杂的，其中很多机理至今也没有完全弄清楚。

烹饪过程中发生的化学反应很多，其中最重要的反应可以说是"美拉德反应"。厨师了解和运用这个规律是非常必要的。正如其别名"非酶棕色化反应"那样，美拉德反应是指加热烹调过程中出现焦痕的反应。烤好的面包表面、烤肉或烤鱼的表面、米饭的锅巴以及啤酒的金黄色、酱油的茶色、枫糖浆的褐色等都是美拉德反应形成的。

美拉德反应是从蛋白质的氨基和糖的羰基反应开始的。例如，制作面包时，通过原料小麦粉中含有的蛋白质和糖的反应，外表和香味会发生天翻地覆的变化，形成烤制前的糖中没有的褐色色素分子和烤面包独特的芳香分子。美拉德反应过程中形成的褐色高分子聚合物被称为"类黑精"。香气成分属于醛类或吡嗪类，是在美拉德反应中叫作"斯特勒克降解"的过程中形成的。美拉德反应是一种非常复杂的反应，目前的研究还不能完全解释其反应机理。虽然美拉德反应过程中的一些机理还没有完全弄清楚，但这并不妨碍我们利用它来成就美食。

美拉德反应是源于糖与蛋白质或氨基酸加热反应的结果，那么煎、烤、炸的时候并没有放糖，为什么也会产生美拉德反应呢？因为食物之中本身就含有糖，比如肉类中的核糖、蔬菜中的淀粉，这些都是糖，它们都可以与蛋白质和氨基酸产生美拉德反应，从而使食物变得色泽诱人、香气扑鼻。烤面包比烤馒头的风味更好，就是因为面包在发酵的过程中产生了大量的麦芽糖，增加了参与反应的糖类物质，可以在美拉德反应的过程中产生更多有助于提升风味的物质。

蒸煮的方法不能发生美拉德反应，就算有糖和蛋白质参与也不能发生。因为发生美拉德反应必须具备相应的条件，在这里主要是指温度条件至少要达到100～140℃。在食物中的水蒸发之前，食物的温度是不会超过100℃的，而你更不可能把一锅水加热到100℃以上，所以蒸煮是无法发生美拉德反应的。

此外，烤肉或烤鱼的烤焦部分中含有极微量的致癌物质杂环胺类，这也是由于美拉德反应而产生的。但另一方面，却同时形成了预防这种癌变的抗癌物质。由于被加热的食品中含有美拉德反应导致的多种多样的产物，所以评价食物的营养功能时，必须综合考虑。

二、焦糖化反应

美拉德反应和焦糖化反应都产生了棕色美味的化合物，但焦糖化反应在几个重要方面与美拉德反应不同。首先，焦糖化反应发生在糖分子之间，没有蛋白质或氨基酸参与这个反应。其次，诱导焦糖化反应发生所需要的温度（160～180℃）比美拉德反应所需要的温度（一般为100～140℃）要高一些。最后，焦糖化反应本质上是一种氧化反应，生成物为长链聚合物的糖类和一些短链挥发性化合物。焦糖化是将单糖和二糖分解从而构成大型聚合物或挥发性味道分子的过程，这些反应发生在加热糖到其熔点或超过其熔点时。就像美拉德反应一样，焦糖化需要热量来驱动复杂的多步反应。反应的第一步是把固态糖的晶体熔化成液态，然后糖在进一步的加热过程中，开始失去羟基（–OH）和碳原子，成为更短小的挥发性化合物。与此同时，进一步的加热也会引起必要的碰撞，使糖的许多降解成分结合形成结构更庞大的黏性深色聚合物。在过度加热的情况下，会让糖变成烧焦的含碳（像木炭一样）残留物。糖的完全氧化（燃烧）将把所有的碳、氢和氧原子转化为二氧化碳和水。

焦糖化反应在烹饪中应用很广泛，当然大多数的烹调菜肴都会同时发生美拉德反应和焦糖化反应，这两种反应都有助于增加菜品的美味程度。

烤鸭历史悠久，起源于中国南北朝时期的建康（今南京），当时《食珍录》中已记有炙鸭。朱元璋建都于南京后，明宫御厨便取用南京肥厚多肉的湖鸭制作菜肴。为了增加鸭菜的风味，厨师采用炭火烘烤，成菜后的鸭子入口酥香，肥而不腻。元朝天历年间的御医忽思慧所著《饮膳正要》中有"烧鸭子"的记载，烧鸭子就是"叉烧鸭"，是最早的一种烤鸭。公元15世纪初，明朝迁都于北京，烤鸭技术也由南京带到北京，并被进一步发展，北京烤鸭由此出现。明万历年间的太监刘若遇在其撰的《酌中志·饮食好尚纪略》中曾写道："……本地则烧鹅、鸡、鸭。"说明那时烤鸭已成为北京风味名菜。烤鸭的方法有几种，挂炉烤鸭、焖炉烤鸭等，但烤制前都需要在外表挂糖浆，这样烤出来的鸭子色泽红亮，酥脆焦香。为什么挂糖浆后鸭皮会色泽红亮、酥脆焦香呢？发明这个方法的前辈肯定不知道什么原因，其实这个过程蕴含着烹饪中最重要的化学反应——焦糖化反应和美拉德反应，并被世界广泛运用。

1. 拔丝

拔丝又称拉丝，是从古代熬糖法演变而来的。明朝《易牙遗意》一书中记载元代"麻糖"制法时说："……其稠黏有牵丝方好。"

蔗糖在加热条件下随温度升高开始熔化，颗粒由大变小，当温度上升到160℃时，蔗糖由结晶状态逐渐变为黏液状态，若温度继续上升至180℃，蔗糖就会骤然变成稀薄液体，黏度较小，此时正是蔗糖的熔点。而糖的温度降低到175℃左右时，即可拔出丝来，在这种温度下投入原料，是拔丝的最佳时机。当温度下降至150℃左右时，糖液呈胶状黏结，借外力仍然可拔出细丝。当温度下降后，糖液开始稠厚，逐渐失去液体的流动性。如果温度继续下降，糖液会变成浅棕黄色，无定型透明玻璃体。如果糖温超过180℃，糖的颜色就会变重，产生苦味。所以，糖浆熬得欠火或过火，都拔不出丝来。糖浆欠火，食时黏牙，糖浆过火，食时味苦。

2. 挂霜

挂霜是利用白糖重结晶原理，当白糖加热到120℃左右，水分析出之后，白糖就会变成结晶体，覆盖在食物表面，代表菜品就是挂霜花生。

挂霜菜肴的熬糖与拔丝有所不同，因为拔丝的成菜标准是要夹起后能牵出丝来，而上霜的成菜标准则是要使原料表面凝成一层白霜，之所以有这样不同的效果，主要是熬制糖浆的方法不同，上霜的菜肴必须使糖浆出现"返砂"的现象。所谓返砂，即指糖浆再度结晶，黏附在原料表面的过程。要想使糖浆重新结晶，关键取决于熬糖时温度和浓度的变化。蔗糖易溶于水，在一定温度下一定量的水所能溶解蔗糖的量是有限度的，这种限度称为溶解度，达到溶解度的溶液称为饱和溶液。蔗糖的溶解度会随着温度的升高而增加，随着温度的降低而减小，如果在熬制糖浆的过程中，温度和糖、水的比例超过了这种溶解度的范围，糖浆中就会出现过饱和溶液，致使晶核形成，而温度下降越快，溶解度就越低，晶核产生的速度就越快，数量也越多，而且当晶核产生后，还会很快成长。这个成长的过程与糖浆中出现的过饱和溶液呈正比，与晶核的生长速度呈反比。白糖结晶时颗粒的大小取决于晶核产生的速度和晶核成长的快慢。一般情况下，当晶核产生速度超过晶核成长速度时，白糖结晶的颗粒就会细小而均匀，这时上霜菜肴颜色洁白光亮，效果极佳。当晶核产生速度低于晶核成长速度时，白糖结晶的颗粒就会较粗而不均匀。

另外，蔗糖的转化作用也会影响晶核的生成。当蔗糖溶液长时间沸腾时，水分子会介入蔗糖分子中去，将其结构分裂成两个独立的分子，即葡萄糖和果糖，此过程由于旋光方向转变，故称之为转化作用。生成物被称之为转化糖。转化糖吸水性强，不易结晶，所转化的糖越多，则结晶越少，但转化糖的存在，可促使细结晶形成，使糖甜绵。

3. 琉璃

琉璃也是糖炒热之后温度降低，但是比拔丝温度降得更低时，它变成固体状透明玻璃体，代表作就是我们常见的冰糖葫芦。拔丝和琉璃很像，只是一个是正在冷却中，一个是冷却完成后，拔丝菜在完全冷却之后就是琉璃菜。

4. 糖色

烹饪中红烧类菜品经常用到糖色，主要目的是让菜品色泽红亮。熬糖色的过程实际上是拔丝的延续。炒糖色的最佳温度是180～190℃之间。此外，炒糖色宜使用慢火，用慢火才能使糖逐渐熔化，水分蒸发并焦化，从而出现令人愉悦的焦糖气味，达到质量要求。如果火太猛，温度超过200℃，糖色就会发黑，味道变苦。

三、抗坏血酸褐变

抗坏血酸（维生素C）是一种水溶性弱酸，天然存在于柑橘类水果和许多蔬菜中。柠檬果汁富含抗坏血酸，随着时间的推移，抗坏血酸的分解会产生棕色的色素和异味。这种褐变，就像焦糖化和美拉德反应一样，是一种非酶褐变过程。抗坏血酸的分解过程也有很多可能的产物，它们取决于果汁在降解过程中的状态。到目前为止，人类已经确认了多达17种抗坏血酸分解产物，其中两种主要降解产物为糠醛和脱氢抗坏血酸。在有氧条件下，抗坏血酸转化为脱氢抗坏血酸，然后进一步降解为棕色化合物。在抗坏血酸降解过程中产生的脱氢抗坏血酸又会参与美拉德反应与史崔克反应产生棕色色素。虽然褐变反应可以在有氧或无氧的情况下发生，但在没有氧气的情况下，反应会进行得更慢，所以减少空气的接触可以抑制褐变。亚硝酸盐、硫酸盐等添加剂可以抑制抗坏血酸向脱氢抗坏血酸的氧化，从而防止后续反应生成褐色色素。

四、酶促褐变

蔬菜、水果，甚至一些贝类在被切开或损坏后会变成棕色。不像焦糖化或美拉德反应，这种褐变反应是令人厌恶的，是由酶而不是热催化产生的。当一种称为酚的植物化合物与氧气反应形成结构更大的多酚棕色色素时，就会发生酶促褐变。酚类物质和多酚类物质几乎存在于所有生物体内，它们在包括霉菌、细菌、藻类和高等动物在内的一系列生物中发挥着非常有趣的生物作用。植物中有超过8000种不同的酚类化合物，它们的作用多种多样，包括水果、树皮和树叶的颜色与味道。水果和蔬菜中由苯酚和多酚化合物引起的褐变是由一种酶控制的，这种酶与反应物结合从而促成一系列反应，生成苦味棕色化合物。酶是一种蛋白质，它与反应物（又称底物）特异性结合，生成单一产物。《烹饪科学原理》："水果和蔬菜中的褐变反应虽然复杂，但是和我们研究过的其他褐变反应一样，这些褐变的第一步同样也是生成最终化合物的关键。酶促褐变关键的第一步是从酚类化合物PPO酶和氧气开始。……每年有近一半的蔬菜和水果作物在收获后或到达我们的餐桌之前都由于褐变而遭受损失和浪费。……在处理果蔬之前和处理过程中，将蔬菜和水果浸泡在水中会降低氧气与酶结合的有效性。例如，马铃薯在空气中很快就会变成褐色，而泡水这种方法可以用于工业化生产炸薯条和薯片。有些人尝试用二氧化碳气体包装水果以隔绝氧气，但效果有限。……除此以外，热烫处理青菜和一些水果是抑制酶的活性、软化植物细胞壁的有效方法。焯水是指让蔬菜在沸水中短时间浸泡。一些PPO酶（但不是全部）短时间内在100℃的热开水中处理后会变性或失去活性。长时间暴露在这种高温下则会杀死多种形式的PPO酶并煮熟蔬菜。一些酸也是PPO酶的有效抑制剂。保持PPO酶活性的最适pH在6.0~6.5。如果pH大于或低于最适pH 1个单位以上，则PPO酶的活性几乎没有残留。……柠檬酸、苹果酸和抗坏血酸是该酶的有效抑制剂，一般会少量使用是因为它们的酸性较强，而其他特性则正好相反。"维生素C可以减缓酶的作用，哈洛德·马基在其著作《食物与厨艺》一书中指出了维生素的这种特性。大约在1925年，匈牙利生物化学家阿尔伯特·森特·哲尔吉（Albert Szent-Györgyi）发现水果碰伤后变成褐色的现象与人类肾上腺的某种疾病具有相似性，于是对植物化学产生了浓厚的兴趣。他对不会发生褐变的植物进行了研究，发现它们的汁液可以减缓其他植物变色的速度。

在对汁液进行提纯后，他发现起作用的是一种酸，并将其命名为抗坏血酸，其实就是维生素C。柠檬、西瓜、番茄等不会发生褐变反应，因为它们本身具有一定的天然酸度，而且包含了维生素C。餐厅经常用柠檬汁来防止其他果蔬的变色。

而与其他特性正好相反，柠檬酸和苹果酸都能与PPO酶结合并去除铜。然而，每种酸只能部分抑制苹果和其他水果或蔬菜中棕色化合物的产生。柠檬酸、抗坏血酸与柠檬果汁中的褐变有关，这种酸是PPO酶功能的有效抑制剂，并不影响带有苹果味和柠檬味等食物的味道。氯化钙是PPO酶活性的另一种适度抑制剂，单独使用时，这些PPO酶抑制剂中的任何一种的有效性都是中等的，但几种抑制剂的联合使用能更好地防止褐变的发生。前面提到的几种酸和钙离子的组合对PPO酶活性有很强的影响。

酶在烹饪中除褐变带来的不利影响外，还有其他有利的作用。在食品中发生的反应，除由于加热导致的快速化学反应之外，还有通过酶促反应让食品的美味慢慢增强的"熟成"反应。大酱、酱油、葡萄酒、威士忌、肉类和鱼类等，在适当的状态下通过一段时间的存放，可以获得只有经历翘首期待才能得到的美味。

蔬菜或水果等食材，即使在生的状态也含有小的风味分子，而在烹制前基本没有香味的食品，例如无味无臭的、作为蛋白质来源的红肉或鱼等，通过熟成反应会产生鲜味分子或芳香分子。产生味道或香气的反应很多，其中酶促反应非常重要。

作为食品的植物体和动物体，本身含有数百种维持生命不可缺少的酶。即使在生命体变成食品之后，只要没有失去机能，酶促反应会持续一段时间。另外，通过微生物进行的发酵，也由微生物所含的酶掌握着美味的关键。水果的催熟、奶酪的制作、肉的熟成等，这些产生美味的反应中酶的作用至关重要。

草莓、甜瓜、香蕉、苹果等水果成熟时，会散发出特有的果香；卷心菜、番茄、西蓝花等蔬菜也都有独特的气味。无论哪种蔬菜，根据其各自所拥有的酶促反应类型，会产生各具特点的芳香分子。除各种香味以外，有些特殊的气味也与酶有关。榴莲的臭味就是一种酶制造的，这种酶能分解蛋氨酸与胱氨酸，这两种氨基酸都含有硫，分解之后变成气味浓烈的硫化物和二硫化物。许多水果的气味中都含有硫化物，例如葡萄柚就含有微量。这种硫化物是现今所知最刺鼻的有味物质。榴莲中含有43种硫化物，其中主要有乙基丙基的二硫化物（洋葱之中亦有）、二烷基二硫化物（大蒜中亦有）以及二乙基二硫化物。

淀粉酶可以催化和改善馒头、面包的风味。淀粉酶是水解淀粉酶的总称，它可以催化发酵，如在加水和面时同时加入酵母和淀粉酶，发酵速度会稍微快一些，且馒头蒸熟后味道更甜，嚼起来劲道更足。小麦和小麦粉中含有大量的活性酶，不同内源酶的活性变化很大，主要取决于不同的种植、收割和贮藏条件。如果其中的酶活性太高，则不适宜于用来制作面包；相反，如果活性太低，将导致产品质量较差。因此调节酶的活性并使得其他来源的酶与小麦内源酶的量最优，是焙烤中酶应用的关键。

酶被认为是天然的嫩化剂，如蛋白酶类，常见的有木瓜蛋白酶、菠萝蛋白酶、无花果蛋白酶、猕猴桃蛋白酶、生姜蛋白酶等植物蛋白酶，这些酶能使粗老的肉类原料肌纤维中的胶原纤维蛋白、弹性蛋白水解，促使其吸收水分，细胞壁间隙变大，并使纤维组织结构中蛋白质肽链的肽键发生断裂，胶原纤维蛋白成为多肽或氨荃酸类物质，达到制嫩的目的。由于嫩肉粉主要是通过生化作用制嫩，对原料中营养素的破坏作用很小，并能帮助消化，在国内外已广泛应用。嫩化方法通常是将刀工处理过的原料加入适当的嫩肉粉，再略加少许清水，拌匀后静置15分钟左右即可使用。蛋白酶对蛋白质水解产生作用的最佳温度为60～65℃，pH 7～7.5。大量使用时为每千克主料用嫩肉粉5～6克，如原料急于使用，加入嫩肉粉拌匀后放在60℃环境中静置5分钟即可使用，效果也很好。

库尔蒂是牛津大学的物理学教授，作为烹饪的狂热爱好者，他在此次公开实验中展示了菠萝蛋白酶的强大威力，证明了这种古代阿兹特克人推崇的方法。在公开实验中，库尔蒂向人们展示了如何利用酶的特性来烹煮肉：首先将一只新鲜菠萝榨汁，将菠萝汁吸入一支皮下注射器中，然后注入即将烘烤的猪肉之中（只注入半边猪肉，以便随后比较酶的作用），稍等片刻，让酶有足够的时间发生反应，随后将注入了菠萝汁的猪肉放入烤炉中烘烤。实验结果表明，和没有经过处理的肉相比，注入菠萝汁的猪肉成熟时间更短、肉质更嫩。

第七节

科学处理美味与健康的关系

一、美味与健康的对立

随着人们的健康意识越来越强，特别是高血压、高血糖、高血脂等疾病比例不断升高，美味与健康之间的矛盾表现得越发激烈，传统美味的红烧肉、水晶汤圆、八宝饭、千层油糕等高糖、高脂菜品让很多人望而却步。传统特色的咸肉、咸菜、咸鱼等家常美味，也在医生的建议下不敢多吃，甚至不得不放弃油光发亮、绵柔弹牙的大米饭、蓬松绵软的白馒头，而去吃他们十分不愿意吃的杂粮、粗粮。笔者经常看到一些人吃煮鸡蛋，把鸡蛋黄挖出来丢弃，只吃蛋白，问其原因是胆固醇高。当然完全可以理解，毕竟和健康相比，美味就显得不那么重要了。

还有一种现象，就是为了某些健康原因专门设计的烹饪菜品，如低脂、低糖食物，或者面向特定人群的养老餐、学生餐等。这些食物确实需要，应该有专门的营养食品机构来完成，但从烹饪的专业角度看，正常的餐厅不应该把低脂食物、低糖食物作为餐厅的首要目标。餐厅就餐不像学校的学生、养老院的老人那样有相对固定的饮食人群，偶尔的控制对健康的干预并不会产生明显的效果。来餐厅就餐是随机的行为，是消费者为了体验某种美味而来的，餐厅要考虑更多正常人群的饮食追求，尊重消费者的选择权利。健康是永恒的追求，但美味也是餐厅应该坚持的方向。

难道就没有解决的办法吗？我们的医生难道只有限制享用美味的建议吗？我认为应该有更好的办法，美味和健康不是一对矛盾体，人们追求健康，但不应该舍弃追求美味的意志。费郎·亚德里亚：以营养为目的并同时考虑享乐主义的烹饪类型是永远存在的，因为人类都拥有美食思维和意志。

二、美味与健康的和谐

贝尔纳在20世纪50年代预示生物科学的未来时说的那几句著名的论断："有理智地应用生物化学，就应当注意使我们所生产的食料得到最充分和最好的使用，并使烹调成为一种科学，而同时保证它作为一种艺术的美好成就。"

　　未来的烹饪发展趋势是让食物更加科学健康，同时也保留食物的美味和艺术感。《烹饪是什么》一书中举了一个案例，法国优秀的厨师米歇尔·盖拉德，提倡"瘦身料理"（cuisine minceur）。作为法国新菜烹饪法的奠基人之一，这位三星米其林法国大厨开发了一种烹饪方法，通过制作能量含量低于常态的制成品，从营养的角度结合健康和营养学，同时又不放弃享受。虽然享乐主义的原因是过分奢侈，但这是一个例外，证实了可以在照顾好健康状况的同时享受自己所吃的东西。

　　首先是选择安全有机的食材，虽然有机并不一定意味着健康，不过它始终是更好的选择。其次是改善烹饪组配时卡路里含量，尽可能满足用餐者的身体需求。当然，有些传统经典的美味经过数百年的传承，配方是不能随便更改，只能我们自己控制好食用的量和频率了。我个人的建议是，对待这个问题不要太紧张，只要日常管控好，偶尔放纵一下也是可以的。费郎·亚德里亚："为了营养的烹饪与健康联系得更密切，因为享乐主义通常是一种超出日常活动的例外情况，我们会摄入过量能量。此外，如果我们为了让用餐者感到愉悦而烹饪，那么意图就是提供满足味蕾的盛宴。营养平衡和健康产品之类的问题不会进入考虑范围。在搭配葡萄酒和甜点的一顿午餐或晚餐后，我们已经享受了品尝的乐趣，任何人都不太可能做到热量平衡。真相是，我们作为用餐者最享受的东西并不总是健康的。"

三、科学引导健康饮食

　　很多营养知识随科学研究的深入而不断完善，什么东西能吃、什么东西不能吃，也在动态的变化和修正中，很多食物对人体的健康影响程度也在探索和研究中。如研究表明：摄取油脂并不一定会使人变胖，也不一定会导致心脏疾病，关键是量的控制。

　　英国碧·威尔森《食物如何改变人：从第一口喂养，到商业化浪潮下的全球味觉革命》一书，对健康的科学引导做了很好的阐述：在1998年低脂诉求盛行之际，全球一些顶尖的营养科学家共同撰写了一篇论文，并在文中感叹一般大众并未遵循他们所提倡的饮食方针。这些科学家之所以感到沮丧，是因为在他们提出减少脂肪摄取的建议后，过了二十多年，人们仍然摄取"差不多"的脂肪量。在1976年至1991年间，美国人的饮食中，透过脂肪获得热量（卡路里）的占比只有些微下滑（从1976年约36%增加至1991年的43%），但这只是因为人们摄取了更多食物，而使得总热量增加之故。从绝对数据来看，人们所摄取脂肪的克数，其平均值依旧维持不变。

　　正在营养学界闹得热火朝天时，耶鲁大学预防研究中心的戴维·凯兹（David L.

Katz）是极少数仍保有理智的营养学家。当时大众认为人们没有吃得更好的原因，是在于他们对"什么是真正的最佳饮食？"感到非常困惑，而凯兹则从根本上驳斥了这个看法。他指出健康生活的基本原则"适量摄取各种真正天然健康的食物（非加工食品），再加上规律的运动"。有医学证据显示，我们是否采取低脂或低碳水化合物的饮食方式一点也不重要。

从他的观点可以看出，各种食物都可以适量摄取，通俗地说就是"什么都要吃，什么都不要多吃"，除了量的把控以外，另一个就是质的把控，尽量吃天然的食物，不要过多食用加工性食物。

1. 科学饮食的正确引导

体重过重容易遭受到各种社会压力，但被嘲笑、工作被排挤、出丑等都不足以激励或者迫使肥胖者每天必须减多少斤体重。个人饮食的改变不能以这种方式强制进行。

《食物如何改变人：从第一口喂养，到商业化浪潮下的全球味觉革命》："根据多年的临床经验，丁普娜·皮尔森坚定地相信，大多数的饮食建议（不过得是善意的）不仅是没用的，还会适得其反。她说：'我们最尴尬的处境之一，就是说服人'。那些加入饮食学专业行列的人（有着很好的理由）往往有强烈渴望去改变别人。和一个有病态性肥胖的人坐在同一间营养咨询室里，明知对方一直很有干劲想坚持减肥下去，但却迟迟无法成功，这是很令人沮丧的，即使如果对方继续像往常那样地吃，就只能朝着缩胃手术这一个途径来减肥。这让人有一股欲望想去解决这个情形，心中想要说出口的，正是皮尔森所称的'所有这些悦耳、有说服力的说辞''为什么你不用小一点的盘子呢？''你有想过改吃一颗苹果，来取代一盒巧克力吗？''如果你再咀嚼慢一点，或许会有帮助？'

这些建议本身并不是不好的想法，但是以这种方式提供某人饮食上的建议，就像帮对方定的饮食计划，以符合他们的生活和口味。但复胖者往往遵循死板的饮食计划，而且该计划总是跟他们所偏爱的食物有所抵触。在'开始遵守特别的饮食规定'时，复胖者会禁止去吃自己实际上一直享受其中的任何食物。如同凯曼所说的，他们（复胖者）'察觉到自己节食所吃的食物是特别的食物，不同于家人所吃的，也不同于他们真的想要吃'。用餐时间都吃着这些食物，令他们觉得自己被剥夺了吃的权益。花不了太多时间，他们就会放弃再努力节食下去，并且回到原先的饮食模式。接受凯曼采访的复胖者77%表示，促使他们体重增加的原因，是生活中引起了一些混乱，使得他们回复到自己习以为常的食物。在某些方面，饮食改变的主要障碍最为明显的就是：没有人（无论是成人或孩童）想要吃自己不喜欢吃的食物。"

虽然这听起来是理所当然的，但几乎对截至目前所有设计的健康完食计划，仍存有矛盾之处，不管是在个人还是社会层面皆然。公共营养学教授亚当·德鲁诺斯基

（Adam Drewnowski）在研究可以改善全国人民的饮食方式时，指出"旨在改变饮食质量的营养学教育和干预策略，已几乎全部着重在食物的营养价值，而不是食物的口味或所带来的快乐回应"。这其实是浪费了大好机会，因为营养只会在让人们食用较健康的食物时，才会获得提升。而且，如果人们自始至终地选择吃较健康的食物，这样他们才会一辈子都食用这类食物。如果其他情形都一样，而且假设较健康的食物是可以取得，又不会太贵，而人们又享受在其中，那么人们才会选择健康的食物。盐和糖可能是人们所预期最固定不变的味道，但事实证明不然。

如果我们一直减少吃糖，实际上会改变我们的甜味感。20世纪90年代后期，在美国马萨诸塞州克拉克大学（Clark University）的生物学家开始进行实验，以了解当人们在密集接触到果糖或葡萄糖时，是否会影响其察觉其他低浓度糖类的能力。他们发现，只要在几周内有五次短时间的接触到葡萄糖，就会使得人们对甜度非常低的溶液更为敏感。不过，好消息是这个影响是可逆转的。在实验结束后，参与实验者在过了几周后就恢复其原本对糖的正常反应。这暗示着，如果我们能够只花两周的时间不吃糖，那么我们可能在恢复甜味感时，会变得较不那么嗜甜味。

同样的，对食盐的咸味也是如此。实验建议，持续八周至十二周的时间，在饮食中减少食盐的摄取，就足以降低吃进很咸食物的乐趣。有趣的是，有高血压的人（食盐敏感型）似乎得比其他人花更长的时间，才能戒掉吃太咸食物的习惯，尽管目前还不清楚为什么会这样。但是，有一项针对正常的成人及食盐敏感型的成人进行研究，结果发现在施行三个月的低钠饮食后，所有参与实验的成人都出现了显著的享乐转移。在实验开始之前，他们都认为咸味重的食物比没有咸味的食物，更能令人感到美味。在十二周后，情况有所改变了。比起"正常"钠含量高的鸡汤、洋芋片和饼干，参与实验者不再觉得少盐的同类型食品是比较不令人快乐的。

2. 用味觉理论引导健康饮食

有些食物，由于某种原因，如胃病发作前吃了点，就可能被感觉是一个令人恶心的食物。或一次烹饪失败导致口味极差，也会留下排斥心理，再次食用时会产生令我们排斥的感觉，这个食物我们可能再也不愿意尝试，这也是造成饮食失调的根源。所以，养成健康的饮食习惯，需要从娃娃抓起。

有专家认为喜欢或不喜欢某种食物是基因决定的，很难改变。也有专家认为味觉虽然有一定的记忆，但可以改变。其中坚持基因说的有知名的厨师约坦·奥托伦吉（Yotam Ottolenghi），他认为："从遗传学的角度来解释，为什么有人厌恶球芽甘蓝等这类带有微苦的食物，可能具有一个特定的基因TAS2R38，这个基因能使蛋白质和一种名为PTC的化学物质起化学反应，产生苦涩的口味。"另一个持有同样观点的是耶鲁大学琳达·巴托斯克（Linda Bartoshuk）教授，她也认为味觉基因影响了我们对食物的选择，导致肥胖或其他不健康的饮食习惯。她第一次使用"超级味觉者"这个词汇，用来意指那些能高度辨别特定味道，而且主要是苦味的人。琳达和她的同事发现到，人们察觉苦味的方式，在遗传上有显著的差异。丙硫氧嘧啶（简称PROP）和苯硫脲（简称PTC）这两种化学物质在被尝到时，有的人觉得苦到令人吃惊，有的人觉得微苦，有的人感觉一点也不苦，而这都得视你是否带有这特殊的基因而定。心理学家曾对PROP尝味的概念感到兴奋，坚持认为喜欢和不喜欢某种食物与遗传紧密相关。难道苦味的敏感度是为什么有些人吃得不健康（很少或者根本不吃蔬菜）的秘密？难道真的存在某种基因让人不喜欢球芽甘蓝吗？

英国碧·威尔森在他的著作中阐述了自己的观点，他说，实验结果表明并非如此。当525个（年龄在7岁至13岁之间）爱尔兰小孩被要求去记录自己三天里所摄取的食物，以及对甘蓝、白花椰菜、球芽甘蓝及绿花椰菜的喜好时，结果是：味觉灵敏与味觉迟钝的小孩之间没有显著的差别。"超级味觉者对球芽甘蓝的喜好，显得稍微偏低点，而味觉迟钝者最喜欢白花椰菜。不过，当他们所摄取带有苦味蔬菜的量被加总起来，并试算出平均值时，具有PROP尝味能力且味觉灵敏的孩子，以及味觉迟钝的小孩之间并没有差异。在这项研究中，呈现出以下简单的事实：这些爱尔兰孩子是男是女还比较重要，性别至少比成为具有PROP尝味能力的品味师还要紧得多。女生倾向吃带有苦味的蔬菜，或者至少是表现得够有礼貌，让人误以为她们喜欢吃有苦味的蔬菜。"

在2013年针对大学生所进行的一项调查，也表明出一个类似的结论。超级味觉者和味觉迟钝者在喜欢及不喜欢哪些食物上，并没有明显的差异。该研究小组所作出的结论是，在决定食物的偏好上，环境比基因更为重要。

《食物如何改变人：从第一口喂养，到商业化浪潮下的全球味觉革命》："父母和孩子彼此所喜欢食物的相似度没有比夫妻来得高，这表示后天的环境因素（你和谁一起进食）比先天决定我们的饮食习惯，还来得更有影响。不管我们天生的性情为何，我们的用餐经验可以改写它们。

就像奥托伦吉说的，每个人对苦味的反应有十分大的差异。所有的婴儿对苦味都觉得有一点恐怖，这可能是反映出一种生存机制，因为在野外，有毒物质大多是苦的。新生儿对苦的反应包括了拱起嘴唇、伸出舌头、露出生气和吐掉东西的表情。这些非常鲜明的肢体语言显示出婴儿不认为'苦'是美味。然而，随着时间过去，我们可能学会爱上有苦味的食物。世界上最受欢迎的茶、咖啡和啤酒，就是最佳的见证。有些人学会爱上苦味，有些人则能忍受这种滋味。"

但是改变口味习惯，不仅和环境有一定的关系，也要把握好时机，特别是儿童和少年时期对健康饮食习惯的形成至关重要。

英国碧·威尔森《食物如何改变人：从第一口喂养，到商业化浪潮下的全球味觉革命》："对于我们这些相信个人发展的人来说，在知道一个人对食物的喜好于两岁就发展成形，非一般预测的二十岁的事实后，很难不感到沮丧。在2005年，研究人员在土耳其访谈了将近700个大学生及他们的母亲，这些受访的母亲被问到了孩子在两岁时的饮食习惯，而受访的大学生则被问到他自己目前的饮食状况。在这两个年龄之间的饮食情况，确实有显著的连贯性。小时候'爱挑食'的学生，即便是长大了，仍自认为是个挑食的人。另外，那些母亲回想起孩子小时候总是吃得太多，到了现在依旧有饮食过量的情形。而且，在这项研究中，有三个从来没吃过蔬菜的大学生，在他们还小时，饮食中也从来没有出现蔬菜的踪迹。也就是说，有这么多孩子气的行为，长大后还是一个样！"

在谈到记忆和食物时，我们一般会假设，回忆是一种发生在生命晚期的现象，但是，食物记忆从一开始就存在，甚至小宝宝都有乡愁。父母给予小宝宝食物时，连带一起提供了强而有力的回忆，对某些味道能够触发持久的反应。而这个过程在出生前就开始了，我们生来都是带着对母亲饮食习惯的回响。当我们一段时间没见到熟悉的人时，会淡忘他们的脸孔，但是，味道和气味则有其方式，不可磨灭地存放在我们的记忆库里。长大后，儿时曾尝过的滋味仍然存在你的脑中，即使多年来你未曾想起过。

四、健康与美味和谐的案例

日本的饮食一直被认为是健康和美味融合的典范，当然也不是完美无缺，但目前非常值得我们去借鉴，英国碧·威尔森《食物如何改变人：从第一口喂养，到商业化浪潮下的全球味觉革命》书中专门介绍了日本处理美味与健康关系的经验，在这里分享给大家：

从世界上几乎每个人的角度来看，日本人与食物之间，有着令人称羡的关系。和食专注在新鲜的蔬菜、更新鲜的鱼、鲜美的汤以及精致呈现的米饭料理，并在全球享有健康的美誉。日本已设法实现理想的饮食境界：一种沉迷于烹饪的乐趣，而且实际上是有利于健康的烹调手法，而且日本人一定是在饮食上做了什么对的事，因为他们平均寿命要比其他国家的人民要高。

全球城市中，东京米其林星级餐厅的密度比巴黎、纽约或伦敦还要来得高，在日本，食物渗透到文化中的各个层面。有专门的寿司主题游乐园，还有为拉面而写的歌曲。然而，在同一时间，就一个富有的国家来说，日本人民非常少有肥胖的问题。不可否认比起二十年前，有更多的人（尤其是男性）是过胖的，而且相较上一世代，日本青少年吃下了更多的垃圾食物，也有较多的进食障碍患者。但是，根据2013年的数据化图表显示，日本女性仅有3.3%是过胖的，相较于波兰有20.9%、美国有33.9%以及埃及有48.4%的妇女体重过重，这比例明显低很多。日本人体重不超重的其中一个原因，是一个在2008年所采用的争议性法案，即在法案施行期间，如果公司有太多员工超过最大腰围（男性33.5英寸，女性35.4英寸）会被罚款。然而，日本政府之所以能够成功通过这样的法案，其实就象征着日本的饮食习惯已处于控制之下。

实际上，日本自身就是一个食品环境可以全方位通过正面且意想不到的方式来做出改变的典范。一直到20世纪前，日本料理的声誉还远远不如中国料理。一直有人说，日本采用了许多中国饮食的元素，如面条及筷子；相对地，中国一直到20世纪后期都没有决定要借鉴日本饮食的元素或习惯。在过去，日本的食物既不多样化，也没有吸引力，而且从来都没让人感到分量是足够的。从公元7世纪到20世纪，大多数的日本人是处于饥饿和与美食无缘的状态。晚餐被看作是填饱肚子、供应身体必要的热量来源，而不是一种享受的乐趣，更别说是一种艺术表现形式。德川时代（公元1603~1868年），当日本对外采取大幅度的锁国政策时，到中国的日本旅客对当地人在用餐时会一边交谈感到大为震惊。到了20世纪30年代后期，日本家庭聚餐的习俗是在用餐时保持安静，同时在餐点中会食用简单的米饭和腌制酱瓜。

任教于英国剑桥大学以日本史为专长的著名历史学家巴拉克·库什纳表明，直到最近，日本料理还是"没有非常好"。直到20世纪20年代后期，炖煮和热炒的基本烹饪技术才被采纳。传统的饮食是低蛋白质的，所以时常危及身体的健康。库什纳指出，一直到20世纪，日本人并不如我们所预期的，反而很少吃新鲜的鱼。几个世纪以来，在日本典型的一餐是一些未加工的谷物，混合着像是切碎的山药叶和萝卜，再搭配着味噌及酱瓜。这不算很糟的吃法，但也不是让人很高兴或多变的吃法。

"美味"的概念诞生在日本是1908年之际，当时有一个名为池田的化学家发现了"第五种味道"称之为鲜味，它既不苦、不咸、不甜，也不酸，但比起其他味道，有更美妙和令人难以抗拒的滋味。鲜味是混合海带、味噌和酱油的可口肉汁味。同一时间，在很大的程度上，这个概念使得日本料理具有健康导向且引人入胜。在西方，"美味"一词很可能会与糖、脂肪和盐联想在一起，但在日本，则表示在蘑菇、烤鱼和清汤中发现的味道。

在日本历史上，有三个关键时刻使新的口味被采纳，而且每次改变都发生在国家有紧急的事件，以至于需要改善营养不良人口的健康之时。

第一次重大的改变是有关日本人对食物的看法，这个改变开始发生于明治维新期间（公元1868~1912年），当时日本变成一个帝国且首次开放与其他国家的边界，日本开始比较国人的饮食与其他国家的差异。在明治政府时代，有一次紧急讨论关于日本的饮食是否使得人民太虚弱且娇小，导致体力上无法与西方人抗衡。教育学者们主张，要成为一个真正的日本帝国民族，人民必须开始吃肉并且增加牛奶的消耗量。在1872年，日本天皇打破一千两百年来禁食红肉的忌讳，且公开向人民表示，他现在是吃肉的。然而50多年后大多数的日本人民才食用猪肉及大幅增加牛肉的消费。不过，明治赞成食用肉品的宣传，至少奠定了日本民众不用总遵循之前的饮食习惯来吃的基本想法。对外开放的明治维新时期灌输人民要摒弃旧有的饮食习惯，并学习新的方法来让自己吃得营养。1871年鼓励食用肉品的广告中有这么一句话："我们日本人必须看清牛肉和牛奶（的好处）"。

日本饮食发生变化的第二个关键时刻是20世纪20年代。当时日军正处在紧急关头，许多农民兵依然是传统味噌、蔬菜和谷物的饮食习惯，极为营养不良。1921年日军设立了军方饮食研究委员会，应用了最新的营养科学在日军的饮食中。在军方新食堂指挥官丸本昭三的管理下，日本士兵所吃的伙食有了转变，他们每人一年吃掉十三千克的牛肉，远超过日本的标准。但是丸本昭三真正做出的显著改变，是将原有菜色变更成中式和西式的料理，提供比传统餐食含有更多的脂肪及蛋白质的食物。改革后的伙食（食堂的厨房需要有新的烹调设备）包含猪排、黄金炸鸡（裹面包粉）、咖喱面、炖牛肉、各种炸丸子及热炒的蔬菜。这是丸本昭三所做出的大胆之举，而且很少有军方食堂会有这样的想法。士兵就像足球员一样，向来都是以抗拒新食物而出名的，然而日本军队的新兵似乎已经饥饿难耐而感谢有这些新奇的佳肴来填饱肚子，到了20世纪30年代末，征召的士兵已发展出一个固定喜好的菜单。在同一时间，日本政府将军方施行新的营养伙食经验扩展到其他民众，军队的厨师被要求进行宣传讲座和现场示范料理并透过无线电广播试图说服所有的日本妈妈能采取军方的料理方式，借以提高全体日本民众的体力。

日本人真正开始吃着我们所认为的和食，是在第二次世界大战过后的几年。在战争期间，日本发生了最为严重的饥饿问题。在1941年至1945年，有一百七十四万人战死，同时有将近一百万人是饿死的。当时日本人沦落到以橡果、未加工的谷物以及稀少的白米来果腹，就如同他们早先时常吃的那样。日本曾是重度依赖进口食品的国家，所以当战争削减了供给，冲击就显得格外严重。白米的供给（数量远不及于所需）变成了众所皆知的"五色米"：即白米、泛黄的旧米、绿豆、红色的杂粮及棕色的昆虫。然而，当日本受挫最后又回到20世纪50年代人民挨饿的情况时，整个国家随后迅速发展出史无前例的繁荣景象，而且开诚布公地享受食物所带来的乐趣。

日本对于食物的冒险精神，其中有部分是受到战后美国粮食的援助而崛起的。在1947年（日本战败），占领当地的美国军队带来了新的营养午餐计划，来减轻日本学童的饥饿。在这之前，日本学童都是从家里带着像白饭、一些酱菜，或许还有一点柴鱼片到学校吃，但这些食物几乎都不含蛋白质。许多学童因为饮食不足，而一直流鼻水。新的美国官方营养午餐保证每个孩子都有牛奶和白面包卷（美国小麦制成），外加一份热食，时常是一些炖菜，其食材是使用日军储备物资中库存剩余的罐头食品，再用咖喱粉调味而成。以这些折中的营养午餐养大的这一代学童，在长大成人后会愿意接受不常见的口味组合。在20世纪50年代，日本民众收入成长一倍后，人们从农村的田园生活迁移到城市中的小公寓居住，而且每个人都向往购买"三样不可侵犯的贵重物品"（three sacred treasures）：即电视机、洗衣机及冰箱。随着新的资金带来了新的食材：日本民众的饮食由碳水化合物转变成以蛋白质为主。如同日本食物历史学者石毛直道所做的解释，一旦食物消费的水平再次上升到之前的水平，"很显然地，日本人并没有回到过去的饮食模式，而是在创造新的饮食习惯。"

在1955年，日本平均每人一年吃掉3.4颗鸡蛋及1.1千克的肉，但白米则是110.7千克；到了1978年，白米的消耗量则明显减少至81千克（人均），且吃进14.9颗的鸡蛋以及8.7千克的猪肉，更不必说牛肉、鸡肉及鱼。不过，这不单单是日本民众从物资贫困向物资充沛的生活转变，最重要的是将不喜欢的食物转变为喜欢。昔日在日本，晚饭多了一道或两道菜是被视为奢侈的行为，现在（归功于新的经济发展，所带来的生活富足）每餐多个三道或更多道菜，外加白饭、汤及酱菜，是很常见的事。在餐桌上默默持续用餐了几世纪后，报纸第一次有了食谱专栏，让日本民众开始以高鉴赏能力谈论着食物的话题。"他们欣然接受异国料理食谱，像是韩国烤肉、西式裹面包粉炸虾以及中式的热炒蔬食，然后再加以改良成自己的菜肴，以至于当外国人来访及品尝当地料理时，会觉得这似乎就是'和食'"。或许，该归功于这些年来烹调料理技术的孤立，当日本厨师遇到新的西式料理时，他们并没有完全采纳，而是加以调整以符合传统对分量大小以及菜品搭配的习惯。举例来说，当奥姆蛋（Omelette）上菜时，可能就不像西方一样附上炸薯条，但配有熟悉的味噌汤、蔬菜和白饭。最后，日本已经开始朝着他们期望的进食方式，即有选择性地、愉快地以及健康地进食。

没有必然的或固有的日本精神，让他们养成这种近乎理想的饮食。日本的饮食习惯展现出某种程度上的进化。我们有时会想象意大利人生来就爱意大利面食，或者法国宝宝天生就认识被吃进肚里、被消化吸收的朝鲜蓟。食物学者伊丽莎白·罗津（Elizabeth Rozin）曾提到"味道原则"（flavour principles），指的便是随着国民料理川流不息，往往经过几个世纪没有什么改变，例如匈牙利菜主要会用到洋葱、猪油和辣椒，或者西非菜会用到花生、胡椒和番茄。罗津写道："让中国人用酸奶油和莳萝在面条上调味是不太可能的，就像瑞典人不会用酱油和生姜来料理鲱鱼。"然而，像这样不可能的事却会发生在日本。味道原则改变了，食物也改变了，而人们的饮食内容也随之改变了。事实证明，无论我们是哪一国人，我们有能力改变的不只是吃了什么，还包括想吃什么以及吃东西时的行为。令人吃惊的是，除了姜之外很少使用香料的日本，有着这样"味道原则"的国家，居然会爱上用孜然、大蒜和辣椒调制而成的猪排咖喱酱。这个国家的民众，昔日用餐一直沉默不语，但现在已经转变到着魔般地讨论食物，并且在吃面时发出大的啜食声，以增加吃的乐趣。所以，或许真正的问题应该是：如果日本人民可以改变，为什么我们不能？

五、厨师和营养师的密切配合

味道与健康需要烹饪者和营养专家共同协作才能完美实现，营养师也必须懂得烹饪，知道如何制作美食。厨师也应该学习营养的基本知识，懂得如何把美味与营养结合起来。

《慢食新世界》的作者卡罗·佩屈尼在自身的一段经历中，分享了一个很好的案例："2001年秋天，我的肝脏出了毛病。让我花了不少时间待在医院，治疗虽然有效却冗长又烦琐。但好处是，这样的机缘也给了我第一手的体验，让我更了解自己长期以来坚定的信念。这令人不悦的疾病，让我透过美食家的眼睛，看到我们跟不健康且会导致疾病的烹饪方法之间充满复杂的关系。生病之后，我被迫采用斯巴达式的饮食并且戒酒，这改变了我跟食物的关系，我变得更为敏锐，甚至发现可以把品酒的知识，运用到其他产品身上。

举例来说，我发现了茶的香气及味道的多样性与复杂性，就像开启了一个全新的世界，我了解许多不同种类的水果及蔬菜之间的差别，我能在麦子变成面食，或是面包之前，更了解它们的种类，以及不同种类需要的培育方式。

简而言之，我变得更为敏锐，更易体会并感受到细微的差异。我把过去那段因为过度享受美食，以至于有时候忽略品尝真义的生活抛在脑后。经历这次大病后，我知道每一个经验都有其存在的价值，即使是医院里面的伙食，都让我上了一堂课。于是我开始尝试评论医院的中央厨房，我用评论餐厅的相同标准，写下了严厉的批评（当然，这对医院来说绝对是太严厉了）。更进一步地确认，人跟食物之间的关系必须适度，且不该令人觉得羞愧。有一点我始终不太清楚，为何凡是强迫人们居留的地方，例如监狱、医院或其他类似地方的伙食，都被视为不重要。为何这些地方的食物都是没味道、非当地生产、不符时令、不新鲜且不天然的食物呢？

那次的经验让我相信，好的食物可以是很好的食疗法，能帮助我们解决生理及心理上的痛苦。于是，我开始劝告我的医生要探讨快乐跟健康之间的关联，这个理念不曾以科学的方法被研究过，甚至连营养师也没有想过，医药专业人员更是完全没想过这种可能性。这些人当中有一些非常聪明的人，对于我这样的理论，还给予了具有建设性的回应，真是令我感到欣慰。

食物在任何文化中皆具医疗的功能，即使是最原始的文化，只是这种功能常不知不觉地退化。现代科学以营养学的方式，把食物依营养价值区分，却不考虑食物的整体功能，一盘食物会给人们带来什么好处。因此一个美食家应该也要思考医学方面的好处，当然我们更希望专业的医生也能这样做，培养出美食家的素养。我相信这会产生有趣的新疗法，连科学家都会认为是奇迹的效果。"

第八节
运用科学原理探索烹饪新技法

一、分子料理技术

分子料理（molecular gastronomy）这一概念其实并不是由某位大厨提出的，而是在1992年，由物理学家尼古拉斯·柯蒂和法国化学家埃尔韦·蒂斯首次提出，后者被称为分子料理之父。分子美食，是指把葡萄糖、维生素C、柠檬酸钠、麦芽糖醇等可以食用的化学物质进行组合，改变食材的分子结构，重新组合，创造出与众不同的可以食用的食物。

1. 球化技术

球化技术主要通过海藻酸钠和氯化钙来实现。在果汁中加入海藻酸钠，混合好后再将其滴到氯化钙溶液中，这便是正向球化。反之，如果在果汁中先加入氯化钙溶液，混合好后再将其滴到海藻酸钠中，这就是反向球化。爆珠奶茶用的就是正向球化，而反向球化则特别适合含有酒精的饮料，比如莫吉托鸡尾酒爆珠，爆珠破裂时，薄荷的清新冰爽可以直达喉咙，带给人与众不同的饮酒体验。

人造鲑鱼子是20世纪80年代日本富山县鱼津市的日本电石工业公司在世界上最先生产成功的。把海藻酸钠水溶液滴入氯化钙水溶液后，表面会发生凝胶化，凝固成胶状物，人造鲑鱼子就利用这一原理制作而成。人工鲑鱼子制造是胶囊化技术的先驱，目前被当成一种烹饪实验而广泛进行。

鱼子酱橄榄油之类的食品胶囊化技术，因斗牛犬餐厅主厨阿德里亚创作的菜品而一举成名。据说这种极具魅力的鱼子酱橄榄油是阿德里亚在访问日本时，看到日本的人造鲑鱼子制造技术后引发的创意。阿德里亚不仅把橄榄油，甚至把甜瓜果汁、沙司、鸡尾酒等食材也进行了"人造鲑鱼子化"，做成能在口中瞬间绽开的胶囊，从而震惊了全世界的美食家。

2. 搅拌起泡的科学

蛋白中的蛋白质不仅会通过加热发生变性，而且遭受通过搅拌造成的物理性刺激也会发生变性，形成泡沫。由于蛋白中的蛋白质基本上都是水溶性的，所以未处理状态的蛋白质分子，内侧部分为疏水性，外侧部分为亲水性，呈紧凑的折叠状态。把蛋白打出泡沫时，蛋白质的疏水性部分会外露到表面，形成包裹着空气的气泡。如果继续搅拌打泡，这个气泡会变小，形成被蛋白质的固体膜牢牢包裹的稳定泡沫。但研究发现，如果搅拌过头，蛋白质分子之间的结合力过强，会把存在于蛋白质之间的水分挤出，导致泡沫的稳定性降低。蛋白起泡打发过头的蛋白酥会变干就是这个原因。

在法国，很早以前蛋液打泡时就开始使用铜制金属碗。通过制作经验发现，用这种铜碗制作的蛋白酥，与用不锈钢碗制作的相比，光泽度更好。对这种现象进行分析后发现，从铜碗中渗出的铜和蛋白中的蛋白质相结合，可以提高泡沫的稳定性。

除蛋白泡沫以外，分子料理的泡沫非常广泛，比如果汁泡沫、蔬菜汁泡沫、各种酱汁泡沫，它们本来是很难形成稳定的泡沫形态，分子料理技术在制作泡沫时加入大豆卵磷脂、黄原胶、明胶等发泡剂，帮助厨师做出意想不到的泡沫食材，比如咖啡泡沫、绿茶泡沫、酱油泡沫等。

3. 真空低温慢煮技术

低温烹饪是一种将烹饪材料放置于真空包装袋中，然后放入恒温水浴锅中，以53～65℃的低温进行长时间炖煮的烹饪方式。

首先将生食材经过腌制入味，然后放置于密封真空袋中，使用专用的调控恒温设备进行慢煮。真空包装烹饪能够减少材料原有风味的流失，在烹饪过程起到锁住水分并且防止外来味道的污染。这样的烹饪方法能够让材料保持原味而且更富有营养，同时真空烹饪也能防止细菌的滋生，让材料更有效地从水或蒸汽中吸收热量。

4. 液氮速冻技术

用零下196℃的液氮来处理食物，可以形成特殊的口感和异常的造型。如脆红油，一般红油都是淋在菜品的表面，但给人油腻的感觉，液氮可以把红油瞬间变成固体的颗粒，入口后慢慢融化，既美观又增加了层次感。另外利用液氮极低的温度对食物进行急速速冻，可以有效地保持食物的原有风味，如包子、红烧肉等，在复热后能最大限度地还原菜品的特色。

5. 凝胶剂在烹饪中的使用

添加甲基纤维素、卡拉胶、卵磷脂、瓜尔胶、黄原胶等物质作为增稠剂、乳化剂、稳定剂，使液体发生凝胶化或乳化或者改变食物的口感等，创造出各种新颖食物。不同种类的增稠剂做出的凝胶，特征也各不相同。例如，琼脂是一种很早就被用于日式点心制作的强力凝胶剂，有些种类的琼脂可以从凝胶中分离出液体，这被称为"离浆现象"。另一方面，卡拉胶虽不会引起离浆现象，但不能用于酸性食材。使用了柠檬（pH为2）的卡拉胶将无法制作凝胶，所以就要使用其他增稠剂，或提高柠檬的pH。

另外，甲基纤维素这种添加剂具有一些奇特的性质。一般来说，凝胶化的食品遇到高温时，容易失去黏度并变软，温度越低会越容易凝固，但甲基纤维素却恰恰相反，具有加热后会变成固体、低温时会变成液体的奇特性质。有一种很受欢迎的"热冰激凌"就是利用了它的这种性质。实际上这不是冰激凌，而是甲基纤维素固体化后的热奶油，这种物质在室温下进行冷却，反而会发生溶化。

还有一类是自然的凝胶冻，就是煮带有胶质较多的食材时，冷却后会自然形成凝胶，但制作时有一定的规律和原理。如凝胶过程不能晃动，用低温比常温凝胶的速度更快更结实等。其中的原理已经在口感与温度的章节中讨论过了。

分子烹饪的运用必须非常谨慎，特别是中餐的应用，如何处理好味道、温度与呈现的关系。国际上对分子料理也有不同的声音。迈克尔·波伦对分子烹饪也有自己的见解，他说：你也别指望在现在的西班牙能处处看到这样的情形，这个国家现在是以"分子美食学"著称。这种烹饪手法极其复杂，更多依赖的是科技而非自然，或者就如很多厨师所称的那样，做出来的是"产品"。在这种情况下，有个人必须提一下，费兰·阿德里亚，可能是最有名的"分子美食学"倡导者。这位厨师因为在烹饪中使用液态氮、黄原胶、人工合成调料和现代食品科学的炊具而闻名，《美食家》杂志曾经引用他的一句话："没有我的烹饪法，就没有比特的烹饪法。"这绝对是个狂妄自大的宣言，当我把这句话念给比特听的时候，他有点儿动怒，然后就像赶苍蝇一样挥了挥手。"费兰是朝着未来在烹饪，而我则更愿意往回走。但是越往回走，我们越能进步。""现在，有的人在烹饪中尝试不使用任何天然产品。"凡是取之于自然的食材都不使用。关于这一点，他坚信这根本就是条死路。他说："你能糊弄你的舌头，却糊弄不了你的胃。"

费兰·阿德里亚将自己的烹饪法置于比特·哈金索尼斯的烹饪法之前，在某种意义上倒也不无道理：我们的文化利用所谓的"分子美食学"、人工味道和色素，还有各种合成的食物，甚至包括微波炉，不断尝试将烹饪凌驾于自然之上；而正是因为这些尝试，促使比特以固执到近乎疯狂的态度将烹饪回归到对木材、火以及食物本质的探究中。对于全世界来说，这都是个味觉疲乏的时代，我们总是渴求新的味道、新的感觉，希望调和不同的体验。我们并不清楚这样的探索能带我们走多远，也不知道，何时它也可能让我们感到厌倦。但是有一点是可以确定的，每次当我们在自己的创造和自负中迷失方向的时候，我们都想要回到最初那个坚实的岸边——自然。就算这个岸边已不复从前，但是它从来不曾让我们失望。

日本的石川伸一在《食物与科学的美味邂逅》一书中介绍了几个未来烹饪的新技法，而且有的技法已经在实践中得到应用。日本是现代食品加工技术和传统烹饪技艺发展最协调的一个国家，在烹饪工业化方面和德国、美国都处于世界领先地位，而且在手工传承方面也是世界的典范。

二、冷冻浸渍法

老年人的咀嚼能力会逐步下降，对食物的柔软度有较高的要求，超过一定的硬度便无法咀嚼和食用，同时给消化也带来一定的压力，进而影响营养物质的吸收。为了满足老年人的味觉和营养需要，一些新的技术也在悄然地发展。

日本广岛的食品工业技术中心正在研究开发一种食品的制作技术，这种技术被称为"冷冻浸渍法"。简单地说，这种方法是利用压力在食材中加入使其变软的酶。通过这种技术，坚硬的竹笋煮一下就可以变得像布丁那样，用勺子舀着就能吃，这是一种堪称奇迹的技术。因此，这里也许隐藏着一种可能，能使以往用粉碎机做的糊状护理饮食发生天翻地覆的变化。

这种技术也可以应用于肉类、鱼类和贝类，制作"外表看上去是一般的牛排，但用勺子轻轻一压就可以软软地压碎，像酱鹅肝那样，放入口中后在舌头上就会溶化掉的肉"。人们甚至可以通过调整酶促反应的时间等，自由地操控这些食物的硬度。

这种技术不限于护理饮食，也可用来服务一般消费者，制作有新颖口感的食品。即使在专业的烹饪世界，我想肯定也有人希望利用这种技术创造出具有新鲜感的菜肴吧。对于这种利用酶在维持食物原有外观的前提下改变口感的技术，今后我将会继续关注其发展动向。

三、高压加工技术带来的新鲜口感

高压加工技术是用4000～7000个大气压的压力对食品进行压制加工方法。4000个大气压的概念是什么呢，拿世界上最深的海沟——马里亚纳海沟来举例，在海底约1万米深处，气压达1000个大气压左右。据了解，目前我们身边是没有这种超高压的。

这种压力施加到食材上，可以把构成食品的分子挤压成密度很大的状态。这会使分子发生物理性变化，大分子的蛋白质或淀粉会呈现与加热状态时非常相似的现象。

但与热处理相比，压力处理给食材带来的能量明显低很多，所以不容易引起化学反应。因此，食材的颜色或香味基本不发生变化，能保持天然状态，营养成分也损失得比较少。而且高压加工技术不产生异味，能产生和加热时完全不同的独特物质，与热加工相比节省能源，有着诸多优势。

实验结果表明，给带壳的生蛋施加6500个大气压的静水压力，外面的蛋壳保持原样，而里面的蛋白和蛋黄会凝固成煮蛋状态。"表面看上去像煮鸡蛋，但保留了生蛋的风味。"这就是以往从未体验过的新式鸡蛋料理。

1987年京都大学名誉教授林力丸提倡"在食品加工中，使用压力技术取代以往的热加工，可以不影响食品的风味或营养价值，并且起到杀菌作用"，这是一个重大转折点。之后在日本，用于食品的高压技术开始受到人们的关注。1990年，作为世界上首次出现的超高压加工食品，日本明治屋公司制作的"高压果酱"开始在市场上销售。由于没有经过加热，所以品尝起来香味非常清新，颜色也很鲜艳。

就这样，在作为食品高压加工技术发源地的日本，高压处理食品迅速发展到实用化阶段。近年来，食品的高压处理在海外也备受关注，在西班牙和美国等地，高压技术被应用到腊肠、火腿等肉产品加工中。

由于大型高压处理装置本身的价格非常高，所以不是餐馆或个人能轻易负担的，但通过技术革新，食品的高压处理装置普及时代很快就会到来。

四、冰冻烹饪法

说起烹饪方法，一般首先想到的是煎、烤、炖、煮等加热操作，但实际上做冰激凌时，把用热水溶化的明胶冷却冰镇、进行散热的操作也是烹饪方法的一种。有些餐厅已经开始把零下79℃的干冰或零下198℃的液氮等冷却剂广泛应用于烹饪。

美国芝加哥爱丽尼娅餐馆（Alinea）的主厨格兰特·阿卡兹（Grant Achatz），与技术人员合作研发，利用冰镇铁板把食材瞬间冷冻，烹制出了新颖的菜品。美国的波利塞斯（Polysciences）公司受格兰特的启发，制造了带有冷却功能的叫作"冷食扒炉"（Anti-Griddle）的烹饪工具，并投入销售。

在冷却至零下35℃的冷食扒炉上，放上一层薄薄的巧克力或奶油，在其热量被迅速夺走的同时进行烹饪，能做出内部仍保持黏糊滑润状态，只有外表变得嘎嘣脆的食物。此外，在泰国的小吃摊上，有些店铺还出售模仿日式铁板什锦煎饼做法的卷筒冰激凌。今后，除冰激凌之外，能在客人面前用冰镇方法做出甜品或菜品的"冰镇铁板烧餐厅"，也许会很受欢迎。

五、真空烹饪法和激光烹饪法

在真空包装的薄膜内对食材进行煮、蒸之类的"真空烹饪法"非常适合肉类，肉的口感不会变柴，烧烤程度和味道都很均衡，这样就能把肉加工得很嫩。真空烹饪虽然不能用于煎烤，但我们可以在用薄膜包装之前就把肉加工成有烧烤颜色的，或在真空烹饪后再进行煎烤，降低失败的可能性，烹制出美味的食物。仅用煎烤这一操作来掌控肉的烧烤程度、香味、硬度等是一项极其困难的工作，所以餐厅广泛采用真空烹饪和其他煎烤操作相结合的方式。

　　另外，最近明治大学的福地健太郎教授等组成的研究团队提出了用激光进行加热的新烹饪方法。把叫作"激光切割刀"的机器和照相机设置在一起，实现了只对食材表面需要的部分进行煎烤的"局部加热"。目前了解到的事例有：通过激光加热，只对培根的肥肉部分进行加热，瘦肉部分不加热。在奶酪上烤出文字，或在虾仁煎饼上烤出二维码样的烧烤痕迹等。今后，还可以考虑有没有可能用这种激光烹饪法自动烤熟牛排的表面。

六、零重力烹调法

　　一般认为火星的载人探测来回至少需要两三年时间，而目前的航天食品无法满足这种航天探测需求。长时间处在失重环境中，骨头和肌肉可能会受损，而且在充满压力的封闭空间，想随时能吃到美味且有营养的航天食品，就必须考虑让宇航员进行烹饪。

　　如果在零重力下烹制蛋包饭，将会是一种怎样的情形呢？在零重力空间中倒出水，由于表面张力，水的表面积会缩小，变成完美的球体，那磕开蛋壳的蛋液只要放置在零重力下就会变成完美的球吧。另外，在宇宙空间中，水和油是不分离的。1973年，在近地轨道空间站"天空实验室"，进行了把水和油混合以调制调味汁的试验。在地球上10秒左右就出现分离的水和油，在太空中经过10个小时也完全没有出现分离迹象，水和油都保持细小颗粒状，均匀分散。所以，蛋白和蛋黄的成分也许可以通过在地球上不可能出现的状态进行混合。在太空被完全混合而形成完美球形的鸡蛋，如果能用什么方法全方位地进行均匀加热，我觉得也许能做出乳化状态非同一般、前所未有的浓稠蛋包饭。

　　当然，如果带回地球的话，这种蛋包饭会由于重力作用被挤破，所以这道食物的烹制和食用都要限定在零重力空间中。那么也许"太空蛋包饭"会成为宇宙餐厅的特色菜，今后在宇航员的训练项目中，针对宇宙环境的烹饪课也会成为必修科目。

05

烹饪的
传承与创新

传承：传，传递，这里表示传授的意思。承，托着，接着，这里是继承的意思。传承泛指对某学问、技艺、教义等，在师徒间的传授和继承的过程。

传承与创新的内涵

一、传承的内涵

1. 传承具有时代感

首先，传承并不是一成不变的，传承是动态的，有时代感的。如辣椒，是明末传入中国的，如果当时我们坚持传统，拒绝使用辣椒，很难想象现在的川菜、湘菜会是什么样子，麻婆豆腐相对现代来说是传统美食，但相对清代来说是创新菜品。意大利在传统的食物中没有番茄，同样的情况，如果意大利坚守传承，拒绝使用番茄，意大利菜现在会是什么风格很难预料。现在的很多传统名菜其实都不是原始的样子，它们随着时间的变迁而发生改变，只是时间比较长，是慢慢地、无意识地渐变的过程。鸡、鸭的宰杀，猪肉的分档取料，在20世纪80年代是厨师必备的基本功，还曾作为考核比赛的重要环节，然而现在厨师都不需要这样的加工技术了，其实也没有传承的可能了。北京烤鸭被誉为国菜，传统的烤鸭都是用果木烤制而成的，具有独特的果木风味，但按照现代生产环境和空气质量的要求，烤鸭已经越来越少利用果木烤制了，这就是传承的时代感，不以人的意志而转移。还有饮食观念的改变，也让我们放弃了一些传统的菜品，如扬州有个传统菜"油炸油"，是将肥肉裹上面糊炸成的，曾经是非常受欢迎且味道好的一道菜品，但现在很少有消费者愿意尝试，甚至是望而生畏，一道菜品没有市场又谈何传承。

传承还受自然因素的影响，如长江三鲜之首的鲥鱼，已经多年见不到踪迹了，希望十年禁捕之后能再现它的芳容。笔者讲课时经常讲的一个案例，20世纪80年代初烹饪比赛是可以用熊掌的，这也是当时高端食材的代表，曾有一位知名大师凭借高超的熊掌烹饪技术获得比赛的大奖。但这道美食我们也已经无法传承，熊是国家保护动物，如果再利用熊掌做菜便触犯了法律。三套鸭中的野鸭、粤菜中的炸禾雀和龙虎斗等都已经成为历史，我们无法再续传统。

中餐有很多小吃、名菜入选非遗传承项目，其中有一些项目已濒临失传，究其原因是这些产品很少有市场需求，从业人员面临生存问题，所以这样的传承必须改变和创新，解决生存问题才能更好地传承，这就是所谓的"活态传承"。

胡川安在《和食古早味：你不知道的日本料理故事》一书中认为，日本料理的传承也是在动态中进行的。如大家熟悉的怀石料理，本来只是寺院禅僧吃的食物，现在却成为日本高级料理的代表。我们所熟悉的握寿司、天妇罗或寿喜烧都不是日本的传统料理。寿喜烧在明治时代（1868—1911年）才出现，直到第二次世界大战后才较为流行；天妇罗则在江户时代（1603—1868年）发端（有从葡萄牙传入的说法，也有人认为，炸的方法是从中国传入的）。握寿司的料理方式源于东南亚，在江户时代后期才出现目前的形势。如果这些都不是日本传统的食物，那铁板烧、拉面或猪排饭，更不能算是传统的日式料理。我们经常将"传统"视为文化中不变且恒定的部分，以为我们可以在中国人、法国人或是英国人中抽丝剥茧，寻找到纯粹的中式、法式或是英式文化，但这其实是很困难的。从历史的角度，以社会变化的方式观察"传统"，就会发现没有什么是不变的。

2. 技术传承的永久性

很多传统的菜品因各种原因不能完全保留或传承，因为菜品是具有时代性和短暂性，但制作菜品的方法是可以长久传承的，如熊掌是保护动物，但烹饪熊掌的技术可以延续，可以用来烹饪牛掌等类似的食物。"油炸油"不符合现代人的营养需求了，但可以做成酥炸里脊、锅包肉等。

烹饪教学经常遇到这样的问题，全国各地都有特色菜，多到难以统计。我们在有限的时间里，教给学生什么菜品呢？其实教授的只能是烹饪方法，是归纳和整理过的系统方法。以方法为主线，以特色名菜为案例进行教学，就会收到很好的效果。所以我们要传承的是技术，而不是具体的菜品。

3. 匠人精神的传承

对烹饪而言，在行业中对技术和菜品层面的传承已经都比较受到关注，其实文化的传承和精神的传承也十分重要。对厨师来说匠人精神尤为重要，日本人、德国人的匠人精神传承得非常好，百年企业的数量在世界上都是领先的。德国的一家手指香肠店有近800年历史，没有开过任何分店。经过几十代人的传承，一直坚持手工制作，把香肠做到了极致。日本的小野二郎、早乙女哲哉把自己毕生的精力和热爱都献给了烹饪事业。胡川安《和食古早味：你不知道的日本料理故事》中有一段对日本厨师匠人精神的描写，让人很有感触：

"割烹鳗鱼的做法主要分为五道程序：一是从鳗鱼的侧面剖开，二是以竹签插进割开鳗鱼，三是素烧，不蘸酱，烤至脂肪滴出，四是将鳗鱼蒸至全熟，五是蘸上酱汁再加以烧烤，使酱汁的味道融入鳗鱼中。每一道程序都要花费时间与心力，才能习得职人的技术，所以流传着一句话：'要成为割烹料理人，得串鱼三年、剖鱼八年、烧烤一生。'日本的'鳗鱼之神'金本兼次郎，入行已超过80年，早已是公认的大师，他依然认为上述程序是每天必须精进的技术。"

日本"寿司之神"小野二郎，他是全球最为年长的米其林三星大厨，据说9岁就已经入行，他的一辈子都在其"掌握"之中。《寿司之神》这部纪录片就以小野二郎为主角的，他对食材与制作过程极其挑剔，精准地掌握寿司的软硬口感，连寿司入口瞬间的细致感受都要考虑进去。他在这部纪录片的片头对着镜头说："一旦你决定好职业，你必须全心投入工作之中，你必须爱自己的工作，千万不要有怨言，你必须穷尽一生来磨炼技能，这就是成功的秘诀，也是受人敬重的关键。"真是一段经典的日本职人宣言。对他来说，握寿司已是一门艺术，必须不断精进。用餐的客人们带着品尝艺术的想法前来，宛如欣赏一件伟大且鲜活的艺术品。然而，从握寿司的历史来看，最初寿司还并未成为严肃的艺术品，而是带点轻松、简单感觉的庶民饮食。

据说寿司之神小野二郎每个月都会来早乙女哲哉的店里，他不认为天妇罗是油腻的食物，反而是展现食物特色的最佳方法之一。在"是山居"用餐，看早乙女哲哉亲自下厨，不仅吃到了美味的食物，也欣赏了大师的精湛技巧。他从容不迫、不疾不徐，精准地抓住食材入锅和起锅的时间，而盘子中永远只有一样食物，并且确保它们在最适合入口的时间呈现给食客。天妇罗油炸的真谛在于提升食物的鲜味和甘甜，这也是天妇罗的特色。中国高端的宴会很少用油炸食物，很多人认为油炸食物油腻、不健康，其实是菜品没有做到极致。

虽然很多厨师不能像日本的寿司、天妇罗、鳗鱼饭厨师一样，一生只做一类食物。但敬业、坚守、精益求精的精神是相通的，可以肯定地说，没有匠人精神是做不出极致产品的。

二、创新的概念和内涵

创新是指人们为了发展需要，运用已知的信息和条件，突破常规，发现或产生某种新颖、独特的有价值的新事物、新思想的活动。创新的本质是突破，即突破旧的思维定式，旧的常规戒律。创新活动的核心是"新"，它或者是产品的结构、性能和外部特征的变革，或者是造型设计、内容的表现形式和手段的创造，或者是内容的丰富和完善。

哲学和经济学对创新的理解稍有不同，但基本思想是一致的，就是利用已存在的自然资源或社会要素创造新的矛盾共同体的人类行为，或者可以认为是对旧有的一切所进行的替代、覆盖。

（一）传承与创新的关系

传承和创新不是矛盾的对立面，而是相辅相成的融合体。有人说创新是最好的传承，让传统具有时代感，适应现代市场需求才能更好地传承，传承与创新是辩证的关系。也有人说传承是创新的基础和前提，创新不是完全推翻重来，而是传统技术与新技术、新场景的融合。如淮扬菜的经典代表拆烩鱼头，传统的鱼头是咸鲜味的，但现在鱼头大多是人工养殖的，食材风味与传统的有明显差距，特别是现在的消费者讲究口味多元、追求变化，所以我们在口味上添加了酸辣味型，很受消费者欢迎。拆烩技术仍然是传统的，但味道上做了创新，这就是传统与创新的融合。还有淮扬名菜狮子头，很多餐厅做了创新，有的减少了肥肉的比例，有的增加了鱼肉，有的添加咸蛋黄，等等，但始终没有找到最佳的方案。我们认为狮子头应该坚守传统，所以研发狮子头时，没有改变肥瘦比例，只是改变狮子头的大小。为了弥补风味的缺失，我们添加了不掩盖猪肉味道的笋粉和适量咸肉，狮子头依然保持入口即化、肥而不腻的传统口感，同样可以给客人留下深刻的印象。

（二）创新能力的培养

创新方法是难以传授的，因为我们无法将创新的步骤、流程、技巧一一表达出来，否则未免过于循规蹈矩，反而困住了学习者。创新是在大量知识积淀的基础上，突然或意外感悟出来的。所以我们能做的是培养个人的创新能力和创新意识，而不是具体的创新方法。创新能力包括实践能力、学习能力、思考能力、审美能力、设计能力等。

1. 实践能力的培养

过硬的技术是创新的基础，能提升创新的效率。没有过硬的技术，往往会"心有余而力不足"，有一些厨师思路很活跃，创新的点子很多，但最后并不能完美呈现出来，因为技术的底子不够扎实。如传统名菜脱骨鱼，鱼脱骨后酿入猪肉，有人创新将肉馅改为灌汤，这个创意很好，但要实现这个目标需要超高的刀工技术，只有刀工好的厨师才能呈现这个好创意。

古人有几个刀工绝技的案例可以了解一下，段成式《酉阳杂俎》记载："南孝廉者善斫鲙，縠薄丝缕，轻可吹起；操刀响捷，若合节奏。因会客炫技……"傅毅《七激》记载："涔养之鱼，脍其鲤鲂。分毫之割，纤如发芒；散如绝縠，积如委红。"曹植《七启》写道："蝉翼之割，剖纤析微。累如叠縠，离若散雪。轻随风飞，刃不转切。"张协《七命》记载："命支离，飞霜锷，红肌绮散，素肤雪落。娄子之毫，不能厕其细，秋蝉之翼，不足拟其薄。"

以上都是形容人刀工高超，切出来的东西很薄，能随风起飞，既可薄如蝉翼，又可细如发丝。当然我们未必都要求做到这样的境地，但扎实的基本功是创新前提，否则美好的创新愿望便成了遥不可及的梦。

2. 学习能力的培养

走出厨房、走出餐厅、走出城市，多学习好餐厅的创意，多了解餐饮的发展动态，多吸收国际先进的烹饪理念，这就是厨师创新能力积累的方法。视野和眼界是创新的源泉，近年来，中国的厨师开始走出厨房，相互交流和学习，区域美食相互交融，新菜新点不断推出，餐饮市场也活跃起来。但厨师需要明白，学习和交流不是拿来主义，那是对研发者的不尊重。行业常出现一个现象，一道创新菜研发出来后，全国几十家餐厅的餐桌上都出现一模一样的菜品，这不是我们提倡学习的目的。学习是为了积累资源、激发灵感，我们需要思考如何用自己的方式去表达新的菜品。

3. 思考能力的培养

厨师首先要学会总结实践经验，懂得归纳菜品研发创新的规律。同时也要运用科学理论知识来指导实践，多学习烹饪理论的相关知识，多思考科学理论在烹饪实践中的应用，准确处理烹饪理论和实践的关系。

《烹饪是什么》一书认为："理论应被理解为一系列经过证明的假设，其表明了达成某些结果所要遵循的程序。……其他人已经在厨房里验证了这些知识，而且这些知识每天都在继续扩展和增加。"可见，学习好理论知识便是站在前人的肩膀上去看世界。烹饪也是实践性很强的主题，当我们进行创造和再生产时，始终会有一部分实践需要接受理论指导。而且，实践可以对理论知识进行检验和衡量，证明其真实性。

胡川安的《和食古早味：你不知道的日本料理故事》一书记述了记者采访是山居的一段话，早乙女哲哉说："光说天妇罗的面粉吧，面粉的形态、所含的水量以及溶解后经过的时间长短、周遭的温度、使用的频率等，都会对天妇罗的品质产生很大的影响。油炸料理需要掌握下锅的时间与油温，还有色泽的变化，那不是靠感觉就可以处理的，而需要相应的知识。"所以，创新需要不断地在实践中总结科学规律。

传统中餐技术的归纳和总结虽然刚刚起步，还有很多瞬间无法用语言表述，但也有很多技术是完全可以量化标准的。特别是对一些失败的工艺进行反思，可以找到基本规律，避免或减少再次失败的概率。

4. 审美能力的培养

在烹饪的艺术属性里面已经深入地探讨过菜品审美能力的话题，现在是从创新能力的角度看审美能力。审美能力是指人感受、鉴赏、评价和创造美的能力。审美感受能力指审美主体凭自己的生活体验、艺术修养和审美趣味有意识地对审美对象进行鉴赏，从中获得美感的能力。要想创新出具有艺术性的烹饪作品，首先自己必须具有一定的审美能力，同时还要具备审美感受能力。上面提到的早乙女哲哉，不仅技术一流，还懂得总结科学规律，同时还特别爱好艺术，喜欢研究书法、陶瓷艺术、艺术品收藏等。虽然这些看上去和烹饪的关联性不大，但审美能力是相通的，使做出来的菜品不经意间就具有了艺术气质。

烹饪的审美除外在的色美、形美以外，还有内在的味美、质美。烹饪审美能力的培养不能局限于具体的菜品，而是一切艺术范畴的接触和理解，如音乐、绘画、雕塑、书法、摄影等，选择自己有兴趣的门类，快乐地学习和实践，虽然这些专业看起来与烹饪无关，但经过一段时间以后，你的审美能力便在不经意间提升了。

5. 设计能力的培养

设计是对烹饪菜品的一种超前构想，这里不得不提一个经常被问到的词语：悟性。烹饪大师的成功是靠悟性吗？我不敢做肯定的回答，但有一些资料值得一起探讨。

有资料认为，每个人的悟性是不一样的，一方面是天生的悟性，也就是人们常说的天赋，也指生来具有的。明代谢榛《四溟诗话》卷四："诗固有定体，人各有悟性。"他的意思是人的悟性是天生的。古人和现代人赞美一个人聪明经常用天赋这样的词，唐代贯休《尧铭》："君既天赋，相亦天锡。"宋代释文莹《玉壶清话》卷七："有童曰玉奴者，天赋甚慧。"有悟性的人，在某方面可以事半功倍。那什么是悟性呢？有人总结得很好："它不立文字，不依理性，只可意会，无法言传，书不能尽言，言不能尽义，它是与规律的一种自然妙合，发问题之宗旨，感现象之根源。"这个答案很含蓄，到底悟性是什么只能靠自己去悟了。也有专家给出了看似明确答案：悟性，是对事物理解、分析、感悟、觉悟的能力。

悟性其实也需要后天的学习，说某个人悟性好，重在表现理解一件事或物或某种抽象的东西时的速度快，而快的前提是这个人已储备了大量相关经验和知识，并且具备触类旁通的思维方式。而经验和知识的累积，是通过后天学习和实践获得的。

笔者认为艺术行业非常需要天赋，书法、绘画、表演等艺术都需要有天赋。有的人写了一辈子的字，最终也没有成为书法艺术家。有的人做了几十年的厨师，除基本功扎实以外，在菜品的创新、艺术呈现方面却很难有所建树。如果既没有天赋，也没有兴趣，更不愿意付出辛苦，想成为大家肯定是不可能的。

《烹饪是什么》本来是一本科学理论方面的书，但里面也出现了"感觉"这个章节，或许与我们理解的悟性基本相似。书中把感觉和菜品设计作了很好的阐述：在职业厨师拥有的能力中，有一项基本能力可以理解为个人的先天才能，也可以理解为通过实践学习可以获得的能力。无论是哪种情况，这种感知能力都意味着厨师在烹饪时能够预见到品尝制成品的用餐者或顾客将会感受和感知到的一切，因为他们拥有以前的经验或者想象能力。

我们使用短语"心理味觉"（mental palate）一词来表示厨师在无须烹饪的情况下

想象并在心理上设想烹饪结果的能力这一概念。只有经验丰富并且具有特别感觉才能的厨师才能发展出心理味觉。这样的厨师并不一定非得是职业厨师。有一些优秀的业余厨师，他们在自己的整个烹饪生涯中积累的经验让他们得以发展这种心理味觉。实际上，就连顾客也可以拥有这种心理能力，因为他们的知识和经验可以让他们在品尝之前只是看一眼就能"读懂"一道菜肴。

费郎·亚德里亚认为的烹饪的感知能力——就是不必烹饪就能想象出烹饪结果的能力，其实就是设计能力。中餐菜品的设计其实一直存在，对于一些烹饪技术水平相当的厨师来说，菜品设计能力是厨师在宴会或烹饪比赛中获胜的法宝。尽管烹饪基本功不相上下，但设计能力强的厨师，不仅能感知创新菜品的出品效果，还能预测客人对菜品的评价。宴会菜单是考验厨师设计能力的一个重要环节，虽然客人还没有品尝，但设计者能从味觉起伏、食材搭配、冷热变化等综合考虑，并考虑食客的人群特点、活动主题等，这些都确实需要厨师的感知能力，菜单设计直接关乎宴会的成败。在参加各种烹饪比赛的时候，参赛作品是否具有创意，是否能体现特色和功力，是否具有味美和艺术美的统一，这些都需要参赛者具备很强的感知能力。我认为花在比赛作品设计的时间比练习和完成比赛作品的时间应该长得多，这种设计能力不是纸上谈兵，更不是凭空想象，而是建立在扎实的基础和丰富的经验之上。

第二节
创新模式的探讨

一、食材是创新的基础

食材品质是决定菜品成功的基础，新食材的应用也是创新的重要手段。世界各国都非常重视食材品质和新食材的探寻，世界排名第一的丹麦诺玛餐厅，以前是分子料理为特色的餐厅，现在把新食材的运用作为一个亮点。Eleven Madison Park于1998年在美国纽约开业，Eleven Madison Park的七星是米其林三星加《纽约时报》四星评价。其餐厅特色就是把最新鲜、最优质的食材奉献给食客。秘鲁利马的Central餐厅，帅气的主厨Virgilio Martinez热爱旅行和发掘新食材，通过对食材的深入研究烹制出营养均衡的菜式。Central还拥有一个自产果园，餐厅永远会把最新鲜自然的美食呈现在餐桌上。

我国传统的烹饪也很讲究食材的选择，如袁枚的《随园食单·须知单·先天须知》："凡物各有先天，如人各有资禀。人性下愚，虽孔孟教之，无益也。物性不良，虽易牙烹之，亦无味也。指其大略：猪宜皮薄，不可腥臊；鸡宜骟嫩，不可老稚；鲫鱼以扁身白肚为佳，乌背者必崛强于盘中；鳗鱼以湖溪游泳为贵，江生者槎枒其骨节；谷喂之鸭，其膘肥而白色；壅土之笋，其节少而甘鲜；同一火腿也，而好丑判若天渊；同一台鲞也，而美恶分为冰炭。其他杂物，可以类推。大抵一席佳肴，司厨之功居其六，买办之功居其四。"说明食材好坏是决定菜品成败的关键，食材不好，再好的手艺也是徒劳，他认为食材的品质占菜品品质的40%。

近年来，食材现状发生了很大变化，人工养殖、快速培育的食材占据了市场的大部分空间。厨师们对食材特别是新食材的开发应用力度不够，同时缺乏对食材的尊重。日本的一位美食家、艺术家，在所著的《料理王国》一书中对日本食材在料理中的作用作了很好的阐述，特别是从食材角度将日本料理与西洋料理作了对比分析，值得一看。

《料理王国》："日本料理幸得无数丰富食材，美味包山包海。不需要什么功夫，首先就能让人在视觉上感到满足，嗅觉、味觉也都很享受。日本真是受惠于丰富的食材。法国、意大利可有日本这般多的海鲜？我想亲自确认品尝，因此才有了这趟旅行，可以说这就是我造访欧洲的乐趣之一。欧美不像日本有吃生鱼片的习惯，不用说，是因为没有能够生食品尝的鱼类吧。连美国人都以生食牡蛎感到自豪，这正说明了只要好吃，他们也可以接受生食。甚至可以想象，在不久的将来，外国人到日本都是为了想尝试日本的生鱼片。

不过，我的这种想法究竟是对或完全错误，现今仍无法说得太肯定。也正因此，才更令人期待。……法国料理之所以不如世间莫名评价得如此好，也有其原因。接着就来说明其道理吧。总的来说，若任何事情都能从根本来理解，就可以省下只在细枝末节上求取其道而白费的力气了。首先是"食材"不好。料理的好坏，原本就是指食材的好坏，一直以来就不曾有任何料理方法能将'难吃'的食材做成好吃的。想将'难吃'的东西变得好吃是完全不可能的，这是不变的法则。我这趟所尝试的料理，包括美国、英国、法国、德国、意大利，每个国家都是以肉食为主。不过这些肉食国家很不可思议地，竟没有如同日本一般的优质牛肉。欧美料理当中广泛使用的食材，大部分都是令人不予置评的劣质牛肉，也因此不可能做出美味的牛肉料理。

其次，没有鱼类。虽然也不是完全没有，但和日本相较之下，大概可说是1：100的程度。既没有肉也没有鱼，而且技巧幼稚拙劣，完全不懂料理之美，男服务生也缺乏规矩及做法，结果料理顶多只靠橄榄油撑场面。

此外，法国料理所用的餐具是世界上一般可见的西洋餐具，没有任何特别表现出法国风格的东西。我不清楚从前状况如何，例如400年前的中国，餐具非常优美，法国及意大利是否也是如此？我也没能在巴黎的古董店找到类似的东西。餐具与料理的价值关系非常密切，这点毋庸置疑。但法国、意大利的状况也是如此吗？料理不能劣于餐具，餐具也不能劣于料理，这才是个中道理。现今，法国料理会不合道理，是因为料理界的乱象吧。无论原因如何，我从法国料理当中，可说几乎什么都学习不到。这也说明了其料理文化的低落，而根本就在于料理素材的贫乏。无论何处，最重要的在于'好水'的有无。缺乏好水做不出什么料理，这是众所认同的事实。而巴黎就是没有好水，巴黎人民饮用的，是比啤酒高价的瓶装水。

其次，食肉民族却没有好的肉可吃。法国人常吃羊肉及马肉，虽然这里的猪肉好得能与镰仓匹敌，但鸡肉用的是春鸡，以食用鸡而言并不推荐。此外，以拙劣料理方法煮杀的海鲜，种类和日本相较，大概是1：100或2：100的程度吧，蔬菜亦然。如此完全满足不了身为饕客的我。

虽然说得概略且抽象，不过法国料理大概就是这种程度。法国人连蜗牛都觉得稀有，还不断喝着价值只有日本清酒一半的红酒。对此大为赞赏并以此为傲的一群偏见的家伙，正是日本的熟客。究竟要到何时，他们才能用自己的见地来观察事物，用自己的味觉来品尝呢？呜呼。"

2013年对于日本人而言是值得庆贺的一年，富士山被联合国教科文组织列为"世界文化遗产"，而和食则被列为"非物质文化遗产"。"非物质"当然不是说和食是形而上、看不见的东西，而是指其存在于日常生活之中，随手可得。联合国教科文组织如是解释将和食列为"世界非物质文化遗产"的两项原因：新鲜多样的食材与尊重原汁原味、表现自然之美与四季变换，这正好也是怀石料理的重要特色。怀石料理可以在餐厅中吃得到，而它的精神则延展到了各地具有"日本情绪"的百年之宿、京都的和果子店等，是呈现季节感与地方文化精髓的饮食传统。

食材的选择不是追求名贵和稀有，而是尊重品质和自然。《慢食新世界》的作者卡罗·佩屈尼认为："厨师和美食家必须懂得食材的重要性，要知道食材从哪里来的，他生长的是不是自然环境，他和其他地区的食材有什么区别和特点。"我们的厨师和美食家们已经开始重视食材的选择，如新鲜度、完整度、风味特性等，但还不够，对食材的本性追究得不够深入。我在6年前，参加西班牙的美食峰会，当年大董（董振祥）和我代表中国厨师出席并参加演讲，参会的基本都是世界各国的名厨，演讲分为三天，每人30分钟的演讲或表演。我认真听了其他名厨的演讲，发现近一半的厨师都在分享他们如何到世界各地，甚至是深山老林、悬崖峭壁去寻找自然食材，并如何使用这些新食材创新菜品的经历。这些名厨通过实验，比较出这些新食材生长的环境、气候对风味的影响，并根据食材特色制作新的美食。卡罗·佩屈尼认为："新美食家（他把厨师也列入新美食家的范畴，厨师必须是美食家）同时也应是"餐桌前的农夫"，是食物的'共同生产者'，要能具备农业、环境和生态意识，懂得维护且能保留在地物种的多样性及本来滋味的耕作方式。"

卡罗·佩屈尼铿锵有力地说，新美食家的"使命"，在于"选择"。"对食物的选择权利"，在这个利润至上的世界，是新美食家最强而有力的沟通工具。期望借由人类对食物的反思、觉醒和回溯，解放自己不再受制于速度与量的迷失，重新"缓慢过生活"，甚至重新建立与自然与人和谐共生共容的美好新时代。

佩屈尼认为，在过去，从耕作、加工到消费，以至欢喜享用，"有一条像是脐带的东西连接着，而今，这条脐带已被切断。"而能够重新将这无奈的断裂联系起来并发挥影响力的人，"就是新美食家！"

美食作家叶怡兰在评价这本《慢食新世界》时说："卡罗·佩屈尼在书中所谈到，他虽没有受过正式的美食教育，却从自学到自修，从酒的品尝与味觉分析中触发了对食物的知觉感官的苏醒，之后，一步步迈向对农业、社会、人类、生态、环境的全方位关怀。而我自己，也是从纯粹食里茶里酒里的纯粹愉悦为起始，继而开始好奇追索，这嗅觉味觉触觉上每一微妙差异的所由何来，遂层层抽丝剥茧，一路往上溯源，直至食物的源头。食材产地之风土、历史、种植与制作工法，以至和当地饮食面貌间的彼此关系。他对人类长期在历史上，将'食物'与'美食'区隔开来，十分不以为然。积极倡导，须将人之于环境的义务与食物上的享乐紧密联系。"

　　笔者在阅读卡罗·佩屈尼《慢食新世界》时也深有感触，中国物产丰富，不同的地区有明显的气候和土壤条件，这是多么宝贵的自然资源，可以种植和养殖多种富有地方特色的食材。正如卡罗·佩屈尼所说，食物是一个地区的产物，代表了发生在那块土地上的人、事、物及其历史，也代表不同地区之间的关系。我们可以透过食物轻易地讨论世上任何一个地方，谈论跟食物有关的故事。现实情况让人担忧，这在全世界都面临这样的问题。如玉米为主食的墨西哥人有3000多种玉米，如今却只剩下数百种，但是如今墨西哥人常用的玉米品种却只有十几种，其中竟然还有40%要从美国进口，许多小农敌不过全球化的农业贸易与种子控制，使得食物的原生品种、多样化和土地与社群的关联成了牺牲品。《致命的收获》(The Fatal Harrest)一书结集了工业化农业相关的研究报告，提供了美国生物物种消失的参考数据。80.6%的番茄品种在1903年到1983年间消失，同时期92.8%的莴苣品种消失、86.2%的苹果种类绝种、90.8%的原野玉米、96.1%的甜玉米也绝种。在目前超过五千种的马铃薯品种，美国只栽培四种作为商业使用；豆子的情形也一样，光是两个品种的豆子，就占了美国96%的豆子总产量，而六种玉米就占了71%的玉米总产量。

　　我们为了产量，失去了很多特色的品种，丢弃区域的自然环境和生态特色，其实也丢失了很多美味的食材。现在的大型餐饮行业几乎使用的都是人工种植并快速生长的食材，是失去季节和地方特色的食材。如果为了满足所有人饮食消费量的需要，这还可以理解，因为自然生长的食材速度慢、周期长，不能满足不断增长的供给需求。但目前这种生产量的问题已经逐步得到解决，我们选择或寻找一些自然的优质食材已经是完全可能。卡罗·佩屈尼认为："现在的重点不再是产量，而是了解它的复杂度。从不同的口味种类，到环境、生态、人类与大自然之间的和谐，以及维持人类的尊严，目的都是希望大幅改变人类生活的质量，而不要像现在一样，屈服于一个和地球不兼容的发展模式。"

　　笔者也认为，作为一个有品质的餐厅，生产的产品如果不考虑食材的自然品质，如果我们缺少对食材的尊重之感，实在不能称为好餐厅，制作者也不能称为好厨师。因为我们制作的不是"食物"，而是"美食"。

　　中国台湾美食家、作家韩良露说："食物本是天地人的和谐产物，不管是植物、动物、矿物、海洋生物等，都是天地所赐，人类只是地球食物链中一个环节，身为万物之灵的人类，本应守护这个天地供品的循环，但如今人类不管四时天地节气，乱用杀虫剂、化肥、农业，不仅污染了生物，也污染了食物与大地，造下了千百年难以弥补的恶业，造成自然的浩劫。年轻时我还不能完全懂得老子所云：'人法地，地法天，天法道，道法自然'，如今却铭刻在心，圣人古训早已殷殷告诉我们生命之法为何。"

　　卡罗·佩屈尼认为，新美食学之美，不只是餐桌餐盘中的食物与味觉之美，不只是感官享受满足之美，新美食学既奠基在五感亦超越五感，新美食学是"天地有大美"之美，是既可品鉴食物亦尊敬食物的科学、历史、哲学与伦理之学。从美食学的观点来看，开展自然物种的相关研究，捍卫并增进传统物种多样性，绝对是食物未来的希望所在。

近几年，品牌餐饮对食材的关注度明显上升，很多知名餐厅依托食材的品质和特色，创造了很好的口碑。很多知名的大厨开始主动探寻新食材，这是一个好的现象。但也出现了一些偏离食材本真的追求，盲目讲究名贵高端，菜品创新不考虑营养和味觉的科学组合，而是名贵食材的堆砌。

清代钱泳《履园丛话》在论治庖时，也重申和进一步阐述了苏易简的这个观点。他说："凡治菜，以烹庖得宜为第一要义，不在山珍海错之多，鸡猪鱼鸭之富也。庖人善，则化臭腐为神奇；庖人不善，则变神奇为臭腐……取材原不在多寡，只要烹调得宜，便为美馔。"

二、融合是创新的常用手段

融合的手段很多，可以从风味的角度进行融合，也可以从食材的角度进行融合，还可以从中西技法角度进行融合。

清人李渔《闲情偶寄》里就有风味融合的分析，他说："野味之逊于家味者，以其不能尽肥；家味之逊于野味者，以其不能有香也。家味之肥，肥于不自觅食而安享其成；野味之香，香于草木为家而行止自若。"后来厨师创作的"三套鸭"就是取各家所长，利用味道互补的原理进行融合的代表。

（一）古今融合

从古代的饮食典籍中寻找创新灵感，让古代的一些特色技法和现代的烹饪技法有机融合。还可以将传统名菜与现代呈现相融合，所谓的"传统在内，时尚在外"。

如《随园食单》中有红煨鳗鱼的技法："鳗鱼用酒水煨烂，加甜酱代秋油，入锅收汤煨干，加茴香、大料起锅。有三病宜戒者：一皮有皱纹，皮便不酥；一肉散碗中，箸夹不起；一早下盐豉，入口不化。"意思是烧鳗鱼的关键技法是盐豉投放的时间，一开始先用酒、水煨制，最好不加咸味调料。所以我们结合这个关键点研发了鳗鱼烧制的新技法，先将鳗鱼冷藏5小时，这样可以做到皮不破裂，肉不散碗中。然后用微火慢慢煨制，保证皮不起皱纹。最后阶段投放盐、酱油等咸味调料，保证入口即化。

《调鼎集》中传统的东坡肉技法："肉取方正一块刮净，切长厚约二寸许，下锅小滚后去沫，每一斤下木瓜酒四两，炒糖色入，半烂，加酱油，火候既到，下冰糖数块，将汤汁收干，用山药蒸烂去皮衬底，肉每斤入大茴三颗。"其中的关键技术是使用木瓜酒，近代实验证明木瓜蛋白酶可以分解蛋白质，让肉质变软。我们结合现在猪肉的特点，研发了新的烧肉技法。一是开始的时候不添加酱油和糖，肉煮到半烂时才开始添加酱油和糖。二是改变过去一直加黄酒的做法，添加木瓜酒先腌制2小时，然后保持小火加热，让瘦肉更加容易软烂。三是添加松露，补充现在猪肉的风味不足，因为松露和猪肉是非常合拍的一对组合，风味上能很好地互补。

《闲情偶寄》中有烧鱼的技法："食鱼者首重在鲜，次则及肥，肥而且鲜，鱼之能事毕矣。……鱼之至味在鲜，而鲜之至味又只在初熟离釜之片刻。若先烹以待，……待客至而再经火气，犹冷饭之复炊，残酒之再热，有其形而无其质矣。"其关键技术是烧鱼不能停顿，必须一气呵成，否则，活肉变死肉。所以现在我们烧鱼是等客人到齐了以后开始烹饪，准确把控烧鱼的时间，而不是烧好了等客人。

传统菜新呈现的案例就更多了，如传统名菜文思豆腐，虽然此菜刀工精细，但传统的呈现方式比较单调，现在我们选用黑色的汤盏盛装，让色彩对比更加强烈，更能体现豆腐的刀工，同时配以淮扬的传统点心茶徽，让金黄色平衡一下色彩的反差，也让豆腐的口感层次更加丰富。大董先生的"独钓寒江雪"，就是传统的糖醋排骨，通过构图和色彩的包装，呈现出了"独钓寒江雪"的新意境。大董的另一个菜品创意就是香椿豆腐，这道菜是非常民间的传统美食，因呈现不够美观，一直没有入选宴会的冷菜行列，后来大董先生运用分层的装盘形式，将香椿和豆腐清楚地分为两层，做成圆柱形并适当地增加点缀，让一道传统农家菜走上了宴会的餐桌。厨师还有更大胆的创意，把咕咾肉以冰镇冷菜形式呈现，吃完后外脆内嫩，口味酸甜，别有一番风味。

（二）区域的融合

中国不同区域的菜肴风味差别很明显，单一区域的风味已经很难满足追求味觉多变的消费者。如淮扬菜、粤菜以咸鲜为主，但一桌菜都是咸鲜势必单调，川菜、湘菜辣味的菜品比较集中，偶尔食之让人食欲振奋，但连续3天吃川菜，外地人就难以适应了。所以不同地区的风味融合已经在行业中自觉形成，如川菜的宫保鸡丁，保留宫保汁味型，融合海鲜的原料，制成宫保大虾、宫保扇贝等菜肴。酸汤鱼头是一道淮扬创新的融合菜，保留了淮扬菜传统拆烩鱼头的技法，融合贵州的酸汤味。粤菜的清蒸石斑鱼，保留传统蒸鱼技法，融合藤椒味，做出藤椒石斑鱼等。

（三）中西融合

随着国际交流的快速推进，西餐中的很多食材和技法成为中餐创新新素材。但这样的创新必须把控好尺度，不要丢了中餐的根。融合，但不丢失自我。

　　鱼子酱、鹅肝、松露是西餐的三大特色食材，也成为很多中餐厨师创新的炫耀点，总觉得有这几个东西加入，就不会出什么错，当然合理的运用确实是可以提升菜品的新气象，但不能过度。有一些厨师为了体现中西融合，在做传统中餐时使用西餐的刀具，看上去让人很别扭。西餐的工具是基于西餐的烹饪特点而设计的，中餐刀具不但功能强大而且有自己的使用规律。可以很自豪地说，中餐的刀工技术远远超过西餐，我们何必舍弃自己的传统去使用西餐工具呢？融合应该保持自己的传统特色，在此基础上不断优化、改进、提升。

未来烹饪

传统烹饪和产业化烹饪的未来

这里所说的传统烹饪，是指餐饮行业的传统烹饪模式，产业化烹饪就是食品企业或现在流行的中央厨房烹饪模式。预制菜是近几年流行的烹饪新概念，据专家分析，未来市场空间非常大，有数万亿的市场份额。那么这个产业对传统餐饮会带来什么影响呢？它们之间如何相处？现在已经到了非讨论不可的时候了。

一、预制菜的概念

首先，笔者觉得预制菜和食品加工属于不同的领域，预制菜是烹饪和食品工业的中间体，是把传统菜品加工转变成产业化加工，但仍然最大限度地保留传统菜的风味特色。一般通过冷冻和短时间保藏，在最短的时间提供给消费者。如果传统菜品通过添加各种添加剂、风味剂，常温保藏数个月甚至是几年，其实已经偏离了中央厨房的概念，这不是预制菜的发展方向。其次是正确认识传统烹饪和预制菜的发展未来。随着人们生活节奏和生活习惯的改变，方便、快捷、美味的预制食物必然成为一个新趋势，不以厨师和美食家的意志而改变。传统餐饮则应该向精致、艺术、文化、营养的方向前行。虽然未来餐饮市场将会发生新的变化，但不会相互取代，食品工业技术再发达、再智能，也无法取代传统烹饪，传统中餐烹饪技术永远也不会消失，而且会越来越精美。预制菜在追求产业化的同时，产品的味道也必然成为市场的核心竞争力，对传统技术的吸收和采纳也会越来越多。

二、传统烹饪与产业烹饪的评价

对于产业化烹饪和手工烹饪，不同领域的专家持有不同的看法，科学领域的专家认为烹饪标准化、产业化是未来食品科学发展的趋势。社会学专家认为烹饪产业化不能成为生活的主体，手工烹饪是情感交流、家庭幸福的基础，是不可被取代的。美国迈克尔·波伦就是这个观点的典型代表，一起来看看他的论断，从中能找到手工烹饪与产业化烹饪的未来：

直到有一天我在看电视的时候，我才发现并开始思考这么一个奇怪的悖论：为什么在美国人抛弃了厨房，把饮食问题交付给食品工业的这么一个时代，我们开始花大量时间思考食物并热衷于观看烹饪节目？似乎我们烹饪得越少，就越痴迷于这种对食物以及烹饪的间接体验。

我们的文化对烹饪体现出了一种模棱两可的态度。调查研究显示，人们更多地购买成品食物，花在烹饪上的时间逐年下降。自20世纪60年代中期开始，美国家庭花在烹饪上的时间减少了一半，平均每天只有27分钟（美国人比世界上其他国家的人用在烹饪上的时间少，但是这种减少是全球性的趋势）。然而另一方面，我们越来越热衷于谈论烹饪，观看烹饪节目，阅读烹饪书，走进那些可以全程观看烹饪过程的饭店。我们这个年代，专业厨师可以拥有家喻户晓的知名度，他们中的一些人甚至可以和运动员以及电影明星比肩。这项在很多人看来烦闷无比的工作，被提升到了观赏性运动的高度。当你发现这可怜的27分钟还没有你花在观看《顶级厨师》和《食品频道的下一个明星》上的时间长时，你会进一步意识到，有成千上万的人花在电视机前观看烹饪节目的时间远多于自己动手烹饪的时间。我无须指出，在你眼皮底下完成的这些食物，最后进的甚至不是你的肚子。

这就是烹饪的独特之处。归根结底，我们并没有去观看或者阅读关于缝纫、补袜子、给汽车加油一类的节目或书籍，因为我们巴不得能把这些家务外包给他人，并迅速把它们从我们的头脑中清除得干干净净。但是烹饪给人的感觉不同，这项工作或这个过程，饱含了一种情感上或心理上的力量，我们无法摆脱，也不想摆脱。实际上，正是在观看了很长一段时间的烹饪节目之后，我开始在想，这项我一向视为理所当然的工作，是否值得我用一种更认真的态度去对待。

所以，我们之所以喜欢看烹饪节目，阅读烹饪书，是因为烹饪里头有我们错失的东西。我们可能觉得自己没有足够的时间、精力或知识去亲自下厨，但是我们也同样没有足够的心理准备让它从我们的生活中彻底消失。如果像人类学家说的那样，烹饪是具有界定性的人类活动，根据克洛德·列维–斯特劳斯的说法，人类文化始于烹饪，那么当我们看着这一过程慢慢展开时，内心最深处被激起的那一份情感共鸣自然是不足为怪。

这种现象在中国的家庭生活中也开始慢慢呈现，预制菜、快餐、外卖等餐饮业态快速发展，每年的消费量呈倍数增长，愿意亲自下厨体验烹饪快乐的年轻人正在减少。但对美食节目的热爱却空前高涨，一部《舌尖上的中国》收视率打破美食节目的历史纪录，有的人被美食的魅力深深打动，专程去纪录片中的餐厅打卡，年轻人也开始体验烹饪美食的乐趣。虽然快餐、外卖不会从我们的日常生活中消失，但烹饪给人们带来的生活气息、人情冷暖、家庭和谐都是不可替代的。人们对烹饪的乐趣需要我们不断地去激发和点燃。

烹饪在为我们提供了美食的同时，也提供了创造家庭氛围和交流的场景，即使是家常便饭，当中那些眼神的交流，食物的分享，自我行为的约束，点点滴滴都让我们变得文明开化。正如兰厄姆写道："围坐在火旁，我们变得驯良。"

迈克尔·波伦从烹饪工业化的正反两方面阐述了他的观点。他认为，如果烹饪真如兰厄姆所说对人类个性、生物学和文化如此重要，那么烹饪的退化就会顺理成章地对我们现代生活造成严重影响。事实也确实如此。不过，难道都是负面影响吗？也不尽然。把烹饪工作交给其他团体来完成，确实把女性从传统定义的专职为一大家人打理饮食的角色中解放出来，能够让女性更加容易地投入家庭以外的工作和事业中。这也成功地缓和了性别角色和家庭模式的重大转变必然会引发的矛盾和争议，因为它减轻了家庭的其他压力，包括缩减工作时间和缓解孩子们日程安排方面的压力，留出时间让我们投入其他工作。同时也让我们的饮食尽可能地多样化，即使是那些不会做饭或囊中羞涩的人也能在每晚品尝到不同的菜肴。所有这些，需要的仅仅是一个微波炉。

这些都是不小的福利。然而我们也为此付出了代价，尽管我们才开始认识到这一点。我们用自己的健康和幸福向产业化烹饪交付了重税。产业化烹饪与我们个人的家常做法是大不相同的（这也是为什么我们通常称其为"食品加工"而非烹饪）。相较于我们常人的烹饪手法，他们总是使用过多的糖、油和盐。他们总是使用一些罕见的新奇化学成分来使食物能储存得更长久，并且看上去比实际的要新鲜。因此随着家庭烹饪的减少，毫无疑问接踵而至的便是肥胖者的快速增加，以及因饮食引起的各种慢性疾病的增加。一位食品市场顾问告诉笔者："我们已经做了上百年的包装食品，接下来，我们还要让包装食品统治餐桌一百年。"

笔者认为，我们的生活未必就两种饮食形式，是在家亲手烹饪一顿美食，还是选择外卖快餐，我们大多数人都是在这二者之间游离。很多年轻人因工作繁忙，或根本不会烹饪，愿意选择预制菜品，仅把复热与进食这两个环节留给他们自己完成。其实正是我们预制菜需要关注的问题，我们可以将食材切配好，调料混合好，消费者买回家后自己动手烹饪，既减少清洗切配的烦琐工艺，也可以亲自动手做出有温度的美食，体验到烹饪的乐趣，这种选择难道不是预制菜的方向之一吗。不是说我们每天、每顿饭都自己动手，我们需要做的只是比现在花多一点时间在烹饪上，在有时间的时候自给自足。

迈克尔·波伦还从家庭和情感方面阐述了家庭烹饪的重要性。他认为从经济学的精确演算出发，除专业厨师外，烹饪肯定不是最有效地利用时间的方式，但是从人类情感来看，这却是如此美好。与为自己爱的人准备一桌可口营养的菜肴相比，还有什么行为是更无私的，什么劳动是更贴心的，什么时间是更值得的呢？那就让我们动手吧。

历史学家菲利普·费尔南多-阿梅斯托说的，"火的社会凝聚力"把我们聚集在一起，加快了人类进化的进程。善于用火烹饪的人更易包容别人，善于合作和分享。菲利普·费尔南多-阿梅斯托写道："当火遇到食物，自然而然就成了社交生活不可回避的焦点。"每当看到笔者的客人们忍不住走出来，看看他们那被烤得嘶嘶冒油的晚餐是如何变成深棕色，还有邻居家的孩子们时不时造访笔者的院子来查看是什么东西那么香的时候，笔者都能体会到火带来的巨大社交魔力。

到我们这个时代，已经完全被那些玻璃或塑料盒子里看不见的电流或微波所取代。微波炉绝对是站在基于火的厨房烹饪的对立面的，它代表了一种"反引力"，它无火无烟无味，那冷漠的温度也让我们感到一丝隐忧。如果说烹饪之火代表的是社会性、团体性，那么微波炉就是反社会性的。谁会聚在一个微波炉旁边？机械发出的嗡嗡声能激发人们什么想象？透过那块双层防辐射玻璃能看到什么？只能看到里面缓缓地转着专门为一个形单影只的人单独准备的"一人份速食"。从某种程度来说，还要感谢微波炉的出现，用火烹饪开始复兴，它又把人们拉回户外烧火烹饪的轨道，让人们重新聚到一起。

凯瑟琳·佩莱斯（Catherine Perlès），一位法国考古学家，称"烹饪行为从一开始就是一项伟大的事业，它结束了人类个人自给自足的历史"。对于初学者来说，光是要保持火不熄灭，就需要大家的合作。用火烹饪本身就能把大家聚集起来，紧挨着一起坐下来，共同用餐的过程营造出前所未有的社交和政治气氛，这就需要大家表现出从未有过的自控能力，在烹饪的过程中要有耐心，在分享食物的时候需要大家合作。

还有一些专家从安全、健康的角度，批判了烹饪工业化带来的后果，观点有点偏激，只供大家了解。如卡罗·佩屈尼在《慢食新世界》中写："工业化一开始，对那些在工厂工作，没有时间煮饭的人而言，他们的营养需求变了。工业化带动食品工业的发展，人们大量依赖化学品生产各种即食食物。新需求和食品技术的新发现，结合起来让食品工业不断地扩展，但后来化学品的使用越来越随意，导致食品丑闻发生，甚至新疾病也不断产生。饮食营养价值缺乏，口味也变得千篇一律。

至于现代的食品相信大家都很清楚，我想不必再多做介绍了。现代的新发明更是撼动了所有种类的食物，甚至进步到可以复制出传统菜肴，包含世界各地饮食文化的特色。在超市里，你可以买到冷冻墨西哥酱比萨，或是只要放到平底锅加热，就可以吃的墨西哥特色菜、西班牙什锦饭、来自世界各地的汤包。还有其他的发明像是巧克力点心、洋芋片、加工过的奶酪切片等。这些发明是食品工业的缩影，包装上彩色抢眼的商标，比起包装里面的东西更是重要，产品本身不论在视觉、嗅觉或味觉，都和食物本身天然的样子几乎没有任何相似之处。

　　尽管最初这些发明只是为了因应那些在工厂工作家庭的社会需求，但事实上，最后结果却完全颠覆了食物处理的规则。更多新的处理方法被创造出来，例如脱水、冷冻干燥、急速冷冻等，但这些都是非常不自然的方式。而为了平衡这些不自然的食物处理方式，也相对地必须发明其他额外的方式，以便让食物原料到最后还能有一些跟它们原始样子相似的地方，能让我们回想其原始味道。事实上，大自然里没有一种东西像快餐店供应的鸡块，我更无法把它们跟鸡块来源的禽鸟类联想在一起，它们的外观形状完全是人造的，尝起来更不像是鸡肉。这些肉的来源是大量生产的农业工厂，加工方式是一连串的生产线，从绞肉、消毒、加入勾芡、乳化剂、稳定剂，最后再冷冻起来。这一生产线也是化学品加入的地方，人们可以从无到有的重建食物，创造出味道、香气，甚至鸡肉的假纹理。这些人工及所谓天然甘味工业，在成分上面的添加物非常多。艾瑞克·西洛瑟（Eric Schlosser）在他的《速食共和国》（*Fast Food Maiion*）一书中，曾有一段描述：走进香料工厂，马上可以闻到走道上弥漫各式气味，实验室的桌上和架上放着数以百计的小玻璃瓶，小小的白色标签上面写着一长串的化学名称，对我来说就像是拉丁文，全都是念起来很奇怪的声音，他们把不同的化学物质混合在一起，然后转变成新物质，就像是魔药一样。国际香精香料公司里还有零食与薄荷实验室，这个实验室负责处理洋芋片、玉米片、面包、饼干、早餐麦片及宠物食物的味道；另外还有一个点心实验室，负责冰激凌、饼干、糖果、牙膏、漱口水等的味道。这间公司除是世界上最大的香料公司外，美国销售前十大香水之中，六种是他们发明的，包括雅诗兰黛的美丽香水、倩碧的快乐香水、兰蔻的璀璨香水、卡文克莱的永恒香水等，所有这些香味都通过相同的程序，人为操控多变的化学性质，制造出特殊的味道。

　　人类能成功地从产品中分离出味道，也能够随意地把这些味道组合起来。在食物生产的工业化模式下，生产食品的过程对原料及其原始特性，丝毫不尊重。由于人们可以随意在实验室里重制和食品相同的外观及口味，因此食物的成分标示变得更让人难以理解。看看这些制造冰激凌的成分就是一个例子，上面写着乙酸庚酯、乙酸檀香酯、苯基丙醇、正戊酸苯乙酯、二甲基苯乙基原醇、苯甲酸盐、香叶草基异丁酯、甲基异丁基、丙酸丁酯、丙酸庚酯等。

　　这些化学复合物常常隐藏在天然或人工香料名称的后面。称他们为天然，并不是说它们真的是天然的东西，只是代表他们是从天然物品中取得。至于取得之后，它们如何被萃取、使用，对人体健康是否有害等问题，似乎并不重要。就法律的观点而言，它们仍然是天然的。但就像西洛瑟所说，即使人造的核桃味（安息香醛）是从桃子这个天然来源上取得，但它处理后仍含有微量的氢酸，而这是一种致命的毒药，食用过量会致命的。现在慢慢开始针对人工甘味料及化学产品的研究，才让我们渐渐了解这块模糊的领域。吞下这些人工产品，若是当中含有毒素，纵使非常微量，但一生中慢慢累积下来，也足以让我们暴露于另一种未经研究的污染风险。有一种说法认为它们增加了过敏原或是毒性（虽然这毒性并不致命）。也有研究认为人们在不知不觉下，大量使用这些产品好几年，风险真是很高，许多物质是到后来才被证明致癌（例如苏丹一号，它是一种使用于食品中的化学色素）。当然，这些化合物也慢慢地钝化我们的味觉，让我们味觉迟钝，提高感官反应的门槛，让我们以为天然产品是没有风味的。事实上，这些人工食品把所有的味道同一化，因此剥夺了我们体会大自然各种丰富、多样的味道，满足我们味蕾的权利。就文化方面来说，食品添加物把食物的味道变成一种营销工具，甚至现在还出现了所谓'食品设计'，也就是根据市场调查的结果，建构出产品的口味或甚至食物本身的外形。它运用工业化方式以符合需求，挑选最便宜、合适的生产原料，从人们想要的味道开始，反过来设计，其他的考虑则变成次要。

化学及物理学是现代美食学的一部分，因为他们能协助重现原味。不可否认的，'味道'跟'原料'这两个饮食元素之间关系密切。物理及化学虽然制造出许多让人无法理解的成分，但解铃还须系铃人，它们也能以永续的原则，帮助我们整合工业化的食物生产，防止生产对健康有害的物质，帮助我们揭开滥用食品设计者的面纱，清楚解释从鸡变成鸡块中间的过程，告诉我们食物中到底含有什么，让我们避免继续被蒙骗。

这两门科学让人类具有自由分解或重组食物的能力，同样地它们也能让我们回归自然、回归原始口味、研究传统保存加工食物的技巧，找回食物应有的尊严。我们甚至可以利用这两门科学进行研究改善，激发出食物所有的潜力。这样我们就不需要为了大量生产而扭曲传统方法，不需要从传统生产中窃取方法，再偷偷地注册专利，冒险以人工方法复制。

如果化学能为美食学所利用，就像食品加工业曾经神不知鬼不觉地利用化学一样，当食物的准备过程与其自然特质牢不可破地结合一起时，化学将为我们带来健康、知识及口味的享受。"

专家的论述虽然言辞尖锐，但确实反映了生活的一些现实，食品工业非常发达的美国经历了一百年才领悟到回归自然烹饪的必要性，因为美国传统烹饪的基础并不厚实。对烹饪技术和文化底蕴很深的中餐，可能对产业化烹饪的依赖没有那么强烈，而且我们已经开始关注传统烹饪、产业化烹饪的发展矛盾，应该不用等一百年才能醒悟。

费郎·亚德里亚在谈到发酵食物时发出感慨，他说："在现代产业化食品保存与加工方法的碾压下，我们餐桌上的生物活性食物几乎消失殆尽，只有酸奶等为数不多的食品中，还含有活性细菌或真菌。"蔬菜往往是罐装或冷冻保存，而不是泡制。肉类腌制时使用的是化学制剂，而不是微生物和盐。我们仍然利用酵母发酵面包，但是酵母大多是人工培养而成的。连德国泡菜与韩国泡菜也要经过巴氏消毒法并真空包装，因此，在超市上架之前，食品中的细菌早就呜呼哀哉了。近些年来，大多数泡菜只不过是利用消毒过的醋酸处理后的产物，并不含有乳酸杆菌，因此，称之为泡菜其实名不副实。打开任何一本介绍食品腌制的现代食谱，几乎都找不到乳酸菌发酵的介绍。以前的泡制工艺，现在已经变成用醋腌渍这个简化程序了。尽管醋本身也是发酵的产物，但在大多数情况下，醋都经过了巴氏消毒，成品中不含有微生物，而且，醋的酸性太强，也不适合大多数活性菌。现代食品工业无法容忍细菌，除酸奶以外，所有产品中的细菌都会面临层层绞杀的风险。在杀灭细菌的这场战争中，超市已经变身为又一个无菌战场，在它们眼中，天然发酵难登大雅之堂。当然，对食品安全万万不可掉以轻心，也正是出于这个原因，食品工业很自然地变成了巴斯德的拥趸，而不是不厌其烦地告诉你食品中哪些微生物对人体有益、哪些对人体有害。于是，在人类饮食中占有相当比例的生物活性食品，现在已经彻底没落，只有为数不多的手工腌制师傅，以及那些响应桑多尔卡茨的倡导、报名参加"泡菜文化复兴"活动的人，才会自己动手尝试。

卡罗·佩屈尼的《慢食新世界》认为，坚定的慢食主义者迫切希望挽救这些濒临灭绝的饮食传统，希望品尝这些食品。发酵食品的没落，对这些慢食主义者来说意味着悲剧，而在大多数人眼中，这事却无关痛痒。不过，医学研究人员发现：要保持健康，饮食中微生物的含量必须有所增加，而不是减少。所谓的"西餐"，除含有精制碳水化合物、脂肪和新奇的化学制剂以外，还有一个缺陷是缺少生物活性食物。这些研究人员认为，发酵食物有益于我们体内存活的大量微生物，而这些微生物在保持我们身心健康方面所起的作用，又远远超出我们的想象。灭绝食物中的细菌，有可能会损害我们的健康。这个结论令人震惊，也引起了人们的关注。

既然我们无法阻挡预制菜发展的势头，但也要给预制菜的未来提一点建议，预制菜既要给消费者带来方便，也应该保障基本的美味需求，还应该给亲自动手烹饪的人留一点空间。预制菜应尽量避免过度使用影响健康的添加剂，在食材源头、加工流程、保鲜配送等产业链方面建立自己的标准，以一种新的面貌出现在未来餐饮市场，而不能变成完全的食品工业产物。

费郎·亚德里亚说得好，烹饪的终极表达是——爱！厨师可能希望以另一种方式表达自己，这种方式不涉及对特别哲学的交流或者传达特定的信息，而是关于传达人类所知的最强烈的一种感受：爱。

当烹饪者的动机是使用自己提供的食物和饮料取悦自己的客人或顾客，以此照顾或宠爱他们时，就会发生这种情况。这种意图通常是由于烹饪者对接受烹饪服务的某个或多个人的特殊情感而产生的。在这些情况下，朋友或家人通常会一起坐在餐桌旁，而烹饪的结果是由爱心引起的慷慨盛情的表达媒介。通常而言，表达爱意并表现出这种喜爱程度的烹饪方式的实践者是业余厨师，他们在私人家庭领域制作，制作出来的食物和饮料也在该领域提供。

在这里，至关重要的不是制成品的奢侈程度或者所用产品的品质，尽管它们可能存在。此类烹饪的价值始终在于以下事实：无论主要目的是营养（预制菜）还是享乐（手工烹饪），该过程都是在厨师的额外努力下进行的，这种努力根植于一种非常强烈的感受，将厨师与品尝其烹饪劳动成果的人结合起来。这并不意味着职业厨师无法怀着爱意做自己的工作，无法将喜爱之情体现在他们的制成品中。如果职业厨师带着爱意烹饪，他们的爱可能指向作为整体的自己的职业，表现在对自己开展的工作业务的尊重，并出于对自己希望取悦的顾客欣赏。

爱是可以通过烹饪表达和引导的众多情感之一。爱证明了烹饪者对分享其烹饪结果的人的感情。它代表了烹饪的终极表达，通过烹饪，食物和饮料将爱的表达者和接受者连接起来。

第二节

烹饪的可持续发展

一、烹饪可持续发展的概念

　　烹饪的可持续发展，这是第一次在笔者的烹饪论述中提出来，因为在欧美等国的烹饪院校中都有一门"烹饪的可持续发展"课程，笔者在欧洲的几个烹饪院校参观的时候听说他们都开了这门课程，几年前笔者去美国烹饪学院CIA交流，校长也介绍了这门课程，可见"烹饪的可持续发展"课程在欧美还是比较重视的一门课程。

　　2016年12月21日，联合国大会决定将每年的6月18日定为"可持续美食烹调日"。这一决议承认美食烹调是世界自然和文化多样性的相关文化表现形式，重申所有文化和文明都能推动可持续发展，都是可持续发展的重要推动力。可持续性是指以不浪费自然资源、能够在未来得以延续且对环境或健康无害的方式完成某件事情。

二、烹饪可持续发展的基本方向

　　可持续美食烹调通过促进以下几个方面来实现可持续发展目标：自然的食物选择、营养健康、生物多样性、可持续粮食生产、减少浪费、餐厨垃圾处理等。可持续美食烹调指的是考虑到食材来源地、粮食种植方式，以及粮食如何进入市场并最终被端上餐桌的菜肴烹饪方式。

（一）关注食材、减少污染

　　《未来食品：现代科学如何改变我们的饮食方式》一书提出：在努力满足当前全球人口营养需求的同时，我们千万不要破坏周围的环境，应满足后代对食物、水和能源的需求。农业、渔业和食品制造业都是对环境有重大影响的重要行业。作为关于食物生产对环境影响的最全面的调查之一，牛津大学的约瑟夫·普尔（Joseph Poore）教授和其苏黎世农业研究站的同事托马斯·内梅切克（Thomas Nemecek）的研究成果最近在著名的《科学》（Science）杂志上发表了。这是一项令人印象深刻的研究，研究人员回顾了1500多项早期研究成果，最终采用了来自近3.8万家农场和1600家食品企业的数据，其中包括占全球热量消耗约90%的食品。研究人员发现，现代食物供应造成了超过四分之一的人为温室气体排放量，是造成陆地和水污染的主要原因之一，同时占用了大量的土地和淡水资源，并且这些做法正在迅速降低生物多样性和生态恢复力。研究人员评估了整个食品供应链对环境造成的影响，包括农场、加工厂、零售商和消费者。报告称，世界上有数亿个农场在不同的气候和土壤条件下生产人类食品。一个特别有趣的发现是，即使在相当类似的条件下，不同农场生产类似食品的效率也有高达50倍的差异。因此，效率较低的农场可以效仿效率更高的农场从而得到实质性的改善。研究人员建议，如果农场能够更密切地监测其食品生产活动并收集更加详细的数据，则有可能在所有农场内做出实质性改进。然而，在目前的经济体系中不太可能发生这种事情，因为农民和生产企业更希望在竞争中保持优势。政府可能需要改变政策，该研究的另一项重要建议是，鼓励农民从种植单一作物转变为种植更多种类的作物，以减少农业用地和温室气体排放。从环境可持续发展的角度来看，由动物性饮食转向植物性饮食的效果尤其显著。肉类、鱼类、蛋类和乳类等动物性产品需要占用总耕地面积的83%，却仅产生18%的热量和37%的蛋白质。在环境污染、土地利用和资源浪费方面，动物性产品的生产对环境有更大的负面影响。研究人员估计，如果地球上的每个人都转向单一的植物性饮食，那么将会带来巨大的好处，包括粮食生产用地可节约76%，温室气体排放量可减少49%，酸化造成的土壤污染可减少50%，富营养化造成的水污染可减少49%。

食材的种植和养殖是一个矛盾的问题，解决这个问题需要一定的时间。首先为了满足人们基本的物质消费需求，种植和养殖业是必须的保障手段，否则食物将会短缺，造成更大的危机。但大量的种植和养殖对环境造成了污染，对食材的品质和风味也带来了一定的影响。对餐饮行业来说，尽量选择自然的食材，提供消费者更好的美味体验，同时尽量选择本土食材，减少食材运输带来的污染。选择本地食材有几点好处，一是可以吃到最新鲜的食物，因为本地食材可以在最短的时间送到我们的厨房。二是本地食材是最符合地方气候、环境的，是应时应季成熟的食物，如果在很远的地方运过来，一般都是尚未成熟时就收获了，后熟的时间是在运输途中完成的。三是减少了大规模的物流程序，减少了能源消耗和环境污染。四是本地食材可以减少安全卫生的隐患，因为长时间的运输，食物容易变质或受到污染，特别是一些不法商贩，大量使用化学添加剂进行保色、保鲜处理，既影响口味，更危害健康。

据有关统计，现在有43%的美国顾客希望看到食材的溯源，19%的顾客则想了解是否从食物中摄取了过多激素。本地供应的食材意味着新鲜与绿色，同时也能支援当地经济。

（二）物尽其用、减少浪费

浪费现象是世界普遍存在的问题，据统计，每年有三分之一的食物被浪费。欧美国家的浪费甚至达到40%。而世界并不是粮食过剩，贫困地区有很多人还没有解决温饱问题，平均每6个人中就有1个人吃不饱，这也是世界各国关注食物浪费的原因。大卫·朱利安·麦克伦茨提到：现在我们生产的很多食物在生产和配送过程中就损坏了，并没有销售出去，也没有被吃掉，而是被浪费了。令人难以置信的是，供人类消费而生产的所有食品中约有1/3（相当于每年有约13亿吨）是被浪费了的。比撒哈拉沙漠以南的非洲大陆食物总产量还高出5倍多。在未来，如何降低这种规模的浪费至关重要，我们需要将产生的所有废物转化为食物或者有价值的非食物材料，如可生物降解的包装。通过提高配送链的效率，教育消费者购买、储存和食用食物时更加用心一些来解决这个问题。如人工智能、基因工程和纳米技术等先进技术也可能在减少食物浪费方面发挥重要作用。

英国最近的一项研究对食物浪费问题的类型和规模进行了重点关注，公开了这方面的一些最详细的记录。研究发现新鲜水果和蔬菜浪费比例最大，约1/3会被浪费。这些食物含有较高含量的维生素、矿物质、膳食纤维和蛋白质，腐败后对人体健康没有好处。此外，大量的食物浪费会导致温室气体排放以及土地使用和水资源浪费。这凸显了新鲜食品取代加工食品带来的不良后果之一——必须权衡健康状况的改善与可持续性地降低潜在风险之间的利弊。减少食物浪费需要行为上的转变，如更好地列举我们的购物清单、关注冰箱里有什么食物、每餐不要准备太多等。技术进步也将在减少食物浪费方面发挥重要作用，如新的抗生素、更好的加工工艺或更智能的包装等。许多食品科学家积极参与开发天然抗菌剂和防腐剂以及新型包装材料以延长食品保质期。

食物浪费除运输、包装、生产的过程发生以外，餐桌上的浪费也非常让人担忧。食物浪费的根源看上去是消费者造成的，那厨师就没有责任吗？就没有可以改进的地方吗？我认为有，而且很多。一是厨师应该对食物的特性充分了解，善于发挥不同部位的烹饪特点，让食材能够物尽其用，减少修剪产生的浪费。有些餐厅为了突出菜品的精美，只选择鱼或肉的某个部位，这完全没有问题，问题是剩下的部位如何处理，如果能将剩下的部位也做出美味的菜品，那才是高级厨师。一个餐厅的零点菜单设计是最能看出厨师长综合利用能力。二是提升烹饪水平，提高菜品质量的稳定性，食物浪费的原因之一就是食物不够美味。烹饪水平造成的风味不佳或烹饪失败的菜品，消费者选择退菜或客气地保留但不食用，结果都是浪费。三是从营养角度积极引导消费者把控食物的量，按需点菜，餐饮企业也要根据客人的人数灵活掌握配餐的数量，而不是追求利润最大化。四是加强宣传，从学校、单位、餐饮企业等多种渠道开展节约宣传，还要把请客吃饭菜品越多越有面子的传统理念改变过来，仅仅靠一两个公益广告是远远不够的。

（三）改进烹饪方法、减少油烟

传统烹饪加热的方法已经开始逐步改进，从燃料可以看出明显的改进过程，从燃烧木材到煤炭，再到燃气，未来会逐步向电能过渡。国际烹饪提倡将电作为烹饪的能源，其目的就是减少污染，节约能源。但中餐传统的烹饪技艺对明火的依赖还很强，特别是中国特有的烹饪方法——炒，对温度要求比较高，要适应电源烹饪还要慢慢适应，但这是一个明确的趋势。另外高温烧烤、油炸的方法也在慢慢减少，低温慢煮的方法开始被大家接受。油烟排放形式也在逐渐改善，通过水循环系统，减少了油烟对空气的污染。

（四）安全卫生、美味健康

食品安全问题，一直困扰着食品和餐饮行业，据调查，在食品安全管理体系比较健全的美国，每年4800万人次发生食物中毒事件。世界平均一个人每年要吃1000多餐，从数据上看食品安全的潜在风险还是很大的。从食物对人体健康的角度看，不良饮食导致的死亡和残疾比吸烟、酗酒与缺乏体育锻炼加起来还要多，而且可能占总疾病的40%以上。大卫·朱利安·麦克伦茨认为，在过去的几十年里，饮食习惯的改变导致了许多慢性疾病急剧增加。在美国，肥胖率从我出生那年（1963年）的15%左右增加到2017年的40%以上。美国疾病预防和控制中心估计，治疗一个肥胖患者需要额外花费1400美元。越来越多的肥胖人群将给社会医疗保健系统带来巨大的经济负担。此外，由于疾病而损失的工作时间冲突也将对经济产生重大影响。再加上糖尿病、心脏病、脑卒中、癌症和抑郁症带来的额外花费，其社会负担和经济负担是惊人的。因此，人类面临的一个重大社会问题是，为什么肥胖人数会急剧增加？是因为随着可支配收入增加，食品更实惠了吗？是因为饮食中脂肪、糖或盐含量增加了吗？是因为食物变得更容易消化了吗？还是因为其他因素？食品行业是高度多样化的，有中小型企业和大型企业，销售的产品包括相对健康的（水果和蔬菜）和相对不健康的（糖果、零食和软饮料）。食品企业的最终目标是盈利，否则将无法在竞争激烈的市场中生存。要做到这一点，他们必须生产出消费者想要购买的产品，包括让它们更美味、实惠和方便。人类天生就喜欢脂肪、糖和盐，所以很多食品企业生产的产品都会含有这些"坏"成分。而且这些成分通常存在于高度加工的食物中，在人体内迅速消化，导致体内的血糖或脂肪水平飙升。许多营养学家认为，过度食用这类食物是导致许多发达国家中与饮食相关慢性病患病率增加量惊人的主要原因之一。

2019年，在德国纽伦堡举行的世界最大的有机食品博览会BioFach上，瑞士有机农业研究所（FiBL）发表了一份关于欧洲有机农业的报告，报告中显示2017年丹麦有机食品占食品消费市场的13.3%，为世界最高份额，也是第一个超过10%的国家。

有文章认为，美国餐饮业是随着国家的发展而不断演进的。现代尤其是第二次世界大战结束以来，由于人口增长、城市化推进、交通发展等多种因素，快餐成了美国餐饮业的代名词，融入了美国民众的日常生活。然而随着收入提高，人们对标准化、工业化的廉价快餐失去了兴趣，转而追求均衡营养、绿色健康的饮食方式，推崇个性化的定制餐饮。美国餐饮文化逐渐回归自然本原、去除人工痕迹的趋势，正体现了可持续发展的理念。美国的餐饮行业拥有全世界最为庞大的体量，作为雇员人数超1400万人的基础性行业，它的改变将对烹饪可持续发展有很强的推动作用。

在餐饮人需要面对的各类问题中，食品安全永远是需要放在优先位置的头等大事。美国的食品安全监管体系十分完善，但严格的制度保障依旧抵挡不住一大难题——食物过敏。在美国，每2人就有1人食品过敏，其中300万人过敏严重，7.5%的美国人患有可能导致死亡的过敏问题。可以说，除了突发性、偶然性的食品安全事件，过敏问题是所有美国餐饮人都避不开的"老大难"。

未来的食物要处理好安全和美味的关系，否则很难实现烹饪的可持续发展。节约、营养、环保、安全等是可持续发展的基本要素，但对烹饪的可持续发展而言，美味就不得不摆在重要位置。

（五）科学处理餐厨垃圾

报告显示，全国城市每年产生餐厨垃圾达6000万吨。常规餐厨垃圾一般通过生物发酵、堆肥、填埋、焚烧等方式处理。而其中约占10%的餐厨废油因为生物价值更高，已经成为当前餐厨垃圾再利用的重点。

2017年9月，伦敦白教堂的下水道被发现堵塞，罪魁祸首就是一块250米长的巨大脂肪垃圾混合物，对其的清理工作前后共花费了9周时间。据报道，泰晤士水务公司每年都会花费1800万英镑做着同样的清理工作。这笔钱就像被倒掉的废油，哗哗流进了下水道。所以，对餐厨废油进行科学的无害化处理，不仅有利于从源头上控制食用油掺假等食品安全隐患，也是减少环境危害，践行可持续发展的重要一环。

当前，世界各国对于餐厨废油一般都采用生物燃料转化工艺——通过各种化学反应将其转化为生物柴油，代替会产生更多二氧化碳的传统柴油，广泛用于能源供给。据悉，2019年全球生物柴油产能约为4500万吨，产量约为3500万吨。欧洲、美洲和亚太是世界最主要的生物柴油生产和消费地区，其中欧洲、美洲生物柴油总产量约占世界总产量的68%。而在我国，研究数据显示，国内实验室中对于以煎炸废油为原料制备生物柴油的转化率已超过85%；相关的炼化企业也通过持续的技术改造使得生产柴汽比不断提高。

在《著名厨师将可持续发展置于烹饪辩论中心》一文中写道，餐厨垃圾可以变成实用的纪念品，如将他们变成眼镜和餐具，然后客户可以带走，以提醒他们在米其林三星餐厅的体验。加泰罗尼亚大厨说："虽然这似乎是一种轻微行为，但它有助于提高对环境的保护。世界很多知名厨师，都参与了烹饪可持续发展活动和倡议中。他们认为厨师的积极参与是十分关键的。餐馆可以改变他们的做法，促进农业和可再生能源项目成为零碳的典范。良好的农业实践可以解决全球变暖问题，这都需要厨师们对所购产品的可持续做出承诺。"

联合国粮食及农业组织的《烹饪的艺术及提高烹饪可持续性的方法》中写道，粮农组织亲善大使罗德里戈·帕切科厨师对可持续美食烹调和避免食物浪费同样充满热情。他在厄瓜多尔波多卡约自己经营一家餐厅，并努力确保其可持续性。"我们的烹饪过程没有残余浪费。残渣堆肥，食物选择新鲜产品，我们按需收割、捕捞、寻找食材。"

罗德里戈解释说："厨师和食品生产商在重构人与环境的关系方面发挥着关键作用。我们有责任推广那些最能反映并促进人与植物之间更明智、更可持续关系的产品。"

烹饪的可持续发展首先要确立人类与环境共存的理念，关注自然与食物的关系，要从源头开始直到我们的餐桌。卡罗·佩屈尼是一位烹饪可持续发展的坚定支持者，他在自己的著作中呼吁和传递可持续发展的理念，他说：由于失去与美食之间的关联，农业只能维持和食物生产工业之间的关系，也因此才会发生一些荒谬的事情，例如现在的孩子爱吃鸡块，但却可能不知道鸡长什么样子！第二次世界大战之前，人类对地球及食物的尊敬，和这两者彼此之间的关联，完全被我们现在的做法切断了！现在只有住在乡村的人，还有搬到城市中还没超过两个世代的人，才可能知道他们桌上的食物是怎么变来的。

美食家应该了解农业，因为他必须知道关于食物的知识、维护保育生物的多样性，及相关味道的农业方式。当然，在我们这样持续消耗地球资源的情况下，他们也要具备环境意识，了解生态。我必须再强调一次，一个没有环境意识的美食家，是一个傻瓜，他会被欺骗，会让地球的美食菁华消失。相同的逻辑，我们也可以说，一个生态学家若不是美食家的话，其实是个悲剧，因为他不能享受大自然及吃东西的乐趣，反而会因为吃得不正确，间接对地球生态造成严重的伤害。

其实在现实生活中，很多大城市的年轻人，不知道麦子和水稻的区别，不知道食物自然生长季节，小学生很多都不知道西瓜、冬瓜应该是哪个季节的食物，有的连韭菜和青蒜都搞不清楚，花生、马铃薯、莲藕、芋头等常见的食物生长在哪里都不知道。所以不管是美食家还是普通消费者，都应该多了解自己所吃的东西，包括食物的来源、所经历的加工过程，还有中间所牵涉到的人。让年轻人走到田间地头，了解食物种植和收获、加工的过程，不仅是对生活知识的丰富，更能够让他们对劳动成果产生敬畏之心。

温岱尔·贝瑞（Wendell Berry）是一位肯塔基州的农人、诗人，及作家，他曾说过："吃是一种农业行为。"但对大多数的人来说，事实却并非如此。在我们不断自我伤害，让口味变少、饮食样式更加贫瘠，不断付出代价的同时，我们也成为地球上进行非永续性农业生产方式的帮凶！

要做到餐饮可持续发展，还要有危机意识，工业化的农业以及种植业、养殖业，确实为解决温饱问题作出了巨大贡献，但我们也要清楚地认识到，这些产业给环境污染、土地破坏、能源减少、生物物种多样性等方面带来的损失。2000年联合国曾经做过一个生态环境的研究报告，在过去的25年，每三片红树林就有一个消失，每五座珊瑚礁中就有一个消失，25%的哺乳动物、12%的鸟类、32%的两栖动物都濒临绝种。联合国粮农组织也发出警告：地球上大量物种处于灭绝的边缘。作为烹饪专业人员或美食家，都应该了解现实的生态环境，从节约选择食物都要具有危机感。

丹麦的餐馆正在努力使丹麦的食物环境更具可持续性。2020年，米其林授予14家丹麦餐厅新的可持续发展标志，这是对处于可持续烹饪前沿或正在采取更环保措施的餐厅的奖励。这只是将食品和农业的可持续性作为关键原则的餐饮场景中的一个亮点。例如，由米其林星级餐厅Relæ经营的创意农场旨在创造一个围绕世界粮食系统进行有意义的对话的空间，它既为哥本哈根的一系列餐厅提供农产品，又为厨师和农民提供了话题空间。位于哥本哈根市中心的屋顶农场和餐厅也同样有着类似的积极意义。

每年，丹麦科技帮助超过25个国家减少10000吨粮食浪费。2019年，丹麦超市销售了超过250吨剩余粮食——而这些粮食原本会被废弃。丹麦的餐厅不断发展，专注于本地、季节性和可持续生长的食物，不断突破食物探索与体验边界。从街头小摊到世界顶级餐厅，都追求食用最新鲜的北欧农产品。作为联合国可持续发展目标积极的实践者，丹麦一直秉持着"更好的食物，给更多的人"的理念。

最后，还是引用丹麦玛丽王妃殿下一段精彩的表述：我总是会将一个特定的词与食物联系在一起，这个词就是"尊重"。

参考文献

［1］西班牙斗牛犬基金会，西班牙普里瓦达基金会. 烹饪是什么：用现代科学揭示烹饪的真相[M]. 王晨，译. 武汉：华中科技大学出版社，2021.

［2］卡罗·佩屈尼. 慢食新世界[M]. 林欣怡，陈裕凤，译. 台北：商周文化事业股份有限公司，2009.

［3］新村出. 广辞苑[M]. 6版. 上海：上海外语教育出版社，2011.

［4］迈克尔·波伦. 烹：烹饪如何连接自然与文明[M]. 胡小锐，彭月明，方慧佳，译. 北京：中信出版社，2017.

［5］吕不韦. 吕氏春秋：本味篇[M]. 北京：中国商业出版社，2022.

［6］段成式. 酉阳杂俎[M]. 张仲裁，译注. 北京：中华书局，2017.

［7］让·安泰尔姆·布里亚-萨瓦兰. 厨房里的哲学家[M]. 周小兰，罗颖娴，译. 广州：广东旅游出版社，2016.

［8］大卫·朱利安·麦克伦茨. 未来食品：现代科学如何改变我们的饮食方式[M]. 董志忠，陈历水，主译. 北京：中国轻工业出版社，2020.

［9］碧·威尔森. 食物如何改变人：从第一口喂养，到商业化浪潮下的全球味觉革命[M]. 卢佳宜，译. 台北：大写出版社，2017.

［10］埃尔韦·蒂斯. 厨室探险：揭示烹饪的科学秘密[M]. 田军，译. 北京：商务印书馆，2013.

［11］王仁湘. 饮食与中国文化[M]. 北京：人民出版社，1993.

［12］北大路鲁山人. 料理王国[M]. 王文黄，译. 北京：生活·读书·新知三联书店，2015.

［13］张起钧. 烹调原理[M]. 北京：中国商业出版社，1999.

［14］刘义庆. 世说新语译注[M]. 张㧑之，译注. 上海：上海古籍出版社，2016.

［15］吕不韦. 吕氏春秋[M]. 〔汉〕高诱，注，〔清〕毕沅，校，徐小蛮，标点. 上海：上海古籍出版社，2014.

［16］佚名. 诗经[M]. 王秀梅，译注. 北京：中华书局，2015.

［17］曹雪芹. 红楼梦[M]. 无名氏，续. 北京：人民文学出版社，2008.

［18］周公旦. 周礼[M]. 杨天宇，译注. 上海：上海古籍出版社，2016.

［19］王子辉. 周易与饮食文化[M]. 西安：陕西人民出版社，2003.

［20］孟元老. 东京梦华录[M]. 杨春俏，译注. 北京：中华书局，2020.

［21］孙希旦. 礼记集解[M]. 沈啸寰，王星贤，点校. 北京：中华书局，1989.

［22］左丘明. 左传[M]. 郭丹，程小青，李彬源，译注. 北京：中华书局，2016.

［23］蓝翔. 筷子古今谈[M]. 北京：中国商业出版社，1993.

［24］韩非子. 韩非子[M]. 高华平，等译注. 北京：中华书局，2015.

［25］陶谷. 清异录：饮食部分[M]. 李益民，王明德，王子辉，注释. 北京：中国商业出版社，1985.

［26］李渔. 闲情偶寄[M]. 杜书瀛，译注. 北京：中华书局，2018.

［27］童庆炳. 文学理论教程[M]. 5版. 北京：高等教育出版社，2015.

［28］林洪. 山家清供[M]. 北京：中华书局，1989.

［29］朱弁. 曲洧旧闻[M]. 孔凡礼，校. 北京：中华书局，2002.

［30］王子辉. 三秦饮食文化刍议[M]. 西安：西安出版社，2014.

［31］李时珍. 本草纲目[M]. 北京：人民卫生出版社，2004.

［32］陈继儒. 小窗幽记[M]. 成敏，译注. 北京：中华书局，2016.

［33］叶梦得. 避暑录话[M]. 台北：台湾商务印书馆，1966.

［34］王仁裕. 开元天宝遗事[M]. 上海：上海古籍出版社，2012.

［35］吴自牧. 梦粱录[M]. 杭州：浙江人民出版社，1980.

［36］钱泳. 履园丛话[M]. 北京：中华书局，1978.

［37］袁枚. 随园食单[M]. 周三金，等注释. 北京：中国商业出版社，1984.

［38］曹庭栋. 老老恒言[M]. 黄作阵，祝世峰，田海萍，黄新月，译注. 北京：中华书局，2021.

［39］阮葵生. 茶余客话[M]. 李保民，校点. 上海：上海古籍出版社，2012.

［40］李百药. 北齐书[M]. 北京：中华书局，2008.

［41］沈德符. 敝帚轩剩语 补遗[M]. 北京：中华书局，1985.

［42］司马迁. 史记[M]. 北京：中华书局，1982.

［43］王士禛. 池北偶谈[M]. 靳斯仁，点校. 北京：中华书局，1982.

［44］姚思廉. 梁书[M]. 北京：中华书局，1973.

［45］宋小茗. 耐冷谭[M]. 石印本. 苏州：扫叶山房，1914.

［46］方薰. 山静居画论[M]. 陈永怡，校注. 杭州：西泠印社出版社，2009.

［47］王云五. 挥麈诗话 夷白斋诗话 存余堂诗话 诗的 国朝诗评[M]. 上海：商务印书馆，1936.

［48］俞樾. 春在堂随笔[M]. 张道贵，丁凤麟，标点. 南京：江苏人民出版社，1984.

［49］罗布·沃尔什. 吃的大冒险[M]. 薛绚，译. 北京：生活·读书·新知三联书店，2009.

［50］W·G沃特斯夫人. 厨师的十日谈[M]. 秦于淳，李新尧，译. 北京：中国人民大

学出版社，2004.

［51］刘安．淮南子[M]．陈广忠，译．北京：中华书局，2012.

［52］赵善璙．自警篇[M]．上海：商务印书馆，1936.

［53］魏收．魏书[M]．北京：中华书局，1974.

［54］刘向．说苑[M]．台北：台湾中华书局，1969.

［55］林乃燊．中国饮食文化[M]．上海：上海人民出版社，1991.

［56］恩格斯．家庭、私有制和国家的起源[M]．中共中央马克思恩格斯列宁斯大林著作编译局，译．北京：人民出版社，2018.

［57］周鹏鹏，译．易经[M]．北京：北京联合出版公司，2015.

［58］王世舜，王翠叶，译注．尚书[M]．北京：中华书局，2012.

［59］佚名．调鼎集[M]．邢渤涛，注释．北京：中国商业出版社，1986.

［60］陶文台．中国烹饪史略[M]．南京：江苏科学技术出版社，1983.

［61］屈原，等．楚辞[M]．林家骊，译注．北京：中华书局，2015.

［62］孟子．孟子[M]．方勇，译注．北京：中华书局，2015.

［63］王充．论衡[M]．上海：上海人民出版社，1974.

［64］贾思勰．齐民要术[M]．北京：中华书局，1956.

［65］杨伯峻，译注．论语译注[M]．北京：中华书局，2018.

［66］姚春鹏，译注．黄帝内经[M]．北京：中华书局，2016.

［67］田代华，整理．黄帝内经素问[M]．北京：人民卫生出版社，2005.

［68］孙思邈．千金要方[M]．石印本．上海：江左书林，1917.

［69］忽思慧．饮膳正要[M]．线装本．扬州：广陵书社，2010.

［70］崔寔．四民月令校注[M]．石声汉，校注．北京：中华书局，1965.

［71］刘若愚．酌中志[M]．北京：北京古籍出版社，1994.

［72］陈元靓．岁时广记[M]．许逸民，点校．北京：中华书局，2020.

［73］张廷玉，等．明史[M]．北京：中华书局，1974.

［74］赵尔巽，等．清史稿[M]．北京：中华书局，1976.

［75］左丘明．国语[M]．陈桐生，译注．北京：中华书局，2013.

［76］王钦若，等．册府元龟[M]．影印本．北京：中华书局，1960.

［77］凌廷堪．礼经释例[M]．上海：商务印书馆，1936.

［78］屠隆．考槃余事[M]．刻本．京都：文荣堂，1803.

［79］房玄龄，等．晋书[M]．北京：中华书局，1974.

［80］陆羽．茶经[M]．杜斌，评注．北京：中华书局，2020.

［81］茹敦和．越言释[M]．影印本．扬州：江苏广陵古籍刻印社，1990.

［82］徐珂. 清稗类钞[M]. 北京：中华书局，2010.

［83］宋诩. 竹屿山房杂部[M]. //纪昀. 四库全书. 北京：商务印书馆，2014.

［84］孟诜，张鼎. 食疗本草[M]. 钱超尘，主编. 尹德海，评注. 北京：中华书局，2011.

［85］郭璞，注. 尔雅注疏[M]. 邢昺，疏. 上海：上海古籍出版社，2010.

［86］胡川安. 和食古早味：你不知道的日本料理故事[M]. 北京：生活·读书·新知三联书店，2018.

［87］森本司朗. 茶史漫话[M]. 孙加瑞，译. 北京：农业出版社，1983.

［88］焦桐. 暴食江湖[M]. 增补版. 北京：生活·读书·新知三联书店，2017.

［89］袁宏道. 觞政[M]. 北京：中华书局，1991.

［90］赵彦卫. 云麓漫钞[M]. 北京：中华书局，1996.

［91］沈括. 梦溪笔谈[M]. 诸雨辰，译注. 北京：中华书局，2016.

［92］史游. 急就篇[M]. 颜师古，注. 上海：商务印书馆，1936.

［93］桑多尔·卡茨. 发酵圣经[M]. 王秉慧，译. 北京：中信出版社，2020.

［94］许慎. 说文解字[M]. 北京：中华书局，1963.

［95］刘熙. 释名[M]. 若愚，点校. 北京：中华书局，2020.

［96］内森·梅尔沃德，克里斯·杨，马克西姆·比莱. 现代主义烹调：烹调艺术与科学[M].《现代主义烹调》翻译小组，译. 北京：北京美术摄影出版社，2016.

［97］韩奕. 易牙遗意[M]. 邱庞同，注释. 北京：中国商业出版社，1984.

［98］约瑟夫·J.普罗沃斯特，等. 烹饪科学原理[M]. 桑建，译. 北京：中国轻工业出版社，2021.

［99］哈洛德·马基. 食物与厨艺[M]. 北京：北京美术摄影出版社，2013.

［100］石川伸一. 食物与科学的美味邂逅[M]. 徐灵芝，译. 北京：中信出版社，2018.

［101］段成式. 酉阳杂俎[M]. 张仲裁，译注. 北京：中华书局，2017.

［102］谢榛. 四溟诗话[M]. 宛平，校点. 北京：人民文学出版社，1962.

［103］释文莹. 玉壶清话[M]. 南京：凤凰出版社，2009.

［104］艾瑞克·西洛瑟. 速食共和国[M]. 陈琇玲，译. 台北：天下杂志股份有限公司，2002.